Detlef Hartmann (Hrsg.)

**Geschäftsprozesse mit
Mobile Computing**

Business Computing

Bücher und neue Medien aus der Reihe Business Computing verknüpfen aktuelles Wissen aus der Informationstechnologie mit Fragestellungen aus dem Management. Sie richten sich insbesondere an IT-Verantwortliche in Unternehmen und Organisationen sowie an Berater und IT-Dozenten.

In der Reihe sind bisher erschienen:

SAP, Arbeit, Management
von AFOS

Modernes Projektmanagement
von Erik Wischnewski

Projektmanagement für das Bauwesen
von Erik Wischnewski

Projektmanagement interaktiv
von Gerda M. Süß
und Dieter Eschlbeck

Elektronische Kundenintegration
von André R. Probst
und Dieter Wenger

Moderne Organisationskonzeptionen
von Helmut Wittlage

SAP® R/3® im Mittelstand
von Olaf Jacob und Hans-Jürgen Uhink

Unternehmenserfolg im Internet
von Frank Lampe

Electronic Commerce
von Markus Deutsch

Client/Server
von Wolfhard von Thienen

Computer Based Marketing
von Hajo Hippner, Matthias Meyer
und Klaus D. Wilde (Hrsg.)

**Dispositionsparameter
von SAP® R/3-PP®**
von Jörg Dittrich, Peter Mertens
und Michael Hau

Marketing und Electronic Commerce
von Frank Lampe

Projektkompass SAP®
von AFOS und Andreas Blume

Projektleitfaden Internetpraxis
von Michael E. Sträubig

Existenzgründung im Internet
von Christoph Ludewig

Joint Requirements Engineering
von Georg Herzwurm

**Controlling von Projekten
mit SAP R/3®**
von Stefan Röger, Frank Morelli und
Antonio del Mondo

Silicon Valley – Made in Germany
von Christoph Ludewig,
Dirk Buschmann und
Nicolai Oliver Herbrand

**Data Mining im
praktischen Einsatz**
von Paul Alpar
und Joachim Niedereichholz (Hrsg.)

Die E-Commerce Studie
von Karsten Gareis, Werner Korte und
Markus Deutsch

Supply Chain Management
von Oliver Lawrenz, Knut Hildebrand,
Michael Nenninger und Thomas Hillek

B2B-Erfolg durch eMarkets
von Michael Nenninger und
Oliver Lawrenz

Der CMS-Guide
von Jürgen Lohr und Andreas Deppe

**Optimising Business Performance
with Standard Software Systems**
von Heinz-Dieter Knöll, Lukas W. H. Kühl,
Roland W. A. Kühl und Robert Moreton

**Geschäftsprozesse mit
Mobile Computing**
von Detlef Hartmann (Hrsg.)

Vieweg

Detlef Hartmann (Hrsg.)

Geschäftsprozesse mit Mobile Computing

Konkrete Projekterfahrung, technische
Umsetzung, kalkulierbarer Erfolg
des Mobile Business

Die Deutsche Bibliothek – CIP-Einheitsaufnahme
Ein Titeldatensatz für diese Publikation ist bei
Der Deutschen Bibliothek erhältlich.

SAP®, R/3®, SAP LES®, mySAP.com® sind eingetragene Warenzeichen der SAP Aktiengesellschaft Systeme, Anwendungen, Produkte in der Datenverarbeitung, Neurottstraße 16, D-69190 Walldorf. Der Autor bedankt sich für die freundliche Genehmigung der SAP Aktiengesellschaft, die genannten Warenzeichen im Rahmen des vorliegenden Titels zu verwenden. Die SAP AG ist jedoch nicht Herausgeberin des vorliegenden Titels oder sonst dafür presserechtlich verantwortlich.

1. Auflage März 2002

Alle Rechte vorbehalten
© Springer Fachmedien Wiesbaden 2002
Ursprünglich erschienen bei Friedr. Vieweg & Sohn Verlagsgesellschaft mbH,
Braunschweig/Wiesbaden, 2002
Softcover reprint of the hardcover 1st edition 2002

Der Verlag Vieweg ist ein Unternehmen der Fachverlagsgruppe BertelsmannSpringer.
www.vieweg.de

Das Werk einschließlich aller seiner Teile ist urheberrechtlich geschützt. Jede Verwertung außerhalb der engen Grenzen des Urheberrechtsgesetzes ist ohne Zustimmung des Verlags unzulässig und strafbar. Das gilt insbesondere für Vervielfältigungen, Übersetzungen, Mikroverfilmungen und die Einspeicherung und Verarbeitung in elektronischen Systemen.

Die Wiedergabe von Gebrauchsnamen, Handelsnamen, Warenbezeichnungen usw. in diesem Werk berechtigt auch ohne besondere Kennzeichnung nicht zu der Annahme, dass solche Namen im Sinne der Warenzeichen- und Markenschutz-Gesetzgebung als frei zu betrachten wären und daher von jedermann benutzt werden dürften.

Konzeption und Layout des Umschlags: Ulrike Weigel, www.CorporateDesignGroup.de

Gedruckt auf säurefreiem und chlorfrei gebleichtem Papier.

ISBN 978-3-322-90276-4   ISBN 978-3-322-90275-7 (eBook)
DOI 10.1007/978-3-322-90275-7

Vorwort

Die rasante Verbreitung des Internets auf nun über 400 Millionen Nutzer ist beispiellos in der Geschichte. Noch nie hat eine technische Neuerung so schnell globale Akzeptanz und Verbreitung gefunden. Das Internet erfüllt den elementaren Drang nach Kommunikation. Basierend auf internationalen Standards ist jede Entfernung auf einen Klick zusammengeschrumpft. Egal ob man mit dem Kollegen nebenan im Büro oder auf der anderen Seite der Welt kommuniziert, Raum und Zeit spielen auf einmal keine Rolle mehr. Und dies bei niedrigsten Kosten!

Was aber fehlt dann noch? Können wir nicht mit dem Erreichten zufrieden sein? Nein! Genau ein entscheidendes Element fehlt an vielen Stellen noch. Die Mobilität! Genauso wie der Mensch durch seine Mobilität geprägt ist, so müssen ihm auch die Informationssysteme folgen können. Egal ob im eigenen Büro, in einer anderen Niederlassung, während Geschäftsreisen im In- oder Ausland, der Bedarf nach Zugang zu geschäftskritischen Informationen ist ständig gegeben. Viel wurde durch die Entwicklung der Daten und Netzwerke im Nah-, Fern- oder globalen Bereich bereits erreicht. Wir können schon heute bzw. in naher Zukunft fast überall auf kabelgebundene High-Speed Datennetze zugreifen. Beispielhaft sei hier auf die Ausstattung von Hotels, Business Lounges in Flughäfen mit Netzwerkzugängen verwiesen. Aber der letzte konsequente Schritt in die allgegenwärtige Erreichbarkeit von Daten aus Computersystemen fehlte bisher. Der ist nur durch die „Abnabelung" von den kabelgebundenen Systemen möglich.

Vorreiter dieser Mobilisierung sind für die mobile Sprachkommunikation die Mobiltelefone. Sie haben mit ca. 900 Mio. Nutzern global bereits ein Mehrfaches der installierten PCs erreicht.

Gleichzeitig werden die Grenzen zwischen PC und Telefon abgebaut. Analysten erwarten, dass schon Ende des Jahres 2002, spätestens in 2003 die Zahl der Mobiltelefone mit Internetzugang größer werden wird als die der ans Festnetz gebundenen PCs.

Schon im Jahr 2002 werden dem Endanwender über 300 Typen von mobilen Endgeräten zur Verfügung stehen. Das Spektrum reicht von kleinsten, nur noch wenige Gramm leichten Mobiltelefonen oder Pagern, über Smartphones und PDA's hin zu Notebooks und Webtabletts. Die Typen und Varianten werden künftig noch weiter diversifiziert werden, immer auf der Suche nach dem Optimum zwischen Funktionalität, Größe und Betriebszeit. Gleichzeitig wird die Rechenleistung dieser mobilen Endgeräte zunehmend und in nur wenigen Jahren eine vergleichbare Evolution, wie die des PCs durchlaufen.

Hemmend für die Verbreitung von Mobile Business Anwendungen werden in der ersten Zeit eindeutig die hohen Kosten sein. Leider hat in Deutschland die Lizenzierung der UMTS-Frequenzen immense finanzielle Einstiegsbarrieren geschaffen, die sich in hohen Tarifkosten niederschlagen werden. Somit kommt es zu den bekannten Symptomen, daß die ersten Anwendungen dort zu finden sein werden, wo die Kosten eher eine untergeordnete Rolle spielen. Dies führt zu einer verlangsamten Einführung, aber nach einer zwangsläufig zu erwartenden Konsolidierung der Anbieter wird letztendlich die Massenanwendung dadurch nicht verhindert werden.

Um einen Einblick in die anstehenden Möglichkeiten und Veränderungen zu geben, haben Autoren aus Industrie, Beratung und Wissenschaft in diesem Buch ihre Einschätzung dieser zukünftigen Entwicklungen dargelegt. Es sind Vertreter von Unternehmen, die sich zum Ziel gesetzt haben, führend in der Entwicklung, Produktion und konzeptionellen Untermauerung von mobilen Anwendungen zu sein. Sie beleuchten das Thema unter technologischen wie strategischen Aspekten, sie beschreiben neue Geschäftsabläufe genauso wie die Potentiale für neue Geschäftsfelder. Abgerundet wird die Einführung durch exemplarische Beschreibung von sowohl Hard- als auch Software, welche die Basiskomponenten des Mobil Business sind.

Viele von uns werden die neuen Möglichkeiten der mobilen Datenkommunikation als Bedrohung sehen. Kein Winkel mehr, wohin man sich zurückziehen kann, um dem Zugriff der Arbeitsumwelt zu entgehen. Maximale Kommunikationsmöglichkeiten als Zukunftsvision genauso wie persönliche Bedrohung. Wie immer wir es auch persönlich sehen, es beginnt schon heute Realität zu werden und die Entwicklung ist nicht zu stoppen. Aber weiterhin wird jedes mobile Endgerät in Zukunft weiterhin über einen Ausschaltknopf verfügen, der uns bei Bedarf unsere Privatsphäre garantiert. Jedes Unternehmen und jede einzelne Person muß für sich die Auswahl und Entscheidung treffen, dies technologisch getriebene Angebot für sich im richtigen Maße und zum eigenen Vorteil zu nutzen.

Die Unternehmen, die das richtige Maß zwischen dem technisch Machbaren und dem wirtschaftlich Sinnvollen finden, werden ganz klare Wettbewerbsvorteile aus dem Mobile Business ziehen können. Seien wir alle gespannt darauf, die uns bevorstehende reizvolle Phase der Innovation durch mobile Informationssysteme zu erleben! Ich würde mich freuen, wenn dieses Buch Ihnen hilft, den erforderlichen Auswahlprozess frühzeitig und erfolgreich zu durchlaufen.

München, im Januar 2002

Dr. Detlef Hartmann

Inhaltsverzeichnis

1 Technologie und Technik 1

1. Mobile Kommunikationstechnologien für Mobile Business 2
   Einleitung 2
   Bluetooth als Personal Area Network Technik 4
   Wireless Local Area Networks 7
       Was ist ein Wireless LAN? 7
       Der IEEE 802.11/802.11b Wireless Ethernet Standard 8
   Wide Area Networks 11
       Der GSM-Standard (Global System for Mobile Communication) 13
       Der GPRS-Standard (General Packet Radio Service) 16
       Der UMTS-Standard (Universal Mobile Telecommunication System) ... 19
   Zusammenfassung 22
   Literatur und Referenzen 23

2. Mobile Devices 24
   Einleitung 24
   Mobile Betriebssysteme 27
       EPOC 29
       PalmOS 29
       Windows CE 30
       Linux 31
       Proprietäre Betriebssysteme 31
   PDA-Hardware 34
       Prozessor 34
       Speicher 35
       Peripheriegeräte 36

Anforderungen an zukünftige Geräte	37
Übersicht verfügbarer Endgeräte	38
Literatur und Referenzen	40
3. Mobile Data Services	**41**
Einleitung	41
Technische Gesichtspunkte	42
Dienste	42
Technologien und Beschreibungssprachen	47
Ausblick	57
Literatur und Referenzen	57

2

Branchenlösungen im Mobile Business 59

1. Das MVNO-Geschäftsmodell	**60**
Einleitung	60
MVNO Markttreiber	62
Regulatorische Rahmenbedingungen:	64
Gesamtwirtschaftliche Entwicklung:	64
Finanzielle Situation:	65
Technologische Entwicklung:	65
MVNO – Ein innovatives Geschäftsmodell zur Vermarktung von 3G Services	66
Markteintrittsstrategie und Business Case	70
Die 10 Erfolgsfaktoren für MVNOs	75
Erfolgsstory Virgin Mobile	77
Marktentwicklung und Ausblick	79
Literatur und Referenzen	79
Abkürzungsverzeichnis	80
2. Die Frage nach der Killer-Applikation im Mobile Business	**81**
Was die Märkte bewegt	81
Sechs Thesen über den kommenden M-Commerce-Markt	83

Wie können sich Netzbetreiber positionieren?	84
Netzbetreiber als Application Infrastructure Provider	86
Technische Modellarchitektur für einen mobilen AIP	87
Zusammenfassung	89
Abkürzungen	89
3. mCommerce in Japan	90
Japan als Vorbild?	90
Marktprognosen für mCommerce	91
Was ist mCommerce?	91
mCommerce in der Triade	91
2002	92
2003	92
2004	92
2005/2006	92
Hohe Erwartungen	93
Mit i-mode im Aufschwung	93
Marktentwicklung und Leistungsumfang	93
Preisgestaltung	95
Nutzung	97
Kundensegmentierung	99
I-mode in Europa	103
Ausblick	103
Literatur und Referenzen	104
4. M-Commerce - Wir werden das Sprechen nicht verlernen	106
Einleitung	106
Sprache im Umfeld von M-Commerce - Entwicklungen und Trends	107
Kommunikation im Wandel - Sprache ist kein Auslaufmodell	110
Entwicklung von Sprachanwendungen - Wirtschaftliche Aspekte	112
Sprache in konvergenten Netzwerken - Technische Aspekte	115
Sprachübertragung	116
OSS und Netzwerkmanagement	119

    Billing 120

  Sprachgestützte Anwendungen im M-Commerce - Beispiele 120

    Voice Portale 121

    Call Center 122

    Unified Messaging Service 123

    Smart-Home-Anwendungen 124

3   Geschäftsprozesse und wissenschaftliche Betrachtungen 126

1.   Die Gestaltung von Geschäftsprozessen im Mobile Business 127

  Einleitung 127

  Begriffliche Grundlagen 128

    Geschäftsprozess 128

    Mobile Business 129

    Mobile Endgeräte 131

    Übertragungsstandards 135

  Anforderungen an mobiltaugliche Geschäftsprozesse 137

    Klassifizierung von Geschäftsprozessen nach ihrer Mobiltauglichkeit ... 138

  Beispiele für mobiltaugliche Geschäftsprozesse 142

  Zusammenfassung 144

  Literatur und Referenzen 144

2.   Travel- und Expense-Systeme 145

  Einleitung 145

    Der typische Travel-&-Expense-Prozess 147

  Mobile Möglichkeiten im Travel-&-Expense Prozess 147

    Reisevorbereitung 147

    während der Reise 149

    nach der Reise 151

  Zusammenfassung 152

  Literatur und Referenzen 152

3. Mobile Knowledge Management 153
   Einleitung 153
   Begriffsverständnis – was bedeutet Mobile Knowledge Management? 156
   Schlüsseltechnologien für die Implementierung von MKM-Lösungen 157
   Anwendungen, Anbieter und Werkzeuge für das MKM 162
   Verbindung von Wissensmanagement und Mobile Computing 165
   Literatur und Referenzen 170
4. mBusiness als Teil der Internet-Evolution 172
   Einleitung 172
   Evolutionärer Fortschritt durch Business Value 176
   Die Evolutionsstufe mBusiness 181
      Einschätzung der gegenwärtigen Entwicklung 181
      UMTS – das gefallene Wunderkind 183
      i-Mode als Beispiel für Europa? 186
      Die Rolle der Zahlungssysteme 189
   mBusiness für Finanzdienstleister 190
      Die bisherigen Erkenntnisse 190
      Mögliche Wege im Finanzdienstleistungsbereich 191
   Literatur und Referenzen 195
5. Computergestütztes Mobiles Lernen 196
   Einleitung 196
   Motivation 197
   Computergestütztes Lernen 198
      Lernparadigmen 199
      Rahmenbedingungen des computergestützten Lernens 200
      Kosten des computergestützen Lernens 202
      Idealprofil des e-Lernenden 203
      Lernprozesse 204
      Technologien 206
   Computergestütztes Mobiles Lernen 206
      Rahmenbedingungen des computergestützten mobilen Lernens 207

Lernprozesse 209

Technologien 212

Zusammenfassung 213

Literatur und Referenzen 215

4 Firmenbeispiele – wie sich die Unternehmen auf das mobile Business einrichten 217

1. Mobility Server 218

    Einleitung 218

    Mobile Internet für wen? 219

    Die Service Broker und Service Delivery Plattform 219

    Der Mobile Multimedia Service Broker 221

    Der Wert eines Mobility Servers für 3G Operatoren 224

    Everix™ in 3G-Service Netzwerken 226

2. mySAP mobile Business 229

    Einleitung 229

    mySAP mobile Business 231

    Die mobilen Anwendungen von SAP 232

    Der Mobile Workplace 233

    Mobile Customer Relationship Management 236

    Mobile Procurement 238

    Mobile Business Intelligence 240

    Mobile Human Resources 241

    Mobile Services 242

    Mobile Supply Chain Management 243

    Die mySAP Mobile Business Technologie 245

    Technische Szenarien 245

    Unterstützte Endgeräte 246

    Plattformen, Middleware 247

    Programmiermodelle 247

Beispiel eines mobilen Business Szenarios mit Zugriff auf R/3 248
    Ablauf des Szenarios und beteiligte Rollen 248
    Architektur und Realisierung 249
Zusammenfassung 250

3. Die .NET- Stategie 251
Einleitung 251
Die .NET-Strategie von Microsoft 252
    Der .NET Framework 253
    Die .NET Enterprise Server 253
    Der .NET Web Service 254
Die unterschiedlichen Funktionalitäten von mobilen Endgeräten 255
    Featurephones 255
    Smartphones 255
    Pocket PCs 256
Business Study: *TechEd 2001* in Barcelona 258
    Microsoft, KPMG Consulting, Compaq und Telefonica Moviles SA installieren das bisher größte WLAN weltweit auf der *TechEd 2001* in Barcelona 258
    Anwendungsbeispiele für mobile Services auf der *TechED 2001* 259
Zusammenfassung 261

4. Die Chancen des mobilen Internets nutzen 262
Einleitung 262
    Ein Szenario-Vergleich 263
DAS MOBILE INTERNET – Chancen und Herausforderungen 264
    Warum sollten Unternehmen mobil werden? 265
    Was sind die Hindernisse für die mobile Entwicklung? 267
Die Rolle eines Mobilen Application Servers 268
    Die einzelnen Komponenten und die Architektur des *Oracle9i Application Server Wireless* 270
    Ausgewählte Infrastrukturbeispiele 273
Zusammenfassung 274

5. Sicherheitsaspekte im mCommerce-Bereich 275

Einleitung 275
Anforderungen an sichere Transaktionen...276
Allgemeine Sicherheitsmaßnahmen 278
Probleme und Gefährdungen..279
Beispiel mSign Protokoll 282
Beispiel: Analyse des WAP – Security Models......................................284
    Allgemeine Funktionsweise...285
    Internet Security Modell 285
    Wireless Transport Layer Security (WTLS).................................286
    WAP Gateway Sicherheit...288
    Allgemeine Probleme des WAP Security Modells......................289
    Fazit..290
Verbesserungsmöglichkeiten und Trends...290
Literatur und Referenzen 291

G   Glossar 293

A   Autorenverzeichnis..299

1 Technologie und Technik

Sprechen wir von Mobile Business, so sind wir uns bewusst, dass es sich um eine technologiegetriebene Entwicklung handelt. Seit den 70er Jahren haben wir bereits mehrere Generationen von Standards der mobilen Kommunikation durchlaufen.

Als Mobilfunk-Standards mit nahezu flächendeckender Verfügbarkeit stehen uns heute bereits GSM, HSCSD und GPRS bsierte Kommunikationssysteme zur Verfügung. Während über die Einführung von EDGE noch diskutiert wird, steht mit UMTS die Königsklasse der paketorientierten Mobilfunkkommunikation bereits in den Startlöchern. Schon heute ist der Übergang von meist noch leitungsgebundenen Techniken zu datenpaketorientierten Lösungen mit Always-on Eigenschaften in vollem Gange. Nach GSM mit geringen Datenraten und dem WAP-Standard mit komplexer Bedienung und nur bedingt grafischer Benutzeroberfläche, wird im Laufe des Jahres 2002 eine erste Erweiterung der Bandbreiten um ein Vielfaches des GSM Standards praktisch nutzbar werden. Die hohen Bandbreiten des UMTS-Standards, wie sie für anspruchsvolle Anwendungen erforderlich sind, sind dann aber erst im Jahre 2003 und danach zu erwarten.

Parallel hierzu können wir uns darauf einstellen, innerhalb und in der Nähe von versorgten Gebäuden und Plätzen auch Nahbereichsfunknetze nutzen zu können. Hier steht schon heute für den unmittelbaren Nahbereich von bis zu zehn Metern Bluetooth zur Verfügung. Für Entfernungen im Bereich bis ca. 200m gibt es Wireless LAN-Lösungen.

Thai-Lai Pham führt den Leser in die Begrifflichkeiten der unterschiedlichen Mobilfunktechnologien ein. Die Kurzstreckenfunktechnik wie Infrarot und das sich in der Einführung befindliche Bluetoothverfahren werden ebenso erläutert wie die leistungsfähigeren Wireless LANs. Abschließend erfolgt ein Überblick über die Migration der Mobilfunkstandards GSM, GPRS und UMTS.

Aleksandar Smiljanic erläutert die unterschiedlichen mobilen Endgeräte, die sogenannten *mobile devices*. Die existierenden mobilen Betriebssysteme in Personal Digital Assistants (PDA) werden vorgestellt und tabellarisch übersichtlich mit den Herstellern verknüpft. Des Weiteren wird ein kurzer Überblick über eingesetzte Prozessoren, Speicher und anschließbare Peripheriegeräte gegeben.

In einem weiteren Beitrag stellt Aleksandar Smiljanic die verschiedenen Technologien im mobilen Datenfunk vor. SMS, WAP & Co werden prägnant erläutert und dienen als Grundlage für die folgenden Kapitel.

1. Mobile Kommunikationstechnologien für Mobile Business

Dr. Thai-Lai Pham, KPMG Consulting AG

Einleitung

Die Mobiltelekommunikation ist in den letzten Jahren weltweit schneller gewachsen als ursprünglich erwartet wurde. So hat beispielsweise die Anzahl der Mobiltelefonbesitzer in vielen Ländern die Anzahl der Haushalte mit Internetanschluß überholt. Längst betrachten wir die Möglichkeit unabhängig von Zeit und Ort immer und überall erreichbar zu sein als selbstverständlich. Dennoch ist die Mobilfunktechnik weiterhin auf dem Vormarsch, unsere Kommunikationsmöglichkeiten und Zusammenarbeit nachhaltig zu revolutionieren. Uns Anwendern werden dadurch neben der Sprachkommunikation eine Reihe neuer Dienste und Anwendungen angeboten, wie etwa das mobile Internet oder das mobile Business (mBusiness). Mit mBusiness können einerseits Firmen zusätzliche Vertriebswege für ihre Produktpalette erschließen und dadurch sowohl die Wettbewerbsfähigkeit stärken als auch den Ertrag erhöhen. Andererseits bedeutet das mBusiness für uns höhere Mobilität, Flexibilität und mehr Komfort beim Konsumieren, unabhängig Orts- und Zeitbarrieren. Daher wird nicht zu unrecht für das mBusiness ein exzellentes Wachstum für die nächsten Jahre prognostiziert. Allerdings muss jedes Unternehmen für die Umsetzung von mBusiness-Strategien zunächst klären, welches Geschäftsmodell eingesetzt werden soll und davon abhängig, welche mobile Netzwerktechnik und welche Endgeräte dafür am besten geeignet sind. Ein erfolgreiches Gelingen hängt nicht zuletzt von einer umfassenden, funktionierenden, mobilen Kommunikationsinfrastruktur ab.

Generell lassen sich Mobilkommunikationsnetze bzgl. der Reichweite in PAN (Personal Area Network), LAN (Local Area Network) und WAN (Wide Area Network) aufteilen:

PAN-Netze ermöglichen eine mobile Datenübertragung in einem Umkreis von etwa 10 m. Diese Technologie wird in erster Linie eingesetzt, um eine kabellose Kommunikation zwischen elektronischen Geräten, wie Handys oder PDAs (Personal Digital Assistant), zu realisieren. Zu den bekannten PAN-Mobilstandards gehören die Infrarot- und die Bluetooth-Technik. Infrarot ist eine weitverbreitete Technik und basiert auf dem IrDA-Standard (Infrared Data Association). Dagegen ist Bluetooth eine neue Technologie, die erst kurz vor der Einführung in den Massenmarkt steht.

Drahtlose LAN-Netze werden auch als „wireless LAN" (Wireless Local Area Network, WLAN) genannt, da die Reichweite dieser Netze, analog den verkabelten LANs, sich auf die Abdeckung lokaler Umgebung (Büro, Gebäude) beschränkt. Zu WLAN zählt beispielsweise der DECT-Standard (Digital Enhanced Cordless Telecommunication), der in vielen schnurlosen Telefonen als Übertragungstechnik eingesetzt wird. Darüber hinaus existiert der IEEE 802.11-Standard des IEEE (Institute of Electrical and Electronics Engineers), der für die Realisierung von WLANs innerhalb einer Büroumgebung eingesetzt wird. Gegenwärtig wird an der Einführung der nächsten Generation von WLAN gearbeitet. Diese Version wird HiperLAN2 (High Performance LAN) genannt. HiperLAN2 arbeitet mit erheblich höheren Bitraten.

Schließlich ermöglichen WAN-Netze eine regionale bzw. überregionale Netzwerkabdeckung. Dazu gehören die Satellitenfunksysteme und die bekannten Mobilfunksysteme. Gegenwärtig existiert mit GSM (Global System for Mobile Communication) ein weltweit verbreitetes Mobilfunksystem. Aufgrund der verwendeten Technologie und der schmalen Bandbreite eignet sich die GSM-Technik in erster Linie nur für die reine, drahtlose Übertragung von Sprachdaten. Um den wachsenden Bedarf an drahtloser, multimedialer Datenübertragung zu befriedigen, wird mit hoher Intensität an der Einführung einer neuen Generation von Mobilfunknetzen gearbeitet. Zu den neuen Generationen von Mobilfunksystemen gehören beispielsweise GPRS (General Packet Radio Service), EDGE (Enhanced Data Rates for Global Evolution) und UMTS (Universal Mobile Telecommunication System), die alle wesentlich mehr Bandbreite als GSM anbieten. Während GPRS und EDGE eine Evolution der GSM-Technik darstellen, ist UMTS eine Mobilfunktechnik der dritten Generation. GPRS wurde erst vor kurzem in Deutschland eingeführt und die Einführung von EDGE und UMTS steht noch bevor.

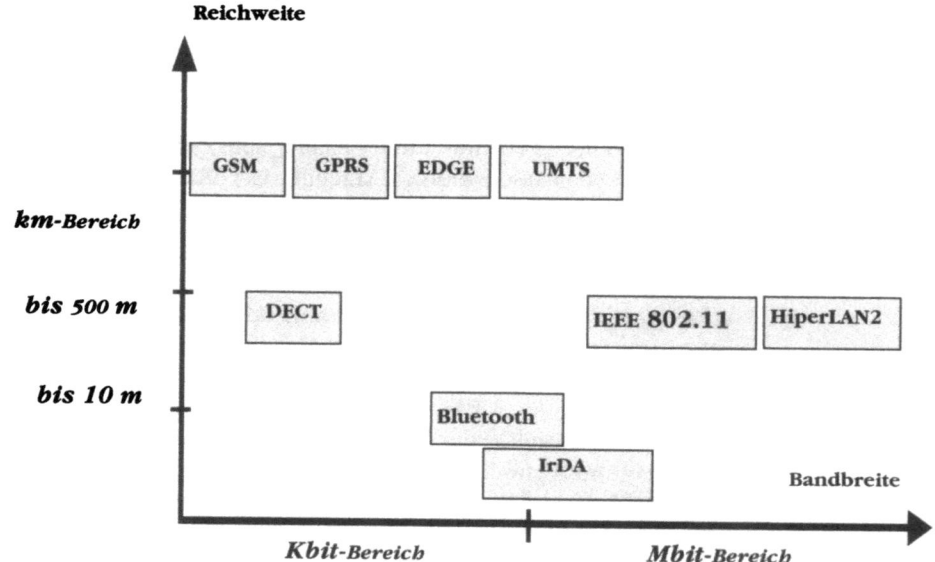

Abbildung 1: Übersicht drahtlose Kommunikationstechnologien

Abbildung 1 zeigt eine Übersicht über die eben beschriebenen PAN-, LAN- und WAN-Technologien, hinsichtlich ihrer Reichweite und Bandbreite. Im folgenden wird die Technik von Bluetooth, IEEE 802.11, GSM, GPRS und UMTS näher beschrieben.

Bluetooth als Personal Area Network Technik

Die Bluetooth-Technik, initiiert durch die schwedische Firma Ericsson, wird vom Bluetooth-SIG (Special Interest Group) vertreten. Dieser Standard wird von diesem Interessenverband spezifiziert und verabschiedet. Inzwischen haben sich weltweit mehr als 2000 namhafte Firmen der Bluetooth-SIG angeschlossen, um diese Technologie nachhaltig zu unterstützen. Die Bluetooth-SIG wurde 1998 mit dem Ziel gegründet, für elektronische Geräte einen kostengünstigen und energiesparenden Datenaustausch über Funk als Standard zu spezifizieren. Als solches soll Bluetooth die Datenkommunikation neuer mobile Geräte, wie Mobiletelefon, PDA oder Digitalkamera, unterstützen und Kabelverbindungen auf kurze Distanzen ersetzen. Dadurch soll die Vision einer automatisierten und kabellosen Anwendungsumgebung vorangetrieben werden, um die Anwender im Umgang mit Innovationen der Technik zu entlasten. So können mit Hilfe der Bluetooth-Technik Anwendungen, wie etwa automatische Synchronisation von E-Mails zwischen PDA und PC abgewickelt, oder eine schnurlose Verbindung zwischen Mobiltelefon und Headset hergestellt werden. Zusätzlich eignet sich die Bluetooth-Technik auch hervorragend für die Realisierung von Peer-to-Peer- und Ad-hoc-Netzwerke. In einem Peer-to-Peer-Netzwerk können beispielsweise zwei elektronische Geräte ein unabhängiges Netzwerk bilden sobald sie sich einander räumlich nähern, um miteinander zu kommunizieren. Dagegen entsteht ein Ad-hoc-Netzwerk sobald mehrere Geräte sich nähern, um beispielsweise gegenseitig Dienste anzubieten oder auszutauschen.

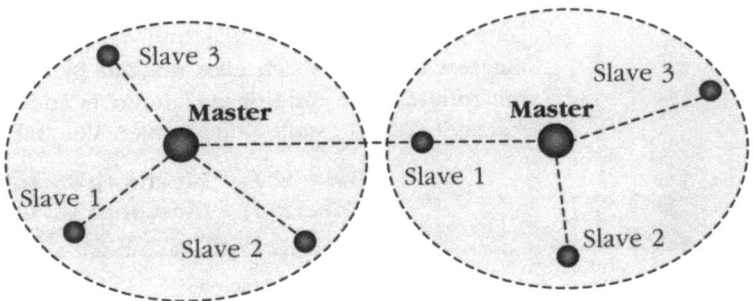

Abbildung 2: Bluetooth Piconet und Scatternet

Die Bluetooth-Basiseinheit besteht aus einem HF-Teil und einem Basisbandcontroller mit einer Sendeleistung von 1mW, die eine Reichweite bis zu maximal 10 m ermöglicht. Die Datenkommunikation erfolgt im 2,4-GHz ISM-Band (Industrial Scientific Medical), dass von der ITU (International Telecommunications Union) lizenzfrei freigegeben wurde. Geräte mit Bluetooth-Schnittstellen können untereinander Ad-hoc-Netzwerke aufbauen, die sogenannten Piconets. Ein Piconet besteht aus bis zu acht Knoten, wobei jeder dieser Knoten Master oder Slave sein kann. Dabei ist das erste im Piconet befindliche Gerät der Master und die hinzu kommenden Geräte sind Slaves. In diese Ad-hoc-Netzwerkarchitektur kann eine Vielzahl von Geräten eintreten und nach einer unbestimmten Zeit wieder verlassen. Somit werden Piconets dynamisch generiert und können bedarfsgerecht

1. Mobile Kommunikationstechnologien für Mobile Business

erzeugt werden. Ein Piconet kann mit einem benachbarten Piconet eine größere Netzwerkeinheit bilden, das sogenannte Scatternet (siehe Abbildung 2).

Das Bluetooth-Protokoll unterstützt einen asynchronen Datenkanal, bis zu drei gleichzeitig simultan synchrone Sprachkanäle oder einen Kanal, der sowohl asynchrone Daten- als auch synchrone Sprachübertragung ermöglicht. Während jeder synchrone Sprachkanal eine 64 kbit/s Datenübertragungsrate bietet, ermöglicht der asynchrone Datenkanal entweder 721 kbit/s Senderate und 57,6 kbit/s Empfangsrate oder symmetrisch 432,6 kbit/s Sende- und Empfangsrate. Dabei wird die gesamte Kommunikation vom Basisbandcontroller gesteuert. Bluetooth unterstützt bei der Datenübertragung verschiedene Protokolle wie TCP/IP, Infrarot und WAP (Wireless Application Protocol). In Bluetooth werden durch Frequenz-Hopping die Störsicherheit und Robustheit gewährleistet. Aus diesem Grunde werden die kurzen Datenpakete auf unterschiedlichen Frequenzen (Hopping) übertragen.

Gegenwärtig dreht sich alles um die Bluetooth-Technik, obwohl mit Infrarot seit Jahren eine ähnliche Technologie existiert. Die folgende Tabelle stellt einen kurzen Vergleich dar.

Tabelle 1: Bluetooth vs. Infrarot

	BLUETOOTH	INFRAROT (IrDA)
Verbindungsart	Point-to-Point, Point-to-Multipoint	Point-to-Point
Brutto-Datenrate	1 Mbit/s	4 Mbit/s, 16 Mbit/s in Zukunft
Reichweite/ Winkel	<ul><li>10m ohne Sichtkontakt</li><li>Auch durch Wände hindurch</li><li>Omnidirektional</li></ul>	<ul><li>1 m mit Sichtkontakt</li><li>30 Grad Winkel</li></ul>
Abhörsicherheit	Verschlüsselung im Kernprotokoll	Verschlüsselung nicht vorgesehen
Geräte in Einsatz	Bis maximal 127 Geräte	Bis maximal 8 Geräte
Hard-/Software Unterstützung	Erst in Planung und kaum verbreitet	Weite Verbreitung

Es wird erwartet, dass Bluetooth als Standardschnittstelle in elektronischen Geräten eingebaut wird und dabei die Infrarot-Technik als Schnittstelle ablöst. Dadurch können elektronische Geräte untereinander Ad-hoc-Netzwerke zur Datenkommunikation aufbauen. Marktstudien prognostizieren ein enormes Wachstumspotential für die Bluetooth-Technologie in den nächsten Jahren, wenn Millionen von Mobiltelefonen, Laptops, PDAs oder PCs mit einer Bluetooth-Schnittstelle ausgestattet werden.

Wireless Local Area Networks

Wireless LANs (WLAN) haben zunehmend an Bedeutung in einigen Industriezweigen wie Krankenhäuser, Einzelhandel, Fertigung oder Flughafen gewonnen. So zum Beispiel hat Air France mit Hauptbasis auf dem Flughafen Charles de Gaulles in Paris eines der weltgrößten WLAN-Netzwerks mit über 160 Anschlusspunkten (Access Points) eingerichtet. Damit soll die Bodenbesatzung und das Instandsatzungspersonal bei ihrer Tätigkeit unterstützt werden, um beispielsweise das aufgegebene Gepäck mit dem im Flugzeug befindlichen Passagier zu identifizieren und dadurch die Abflugbereitschaft der Flüge schneller abzuwickeln.

Was ist ein Wireless LAN?

Generell ist WLAN ein flexibles Datenkommunikationsnetzwerk, das in der Regel als eine Erweiterung oder als Alternative zum bestehenden verkabelten LAN-Netzwerk aufgebaut wird. In einem WLAN-Netzwerk erfolgt die drahtlose Verbindung zwischen dem Anwender und dem Netzwerk, durch den Einsatz von Radiofunk- oder Infrarottechnologie anstelle von Kabelverbindungen. Dies ermöglicht einem mobilen Client einen permanenten Netzwerkanschluss. In der Regel benützt der Anwender ein Mobilcomputer, wie etwa einen Laptop oder PDA, welche mit einer WLAN-Karte ausgestattet sind, um über sogenannte „Access Point" (AP) mit einem gewöhnlichen LAN-Netzwerk drahtlos verbunden zu sein. Ein AP unterstützt die Verbindung mit mehreren Clients. Je nach Anforderung können verschiedene WLAN-Konfigurationen erstellt werden. Abbildung 3 stellt exemplarisch eine WLAN-Konfiguration dar, die aus verschiedenen mobilen Clients und einem LAN-Netzwerk zusammensetzt sind.

Über die Funktechnologie erfolgt im WLAN der drahtlose Datentransfer zwischen Clients und APs. Dabei agiert der AP als Datengateway, der die Daten empfängt, zwischenspeichert und diese zwischen dem LAN und dem WLAN austauscht. Gegenwärtig ermöglicht WLAN je nach verwendete Übertragungsverfahren eine Datenübertragungsrate bis zu 11 Mbit/s. Die 54 Mbit/s Version von WLANs, bekannt als HiperLAN2 (High Performance LAN), ist kurz vor der Einführung. Analog zu der Bluetooth-Technik operiert der WLAN-Standard ebenfalls auf dem lizenzfreien 2,4-GHz ISM-Band. Außer dem Anschaffungspreis von APs und WLAN-Karten fallen keine zusätzlichen Kosten für Lizenzen an. HiperLAN2 arbeitet auf dem 5-GHz ISM-Band.

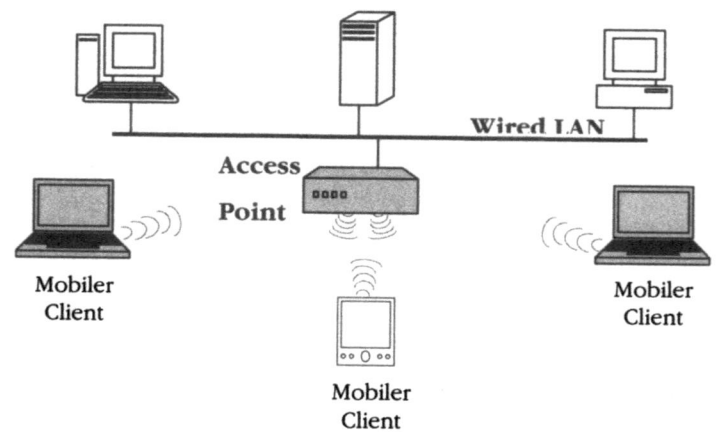

Abbildung 3: Wireless LAN-Netzwerk

Die Reichweite eines WLAN-Netzwerks ist von der Topografie abhängig. In der Regel beträgt die Reichweite in der Büroumgebung bis zu 30 m und mehrere hundert Meter bei freier Übertragungsstrecke. Ähnlich den Mobilfunknetzwerken, unterstützt WLAN das Roaming eines mobilen Clients von einem AP zum anderen AP innerhalb des WLANs. Für WLAN existiert seit einiger Zeit der IEEE 802.11/802.11b Wireless Ethernet Standard, der im folgenden näher vorgestellt wird.

Der IEEE 802.11/802.11b Wireless Ethernet Standard

Nach siebenjähriger Spezifikationsarbeit hat IEEE im Jahr 1997 den 802.11 Wireless Ethernet Standard mit einer Übertragungsrate von 1-2 Mbit/s verabschiedet. Zwei Jahre später wurde dieser Standard um die beiden höheren Übertragungsraten (5,5 und 11 Mbit/s) erweitert und als 802.11b verabschiedet, wobei die Grundarchitektur und Eigenschaften des 802.11 übernommen wurden. Im folgenden wird daher 802.11 stellvertretend für die 802.11 und 802.11b Standards verwendet. Der 802.11 Standard liefert eine detaillierte Software-, Hardware- und Protokollspezifikation für die untersten zwei LAN-relevanten Schichten des 7-schichtigen OSI-Referenzmodells (Open Systems Interconnection), nämlich der PHY- und MAC-Schicht („Physical" und „Media Access Control" Schicht).

- **Die IEEE 802.11 PHY-Schicht**

Generell ist die PHY-Schicht für den Datentransport zwischen Knoten innerhalb eines Netzwerkes verantwortlich. Daher war das Ziel von IEEE einheitliche Schnittstellen und Protokolle für die Kommunikation drahtloser Knoten untereinander und mit anderen Zugangspunkten (Access Point) in einem Netzwerk zu definieren. Für die PHY-Schicht sind dafür die FHSS-Technik (Frequency Hopping Spread Spectrum), DSSS-Technik (Direct Sequence Spread Spectrum) und Infrarot-Technik vorgesehen. In der Praxis wird allerdings Infrarot sehr selten als Übertragungstechnik verwendet. Bei der FHSS-Technik werden die Signale auf einer bestimmten Frequenz übertragen, wobei die Frequenz in kurzen Zeitabständen nach einem bestimmten Frequenzmuster wechselt. Nur die beteiligten Sender und Empfänger erkennen das Frequenzmuster. Für unbeteiligte Empfänger erscheinen diese Frequenzmuster als Kurzsignalgeräusche, die aber für den Nutzer nicht hörbar sind. Dagegen wird bei der DSSS-Technik ein redundantes Bitmuster für die übertragenen Daten erzeugt. Auch hier können die Bitmuster von unbeteiligten Empfängern nicht entschlüsselt werden, da diese nur als Kurzsignalgeräusche empfangen werden. Die höhere Übertragungsrate in 802.11b wird ausschließlich mit der DSSS-Technik in Kombination mit der CCK-Modulation (Complementary Code Keying) erzielt. Als solches unterscheiden sich der 802.11 und 802.11b Standard lediglich in der PHY-Schicht.

- **Die IEEE 802.11 MAC-Schicht**

Generell ist im OSI-Referenzmodell die zweite Schicht für die Datenübertragung spezifiziert. Dabei ist die MAC-Schicht eine Teilschicht der Datenübertragungsschicht. Die MAC-Schicht besteht aus einer Anzahl von Protokollen, die für einen geregelten Ablauf der Kommunikation zwischen den Stationen verantwortlich sind. Im 802.11 Standard wird beispielsweise das CSMA/CA Protokoll (Carrier Sense Multiple Access with Collision Avoidance) verwendet. Im Prinzip versucht CSMA/CA vor der Übertragung eines Datenpaketes sicherzustellen, dass der Übertragungskanal auch tatsächlich frei ist und nicht schon bereits durch den Transfer anderer Datenpakete blockiert ist. Dadurch wird eine kollisionsfreie Datenübertragung gewährleistet. Zusätzlich werden vor dem Datentransfer kurze Datenpakete zwischen Sender und Empfänger ausgetauscht, um die Empfangsbereitschaft sicherzustellen.

- **Datensicherheit**

Der 802.11 Standard verwendet das sogenannte WEP-Verfahren (Wired Equivalent Privacy), um vor Lauschangriffen während der Datenübertragung geschützt zu sein und einen unerlaubten Zugriff auf das WLAN zu verhindern. Das WEP-Verfahren basiert auf einem Geheimschlüssel, der zwischen mobilen Client und dem AP benützt wird. Vor dem Versenden werden die Datenpakete mit diesem Schlüssel codiert. Dennoch müssen beim Aufbau eines WLAN-Netzwerk noch zusätzliche Sicherheitskonzepte, wie Firewall etc., analog den verkabelten LANs berücksichtigt werden.

In der Regel werden 802.11 WLANs als drahtlose Ergänzung zu verkabelten Firmen-LANs eingesetzt, um mehr Mobilität und Flexibilität innerhalb einer Firmenumgebung zu erreichen. Diese Tatsache rechtfertigt die relativ geringe Reichweite von WLANs. Zu den Vorteilen von 802.11 WLANs gehören die drei folgenden Punkte:

1. LAN-Kompatibilität

In einem 802.11 WLAN werden sämtliche LAN-Applikationen, Netzwerkbetriebs-systeme und Protokolle unterstützt. Somit können in einem WLAN alle TCP/IP basierten Anwendungen und Dienste problemlos betrieben werden.

2. Hohe Bandbreite

Die hohe Bandbreite ermöglicht sowohl einen reibungslosen Betrieb IP-basierter Anwendungen als auch den drahtlosen Zugriff zum Datennetzwerk. Im Vergleich dazu hat das GSM-Netz eine deutlich geringere Bandbreite und daraus folgend einer geringen Datenrate, die nicht für kommerzielle Datenübertragung geeignet ist. Darüber hinaus erleichtert das Roaming zwischen mehreren APs den professionellen Einsatz von 802.11.

3. Wirtschaftlichkeit und leichte Handhabung

Ein WLAN ist relativ kostengünstig, weil zusätzlich nur die Schnittstellenkarten für mobile Clients und APs benötigt werden.

Frequenzlizenzen müssen nicht bezahlt werden. Ebenso sind Aufbau und Betrieb eines WLANs unkompliziert, da die Clients nur mit den Schnittstellenkarten ausgerüstet und APs eingerichtet werden müssen. Weiterhin können dadurch eine Reihe von Geräten, wie etwa Laptops, PDAs, PC Tablets, verwendet werden ohne spezielle Hardware.

Wide Area Networks

Die Bedeutung der Sprachkommunikation über Telefonnetzwerke ist enorm. Täglich nützen weltweit Millionen von Menschen das Telefon als Mittel um Geschäfte durchzuführen, zu kommunizieren, sich zu informieren oder sich beraten zu lassen. Mit der Einführung von Mobilfunksystemen können diese Aktivitäten unabhängig von den Dimensionen Ort und Zeit komfortabel durchgeführt werden und somit unsere Mobilität und Flexibilität nachhaltig erhöhen. Die enormen Wachstumsraten in den letzten Jahren dokumentieren eindrucksvoll diesen Nutzen. Jedoch werden über das globale Telefonnetzwerk täglich nicht nur Sprachdaten transportiert, sondern auch große Mengen von Multimedia-Daten, wie Bilder oder Video, übertragen. Daher liegt es nahe, dass die Anwender verstärkt neben der reinen Sprachkommunikation auch zunehmend multimediale Datenübertragung über Mobilfunknetze fordern, um beispielsweise überall Electronic Commerce durchführen zu können.

Generell besteht die Hauptaufgabe eines Mobilfunksystems darin, die mobile Sprachkommunikation durch die Benutzung eines mobilen Endgerätes über große Versorgungsgebiete zu gewährleisten. Damit dieser Dienst funktionieren kann, muss eine gute Funkverbindung zwischen dem Mobilendgerät und dem Netz vorhanden sein. Daher wird eine Vielzahl von Basisstationen benötigt, um stets eine gute Verbindung zu gewährleisten. In Mobilfunksystemen wird die Zellulartechnik, die Frequenzen durch die räumliche Wiederverwendung optimal ausnützt, eingesetzt. Das abzudeckende Gebiet wird in Zellen bzw. Funkzonen aufgeteilt, wobei jede Zelle ein Bündel von Frequenzen in der Weise zugewiesen wird, dass räumlich benachbarte Zellen nicht die gleichen Frequenzen verwenden. Dabei werden das sogenannte „Handover" und „Roaming" unterstützt. Das Handover sorgt für einen automatischen Frequenzwechsel beim Übergang von einer Zelle in eine andere oder bei ungünstigen Übertragungsbedingungen in der gegenwärtigen Zelle. Dagegen ermöglicht das Roaming ein Wechsel des Mobilfunkteilnehmers außerhalb des jeweiligen Heimatbereichs in andere Mobilefunknetze durch intelligente Netzfunktionen.

Die Mobilfunksysteme der ersten Generation waren analoge Funknetze. Bei der analogen Technik werden Sprachsignale auf der Basis der klassischen Analogfrequenzmodulation übertragen. So wurde 1979 das erste analoge Mobilfunknetz, das AMPS-Netz (Advanced Mobile Phone System), in den USA eingeführt. Fast zeitgleich wurden in den Skandinavischen Ländern das NMT-System (Nordic Mobile Telephone) und England das TACS (Total Access Communications System) aufgebaut. Aufgrund der uneinheitlichen Technologien sind diese Funksysteme nicht zueinander kompatibel und das hat zur Folge, dass nur eine Netzabdeckung innerhalb der Landesgrenzen möglich war. Aus diesem Grund existieren seit Anfang der 90-ziger Jahre einheitlich in Europa GSM-Netze (Global System for Mobile Communications), auch als Mobilfunknetz der zweiten Generation (2G) bekannt. Diese GSM-Netze sind aus den Bemühungen in Europa entstanden, ein einheitliches Mobilfunknetz zu betreiben. Im Gegensatz zu den Mobilfunknetzen der ersten Generation sind GSM-Systeme digitale Mobilnetzwerke, die eine 9,6 kbit/s Bandbreite anbieten und für die drahtlose Übertragung von Sprachdaten geeignet sind. Dagegen ist die GSM-Technik nicht für IP-basierte Anwendungen, wie etwa das mobile Internet, und für die multimediale Datenübertragung ausgelegt.

Um den bereits jetzt steigenden Bedarf an Multimedia-Anwendungen zu erfüllen, wurden Ende 2000 die Mobilfunknetze HSCSD (High Speed Circuit-Switched Data) und GPRS eingeführt. HSCSD und GPRS werden auch als Mobilfunknetze der Generation 2,5 oder Generation 2+ bezeichnet, weil sie im Prinzip eine Erweiterung der GSM-Technik sind. Die Generation 2+ Mobilsysteme ermöglichen eine Übertragungsrate bis 160 kbit/s und verhelfen der mobilen Datenübertragung über große Distanzen, aufgrund der hohen Bandbreite, zu einem deutlichen Sprung nach vorne. Der mobile Zugang zum Internet wird somit schneller und komfortabler. Im Gegensatz zur HSCSD-Technik ist GPRS eine paketorientierte Technik, die den sogenannten „Always-on-Modus" ermöglicht. Dabei bezahlt der Anwender nur für die tatsächlich übertragenen Datenpakete und nicht für die Verbindungsdauer. Daher ist GPRS für das mobile Surfen und für mobile eCommerce (mCommerce) eine äußerst interessante Technologie. Dagegen verwendet HSCSD weiterhin die durchschaltvermittelte Technik, bei der weiterhin nach der Verbindungsdauer abgerechnet wird. Darüber hinaus steht mit dungsdauer abgerechnet wird. Darüber hinaus steht mit EDGE eine weitere Mobilfunktechnologie kurz vor der Einführung. Mit 384 kbit/s Bitrate ist EDGE im Prinzip die breitbandigere Version von GPRS und somit eine Weiterentwicklung der GSM-Technik. EDGE wird als Migrationstufe von GPRS zur dritten Generation von Mobilfunksystemen betrachtet, da die dafür notwendigen Änderungen des Modulationsverfahrens schon bereits berücksichtigt wurde.

Mit der Einführung der dritten Generation von Mobilfunksystemen (3G) wird die mobile Breitbandübertragung von multimedialen Daten, wie Bilder, Video, Musik, High-Speed-Internet-Zugang, oder Anwendungen, wie mobiler eCommerce etc., entscheidend erleichtert. Die ITU hat mit der ITM2000-Norm (International Mobile Telecommunication) die Anforderungen für die 3G-Systemen spezifiziert, um eine Harmonisierung der unterschiedlichen Funkschnittstellen in USA, Europa und Asien zu erzielen. Aufgrund der unterschiedlichen 2G-Systeme und der nationalen Interessen der betroffenen Regionen, ist die Harmonisierung nicht gelungen. Statt einem einheitlichen Weltstandard existiert nun eine Familie von 3G-Systeme. So wird einerseits in Teilen der USA der CDMA2000 Standard basierend auf der CDMA-Technik (Code Division Multiple Access) als 3G Mobilsystem verwendet. Andererseits wird auch in den USA und in den fernöstlichen Ländern der UWC-136 Standard (Universal Wireless Communication) eingesetzt. Zu der 3G-Familie gehört auch der UMTS-Standard, der voraussichtlich Beginn 2002-2003 in Europa eingeführt werden soll. Es wird erwartet mit UMTS endgültig den Durchbruch des mobilen Internets zu schaffen. Diese hohe Erwartungshaltung wird u.a. deutlich durch die Rekordversteigerung der UMTS-Lizenzen in Deutschland in Höhe von 98 Milliarden DM.

Im folgenden werden die Mobilfunksysteme GSM, GPRS und UMTS näher beschrieben.

Der GSM-Standard (Global System for Mobile Communication)

Bereits 1982 begann die Entwicklung und Spezifikation des GSM-Standards durch die CEPT (Conference of European Posts and Telegraphs). Die CEPT gründete damals die Groupe Special Mobile (GSM) mit dem Ziel, ein europaweites Mobilfunknetzwerk für Millionen von Teilnehmern zu spezifizieren. 1989 wurde diese Aufgabe der neugegründeten ETSI (European Telecommunication Standards Institute) übertragen. Für die Entwicklung von

1. Mobile Kommunikationstechnologien für Mobile Business

GSM wurde von Anfang an die Digitaltechnik anstelle der Analogtechnik gewählt. Aufgrund der besseren Leistung und Spektraleffizienz ermöglicht die Digitaltechnik eine hochwertige Funkübertragung und moderne Merkmale, wie Sprachsicherheit, Anklopfen oder Makeln. Für GSM wird die TDMA-Technik (Time Division Multiple Access) oder Zeitmultiplex eingesetzt, die eine Anzahl von Teilnehmer über einen Frequenzkanal vermitteln kann ohne zu interferieren. Dieses wird durch die Aufteilung des Kanals in sechs Zeitschlitze, wobei jeder Teilnehmer eindeutig einem Zeitschlitz zugewiesen wird, erreicht. Darüber hinaus ist GSM kompatibel zu ISDN und die dazugehörenden Dienste. In Europa werden im GSM-Netz die Frequenzen 900 MHz und 1800 MHz und in den USA die Frequenz 1900 MHz verwendet.

Abbildung 4 zeigt die Architektur eines GSM-Netzwerks, das hauptsächlich aus drei Teilen besteht: Mobilstation (Mobile Station), Basisstation-Subsystem (Base Station Subsystem) und Netzwerkvermittlungs-Subsystem (Network and Switching Subsystem.

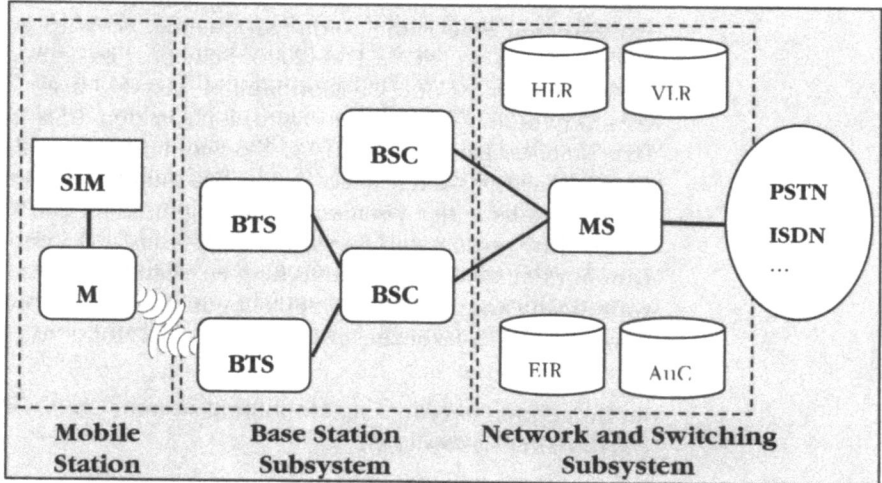

Abbildung 4: GSM-Netzwerkarchitektur

- **Mobilstation (MS)**

Die Mobilstation besteht aus dem Mobilgerät und der SIM-Karte (Subscriber Identity Module). Die SIM-Karte verwaltet die wichtigsten persönlichen Daten des Anwenders und ermöglicht diesem die gleichen Dienste, unabhängig vom Mobilgerät, zu beziehen. Jedes Mobilgerät ist eindeutig identifiziert durch eine

IMEI-Kennung (International Mobile Equipment Identity). Dagegen enthält jede SIM-Karte die IMSI-Information (International Mobile Subscriber Identity) für die Identifikation des Benutzers und das Passwort. Diese Informationen sind für den Zugang zum Netz notwendig und werden von der Basisstation verwaltet. IMEI und IMSI sind unabhängig voneinander.

- **Basisstation-Subsystem (BSS, Base Station Subsystem)**

Das Basisstation-Subsystem (BSS) verbindet die Mobilstation mit dem Netzwerkvermittlungs-Subsystem. Ein BSS besteht aus der Basisfunkstationen (BTS, Base Transceiver Stations) und den Basisstationssteuerungen (BSC, Base Station Controllers). Eine BTS besteht aus den Sendern und Antennen, die in einer Zelle des Mobilfunknetzes aufgestellt werden. In der Regel wird die Größe der Zelle durch die Sendeleistung der BTS bestimmt, die zwischen einem und sechzehn Sendern betragen kann. Dies hängt von der Teilnehmerdichte innerhalb einer Zelle ab. Darüber hinaus verwaltet sie das Funkprotokoll für die Verbindung zur Mobilstation. Dagegen werden die Funkressourcen der BTSs von der BSC verwaltet, die für Aufgaben, wie das Frequenz-Hopping oder Handover, verantwortlich ist.

- **Netzwerkvermittlungs-Subsystem (NSS, Network and Switching Subsystem)**

Die Hauptaufgabe des Netzwerkvermittlungs-Subsystems (NSS) besteht darin, die Kommunikation des mobilen Anwenders zu anderen Anwendern, wie andere mobile Teilnehmer, ISDN- oder Festnetzanwendern, zu verwalten. Dazu werden Datenbanken zur Verwaltung der Teilnehmerdaten eingesetzt, um die Mobilität zu gewährleisten. Prinzipiell besteht ein NSS aus den Komponenten: Mobilvermittlungsstelle (MSC, Mobile Switching Centers), Teilnehmerdatenbanken VLR und HLR (Visitor Location Register und Home Location Register), Authentifizierungscenter (AuC) und Gerätedatenbank EIR (Equipment Identity Register).

Die Mobilvermittlungsstelle (MSC) ist die zentrale Komponente des NSS. Sie übernimmt Vermittlungsaufgaben und koordiniert mit weiteren NSS-Komponenten die Aktivitäten, wie etwa Registrierung, Authentifizierung, Handover oder Anrufumleitung. Darüber hinaus stellt die MSC die Verbindung zu anderen Festnetzwerken, wie etwa ISDN-Netze, her. Zusammen mit den Teilnehmerdatenbanken HLR und VLR sorgt die MSC für die Rufumleitung und das Roaming. Die Teilnehmerdatenbank HLV enthält alle Informationen eines Netzwerkteilnehmers, sowie der aktuelle Aufenthaltsort des Teilnehmers. In der Regel existiert pro GSM-Netz eine HLV, wobei sie als ein verteiltes Datenbanksystem realisiert werden kann. Dagegen sorgt die VLR im Falle, dass der Teilnehmer den Empfangsbereich einer neuen MSC betritt, für eine weiterhin bestehende Verbindung. Dazu versorgt die HLR die VLR mit den notwendigen Informationen über den neuen Teilnehmer.

Schließlich werden die Datenbanken EIR und AuC für Authentifizierungs- und Sicherheitszwecke verwendet. Dabei speichert die EIR die Liste der gültigen Mobilgeräte, wobei jedes Gerät durch IMEI gekennzeichnet ist. Für Authentifizierungs- und Verschlüsselungszwecke speichert der AuC Kopien der Teilnehmerpasswörter.

GSM-Systeme bieten vielfältige Funktionen an, wie das Anklopfen, Makeln oder Dreierkonferenz. Darüber hinaus ermöglicht GSM das Versenden von bis 160 Zeichen langen Kurznachrichten, bekannt als SMS-Nachrichten (Short Message System). Neben der Sprachkommunikation ist SMS ein äußerst beliebter und sehr erfolgreicher GSM-Dienst. Mit der Einführung des WAP-Protokoll (Wireless Application Protocol) ist auch theoretisch ein Zugriff in das Internet über WAP-fähige Handys möglich. Leider ist diese Möglichkeit aufgrund der geringen Bandbreite recht unkomfortabel. Laut der GSM Association werden gegenwärtig weltweit mehr als 500 Millionen Mobiletelefone auf der Basis von GSM benutzt. Dies entspricht 70 Prozent der Handys weltweit. Weiterhin befinden sich weltweit in knapp 170 Ländern über 400 GSM-Netze. Obwohl der Standard ursprünglich für Europa spezifiziert wurde, sind 40 Prozent aller Kunden ausserhalb Europas, wobei China mit über 80 Millionen Nutzern die größte Nutzergemeinde innerhalb eines Landes darstellt.

Der GPRS-Standard (General Packet Radio Service)

Generell ist der GPRS-Standard eine Weiterentwicklung und Verbesserung des GSM-Standards. GPRS bietet Bitraten bis zu 170 kbit/s sowohl die für die mobile Übertragung von Sprachdaten als auch von digitalen Daten. GPRS verwendet die paketorientierte Datenübermittlungstechnik und ist für IP-basierte Dienste, wie das mobile Surfen, gut geeignet. Durch die Verwandtschaft zum GSM können GPRS-Netze mit geringem technischen Aufwand und Erweiterung relativ schnell installiert werden. So können die bereits existierenden GSM-Zellenstrukturen wiederverwendet werden. D.h. die in GSM existierenden Komponenten, wie etwa die Basisstation (BTS), die Basisstationssteuerung (BSC) und die Mobilvermittlungsstelle (MSC) des GSM-Netzes können beibehalten werden. Lediglich zwei neue GPRS Komponenten, nämlich das Serving GPRS Support Node (SGSN) und das Gateway GPRS Support Node (GGSN), müssen zusätzlich hinzugefügt werden. Abbildung 5 zeigt die GPRS Netzwerkarchitektur.

- **Serving GPRS Support Node (SGSN)**

Das SGSN ist verantwortlich für die Übertragung der Datenpakete von und zu den Mobilstationen. Zu den weiteren Aufgaben des SGSN gehören das Routing und der Transfer der Datenpakete, das Mobilitätsmanagement, die Authentifizierungs- und Abrechnungsfunktionen. Außerdem verwaltet die SGSN-Datenbank Informationen über die Umgebung, z.B. die Zellenstruktur oder VLR, und die Profile, wie z.B. IMSI-Identifikation, aller GPRS-Netzteilnehmer innerhalb dieses SGSN.

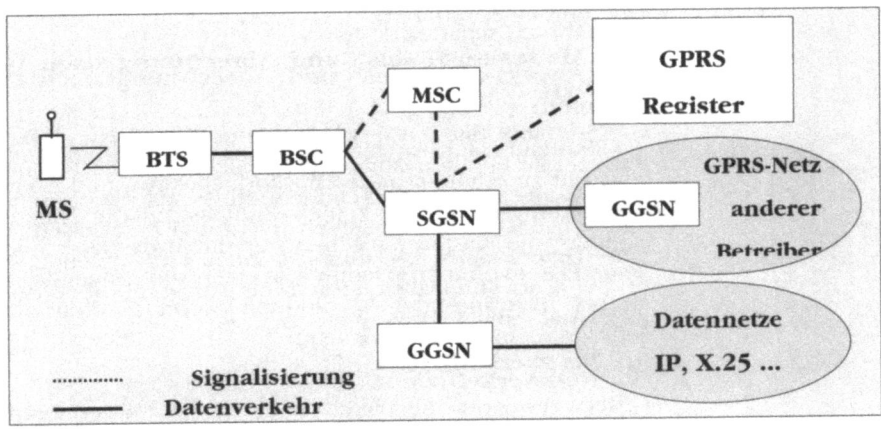

Abbildung 5: GPRS-Netzwerkarchitektur

- **Gateway GPRS Support Node (GGSN)**

GGSN agiert als die Schnittstelle zwischen dem GPRS Backbone-Netzwerk und externe Datennetzwerke, wie andere GPRS-Netze, Internet oder Intranet. Das GGSN konvertiert die Datenpakete von dem SGSN kommend in ein geeignetes Datenformat, wie zum Beispiel IP oder X.25, und versendet dieses zum entsprechenden, externen Datennetzwerk. Analog werden ankommende Datenpakete dementsprechend in die GSM-Adresse des

Empfängers umgewandelt und zum entsprechenden SGSN-Knoten verschickt. Aus diesem Grund speichert der GGSN die SGSN-Adresse der Teilnehmern sowie die entsprechenden Teilnehmerprofile im GPRS-Register. Ein oder mehrere GGSNs können eingesetzt werden, um mehrere SGSNs zu unterstützen. Darüber hinaus übernimmt GGSN Authentifizierungs- und Abrechnungsfunktionen.

Im Vergleich zum GSM-Standard bietet der GPRS-Standard im wesentlichen folgende Vorteile:

1. Schnellere Übertragungsgeschwindigkeit

Mit einer maximal erreichbaren Bruttobitrate von 170 kbit/s bietet GPRS fast die dreifache ISDN-Geschwindigkeit, wobei Sprach- und Datendienste gleichermaßen unterstützt werden. Allerdings bieten die Telekommunikationsbetreiber in der Einführungsphase GPRS-Netze mit Bitraten bis zu 53,6 kbit/s an, was immerhin das fünffache der GSM-Bandbreite entspricht. Mit GPRS könnten deshalb beispielsweise die bislang erfolglosen WAP-Dienste, den Durchbruch schaffen.

2. „Always-on-Modus" und Abrechnung nach Datenvolumen

GPRS erlaubt den Anwendern immer eine Verbindung zum Netz aufrecht zu erhalten ohne umständliches An- und Abmelden. Die Verbindungsdauer hat keinen Einfluss auf die Nutzungskosten, sondern die Kosten entstehen nur durch das tatsächlich übertragene Datenvolumen. Dadurch können die Anwender alle Dienste bei fortwährender Verbindung sofort abrufen ohne vorher jedes Mal einwählen zu müssen.

3. Netzwerkeffizienz

GPRS verwendet die paketorientierte Datenübertragungstechnik. Das heißt, dass die Daten in einzelne Pakete aufgeteilt übertragen werden und dadurch die Netz-Kapazitäten effizienter genutzt werden als vergleichsweise die von GSM verwendete durchschaltvermittelte Technik. Dies hat zur Folge, dass mehrere Mobilteilnehmer gleichzeitig die gleiche Bandbreite auf einer Funkfrequenz nutzen können.

Zu den Nachteilen gehört, dass gängige GSM-Handys nicht verwendet werden können, sondern neue Generationen von GPRS-fähigen Handys benötigt werden. Weiterhin ist damit zu rechnen, dass GPRS-Dienste in der Anfangsphase teurer sein werden als GSM-Dienste, bis ein kritischer Massenmarkt erreicht wird.

Der UMTS-Standard (Universal Mobile Telecommunication System)

Schon heute ist es sicher, dass das Zeitalter des reinen „Mobiltelefonierens" vorüber sein wird. In Zukunft wollen die Nutzer nicht nur die mobile Sprachkommunikation, sondern auch drahtlos im Internet surfen, Videokonferenzen oder mCommerce durchführen. Allerdings erfordern diese Dienste deutlich höhere Datenübertragungsraten als beispielsweise die derzeit im GSM-Netz erhältlichen 9,6 kbit/s und darüber hinaus eine Optimierung der Mobilnetzwerke für IP-basierte Anwendungen. Seit längerem sind sich deshalb alle Beteiligten (Forschung, Industrie und Telekombetreiber) von der Notwendigkeit der Entwicklung und Einführung einer neuen Generation von Mobilsysteme bewusst. Die Folge daraus ist, dass in Europa mit dem UMTS-Mobilfunkstandard heute ein Mobilfunksystem der 3G-Familie vor der Einführung in den Massenmarkt steht. UMTS wurde durch das Standardisierungs-Institut ETSI spezifiziert und ermöglicht eine mobile Datenübertragung bis zu 2Mbit/s. Somit stellt UMTS eine Bitrate bereit, die um ein Vielfaches höher liegt als die heute existierenden Mobilfunksysteme. Die Vision von UMTS ist darüber hinaus, den privaten, geschäftlichen und öffentlichen Anwendungsbereich als eine homogene Kommunikationseinheit zu betrachten und dafür eine einheitliche Mobilnetzwerkinfrastruktur sowohl für die Sprachkommunikation als auch für breitbandige Datenübertagung und der Multimedia-Dienste bereitzustellen (siehe Abbildung 6). Daher lassen sich mit UMTS die geforderten Multimedia-Anwendungen wie etwa High-Speed-Internet-Zugriff, mCommerce, Mobil-Bildtelefonieren, mobile Videokonferenzen, Entertainment-on-Demand, Navigationsdienste, „Location-based-Services" und vieles mehr, die mit der 2G-Technik undenkbar wären, realisieren (siehe Abbildung 6). Als solches kann UMTS als ein Meilenstein in der Geschichte der Mobilfunkkommunikation betrachtet werden, wofür Telekommunikationsunternehmen, wie bereits erwähnt, sich selbst vor hohen Investitionskosten nicht zurückschrecken lassen.

1. Mobile Kommunikationstechnologien für Mobile Business

Abbildung 6: UMTS und mögliche Dienste

UMTS basiert auf der sogenannten WCDMA-Technik (Wideband Code Devision Multiplexing Access). Im Gegensatz zu der von GSM verwendeten TDMA-Technik, werden im WCDMA Verfahren alle Daten innerhalb einer Funkzelle auf der selben Frequenz zum gleichen Zeitpunkt übertragen. Die Unterscheidung der übertragenen Daten erfolgt anhand von Codes, die durch Sender und Empfänger ausgehandelt werden. D.h. die Teilnehmer teilen sich dynamisch die gesamte zur Verfügung stehende Bandbreite einer Funkzelle. Anschaulich kann man sich diese Technik derart vorstellen, dass in einem großen Raum viele Menschen aus verschiedener Nationalitäten gleichzeitig anfangen in ihrer Muttersprache zu sprechen. Nur diejenigen, die die gleiche Sprache (=Code) verstehen, werden sich verständigen können. Nachteil dieser Technik ist allerdings die Abnahme der übertragenen Datenmenge je weiter sich Handy und Funkmast von einander entfernen.

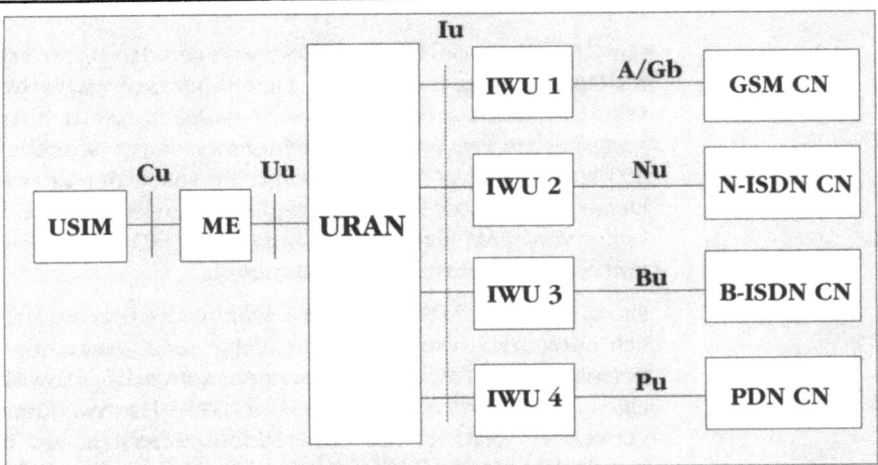

Abbildung 7: UMTS-Netzwerkarchitektur

Prinzipiell besteht das UMTS-Netzwerk aus dem URAN (UMTS Radio Access Network), dass über die sogenannten IWUs (Inter Working Units) mit den anderen Kernnetzen (Core Network, CN), wie etwa GSM, N-ISDN (Narrowband ISDN), B-ISDN (Broadband ISDN) oder Datennetze (Packet Data Networks, PDN), verbunden werden kann (siehe Abbildung 7). Die Verbindung zwischen dem URAN und den IWUs erfolgt über die Iu Schnittstellen. Auf der anderen Seite ermöglicht die UMTS Radioschnittstelle Uu die Verbindung zwischen dem URAN mit dem Mobilendgerät (Mobile Equipment ME). Diese UMTS Radiofunkschnittstelle wird auch als UTRA (UMTS Terrestrial Radio Access) bezeichnet. Für die Realisation dieser Schnittstelle hat die ETSI die oben bereits erläuterte WCDMA-Technik gewählt. Schließlich erfolgt die Verbindung zwischen dem URAN und dem USIM (UMTS Subscriber Identity Module), dass für die Verwaltung der Teilnehmer verantwortlich ist, über die Cu Schnittstellen.

Im UMTS hängt die realisierbare Datenrate nicht zuletzt von der aktuellen Mobilitätssituation (Bewegungsgeschwindigkeit, Bewegungsumfeld) der Netzwerkteilnehmer und dem Ausbau des Netzes ab. Deswegen muss die theoretisch mögliche 2 Mbit/s Bruttobitrate differenzierter betrachtet werden. Die maximale Datenrate lässt sich nur erreichen, wenn der Teilnehmer sich in einem stationären Umfeld (bis zu 10 km/h und dem Gebäudeumfeld) befindet und wenn das gesamte UMTS-Netzwerk ideal ausgebaut und hochgerüstet ist. In Vorstädten bzw. dünnbesiedelten Gebieten ist immerhin noch eine Bitrate von 384 kbit/s möglich, wobei der Teilnehmer sich nur maximal mit einer Geschwindigkeit von 120 km/h fortbewegen darf. Über noch größerer Distanzen kann mit einer Datenübertragungsgeschwindigkeit von 144 kbit/s gerechnet werden. Allerdings darf die Bewegungsgeschwindigkeit des Teilnehmers nicht schneller sein als 500 km/h, was in der Praxis ohnehin selten der Fall sein dürfte. Dennoch bietet UMTS im letzten Fall, vergleichsweise zu der 9,6 kbit/s von GSM oder der 64 kbit/s von ISDN, immer noch eine erheblich schnellere Datenübertragung.

Um die durch UMTS möglichen Multimedia-Dienste auch tatsächlich nützen zu können ist eine völlig neue Generation von multimedia-fähigen Mobiltelefongeräten notwendig. Sowohl die jetzigen GSM-Handys als auch die GPRS-Handys können nicht verwendet werden, um etwa Videokonferenzen auf der Basis von UMTS durchzuführen. Vielmehr müssen die UMTS-Handys verschiedene Eigenschaften erfüllen. Dazu gehören höhere Rechenleistung, größere Datenspeicherung, langlebigere Batterie, größere und hochauflösendere Farbdisplay. Weiterhin werden in Deutschland die ersten UMTS-Netzwerke ab 2002 erwartet. Es ist davon auszugehen, dass zu Beginn keine flächendeckende Netzwerkabdeckung gegeben ist. Erst gegen 2005 ist mit einer 60-70 % Versorgung der Nutzer mit einem UMTS-Netzwerk zu erwarten. Dementsprechend ist vorerst mit einem parallelen Betrieb von UMTS und GSM zu rechnen.

Abschließend sind im folgenden die charakteristischen Eigenschaften von UMTS zusammengefasst:

- Hohe drahtlose Datenübertragungsrate
- Konvergenz von Fest- und Mobilfunknetz
- Einheitliche Luftschnittstelle für die Mobilkommunikation (schnurloses Telefonieren, Mobilfunk und Satellitenfunk)
- Parallele Übertragung von Sprachdaten und Multimedia (Text, Video, Musik, Bildern)
- Ermöglicht völlig neue Dienste und Anwendungen (mCommerce, mobiles Internet, mobile Entertainment-on-Demand, Bildtelefonieren, etc.)

Zusammenfassung

Dieser Beitrag hat einen Einblick über die verschiedenen Mobilkommunikationstechnologien gegeben. Je nach mBusiness-Modell stellt WLAN eine echte Alternative zur UMTS-Technik dar. Dagegen erfüllen die 2G-Mobilfunksysteme, wie etwa das GSM-

System, nicht die erforderlichen Leistungsmerkmale, die notwendig sind um mBusiness-Strategien umzusetzen. Dieses liegt nicht zuletzt daran, dass diese Netzwerke ursprünglich für die reine Sprachkommunikation konzipiert wurden. Zum Zeitpunkt der Einführung war darüber hinaus der nachhaltige Einfluss des Internets auf unsere Gesellschaft nicht vorhersehbar. Daher konnte beispielsweise nicht mit den enormen Erfolgen und dem Einfluss des Electronic Commerce gerechnet werden. Mit der Einführung der 3G-Mobilfunksysteme werden nun die Schwächen der 2G-Mobilfunktechnik ausgeglichen und gleichzeitig der unaufhaltsame Trend nach grenzenloser Mobilität und damit die Unabhängigkeit von Ort- und Zeitbarrieren sowohl zu kommunizieren als auch zu handeln befriedigt. Somit wird mit der 3G-Technik eine entscheidende Grundvoraussetzung für das mBusiness geschaffen. Dass eine erfolgreiche Umsetzung und ein nachhaltiger Erfolg des mBusiness nicht zuletzt von einer adäquaten Mobilfunktechnologie abhängt, hat der gescheiterte Versuch auf Basis von GSM WAP-Dienste einzuführen gezeigt. Nicht zu Unrecht ist die Erwartungshaltung an 3G-Mobilfunksysteme enorm.

Literatur und Referenzen

- Bluetooth Forum, http://www.bluetooth.com
- Bluetooth Specification Version 1.0 B, Volume 1 + 2, http://www.bluetooth.com
- Crow, B., Widjaja, J., Kim, J. Sakai, P. IEEE 802.11 Wireless Local Area Networks, IEEE Communications Magazine, September 1997
- ETSI EN 301 344 V7.4.0. Digital Cellular Telecommunications System (Phase 2+); General Packet Radio Service (GPRS); Service Description; Stage 2 (GSM 03.60 version 7.4.0 Release 1998), http://www.etsi.org
- ETSI TS 123 101 V3.0.1. Universal Mobile Telecommunications System (UMTS): General UMTS Architecture. (3G TS 23.101 Version 3.0.1 Release 1999), http://www.etsi.org
- Global System for Mobile Communication, http://www.gsmworld.org
- The Infrared Data Association (IrDA) Org. http://www.irda.org
- IEEE 802.11 Wireless LAN Working Group, http://www.manta.ieee.org/groups/802/11/

- IEEE. Wireless LAN Medium Access Control (MAC) and Physical Layer (PHY) Specifications. IEEE Standard 802.11 1999 Edition
- IEEE. Wireless LAN Medium Access Control (MAC) and Physical Layer (PHY) Specifications: Higher-Speed Physical Layer Extension in the 2.4 GHz Band. IEEE Standard 802.11b 1999 Edition
- The WAP Forum, http://www.wapforum.org/UMTS Forum, http://www.umtsforum.org

2. Mobile Devices

Ein Streifzug durch die Welt der mobilen Endgeräte

Aleksandar Smiljanic, KPMG Consulting AG

Einleitung

Wie oft sieht man Menschen auf der Straße, im Auto oder im Café, die mit mehr als einem Gerät herumhantieren und versuchen, alle diese verschiedenen Accessoires, auf neudeutsch auch *Devices* genannt, simultan zu bedienen. Besonders im geschäftlichen Bereich braucht man heutzutage mindestens zwei Geräte. Ein Mobiltelefon und ein Laptop gehören zum Existenzminimun eines jeden Business-Individuums. Hinzu kommen noch Feinheiten wie Telefone für Privatgespräche, Triband-Telefone, damit man auch auf dem amerikanischen Kontinent erreichbar ist, und natürlich ein *Personal Digital Assistant* (PDA). All diese Geräte können irgendwie das gleiche, oder man sagt es ihnen jedenfalls nach, dennoch nimmt man für die benötigte Anwendung lieber das entsprechende Gerät. Neben den Hauptgeräten braucht man außerdem noch Akkus, Dockingstations und natürlich das ein oder andere Extra, wie z.B. ein Handspring-Springboard-Modul zum Abspielen von MP3-Dateien.

Dies ändert sich langsam aber stetig. Glaubt man den Herstellern, wird sich in ganz naher Zukunft der Trend zum „All-in-one"-Gerät perfektionieren und man wird mit einem Universalgerät alle anfallenden Bedürfnisse beruflicher oder privater Art abdecken können. Egal, ob man sein gerade geführtes Verkaufsgespräch noch schnell am Flughafen dokumentieren und über das Mobilfunknetz an die Firmendatenbank schicken will, oder ein Bildtelefonat mit der Frau führen möchte, an einer technischen Zeichnung Änderungen anbrigen will oder sich einfach nur den Weg zum nächsten Kino anzeigen und sich hinlotsen lassen möchte. Das perfekte Gerät der Zukunft wird leichter, kleiner, schneller und mächtiger sein, wie man es eigentlich nur vom Raumschiff Enterprise kennt.

Wie gesagt, dies wird für die Zukunft prognostiziert.

Heutzutage noch spricht man auch gerne von sogenannten *Smartphones*. Nur verdient es kein Gerät der heutigen Baureihen als solches betitelt zu werden, weil die smartness' bis heute nur schwerlich ausfindig zu machen ist. Die Intelligenz heute basiert eher auf den mobilen Netzwerken als in den Endgeräten selbst. Einen ersten Schritt zum smarten Gerät konnte man auf der Cebit 2001 erkennen, auf welcher keine Konzeptmodelle, sondern schon in Produktion befindliche Geräte gezeigt wurden. Die Intelligenz geht aber auch hier weg vom üblichen Mobiltelefon als hin zum erweiterten PDA.

Augenblicklich sind einige Geräte auf dem Markt, welche als Mischform aus Mobiltelefon und PDA angesehen werden können, bzw. der erste Schritt zu einem *mobilen Multimediaterminal* sind: z.B. der neue communicator 9210 von Nokia, das GSM-Telefon R380s von Ericsson, das Sagem WA 3050 oder das Trium Mondo.

Umgekehrt haben die PDA's auch schon die Funktionalitäten eines Telefones erlernt. Mit Modulen, auf welche man den PDA aufsteckt bzw. die in die richtigen Slots eingeschoben werden, kann man bereits in den GSM-Netzen telefonieren. Eine SIM-Karte, die ebenfalls in das Modul eingesetzt wird, sorgt dabei für die Verbindung mit der Außenwelt. Jedes solche Gerät verfügt über ein Headset, was dem Benutzer erlaubt, gleichzeitig zu sprechen und z.B. Notizen zu machen. Hersteller solcher Module sind u.a. die die Unternehmen Ubinetics[1] oder Realvision[2].

Laut Umfragen verschiedener Institute wird davon ausgegangen, dass PDA-ähnliche Geräte die bevorzugten Devices sein werden, um 3G-Services zu nutzen. Wenn die Bandbreiten auch einmal

---

[1] http://www.ubinetics.co.uk/

[2] http://www.realvision.com.hk/

so weit sind, wird man damit problemlos im Netz surfen können, sich Filme ansehen oder an Videokonferenzen teilnehmen.

Betrachtet man die Realität, sieht man schon seit längerer Zeit die Machtkämpfe um Technik und potentiellen Kunden toben. *Palm* verspricht, alle Geräte mit der Möglichkeit des mobilen Datenzugriffes auszustatten, während die Rivalen *Microsoft* und *Symbian* an einem konkurrenzfähigen Betriebssystem zum PalmOS arbeiten. Das PalmOS wurde von Herstellern mobiler Endgeräte lizensiert, von denen *Qualcomm* die ersten waren. *Microsoft* hat in den vergangenen Monaten sprunghaft an Boden im PDA-Markt gewonnen, was auf der Seite von *Palm* an den bekannten Schwierigkeiten der New Economy liegen dürfte.

Nicht nur beim Betriebssystem, auch bei der Eingabeform war Palm seinen Konkurrenten bisher immer ein Stück voraus. Bevor der Palm die *Graffiti-Technik* einem breiten Nutzerkreis zugänglich machte, welche über einen touch-sensitiven Bildschirm die Dateneingabe ohne Tastatur, sondern mit einem Stift erlaubt, benutzten die damaligen ersten PDA's Keyboards, welche ähnlich einem Laptop für den Transport zusammenklappbar waren.

Das nach Palm erfolgreichste Unternehmen im PDA-Bereich ist *Psion*, welches als Softwareunternehmen begann und dann immer mehr zum Wegbereiter für die heutigen PDA's wurde.

So startete im Jahr 1984 der Psion Organizer, welcher anfänglich als Supertaschenrechner' belächelt wurde. Das Alleinstellungsmerkmal war ein Slot für sogenannte Cartrides, welche Programme enthielten, die von Psion oder von Psion-Usern geschrieben wurden. Es gab Programme für Finanzanwendungen ebenso wie Datenbankapplikationen. Der Code wurde in *Psion Organizer Programming Language* (POPL) geschrieben, was wiederum eine Variante des damaligen *Beginner's All-purpose Symbolic Instruction Code* (BASIC) war, das so manchem noch aus den Zeiten des Commodore C64 bekannt sein dürfte.

Der erste kommerziell erfolgreiche Psion war der Psion Serie 3, welcher ab 1991 erhältlich war. Dieser hatte ein kleines Keyboard, jedoch einen verhältnismäßig großen Bildschirm, auf dem ein grafisches User Interface und nützliche Programme untergebracht waren. Zu diesem Zeitpunkt versuchten andere Unternehmen wie *Casio* und *Tandy* jeweils mit einem proprietären Betriebssystem und eigenen Geräten auf den anfahrenden PDA-Zug mit aufzuspringen. Microsoft schloss sich ihnen im Jahr 1997 mit Veröffentlichung des Windows CE-Betriebssystems für Organizer an. Mit Ausnahme von Psion ersetzten die meisten PDA-Hersteller ihr eigenes Betriebssystem durch das von Windows.

Spätestens mit dem Aufkommen des Palm begann ein raketenhafter Aufstieg der PDA's, welcher bis zum heutigen Tag noch schneller vorangeht als die Einführung des TV oder des Internets.

Erwähnung finden sollten auch die Hybridgeräte, welche in geschlossenem Zustand ein Mobiltelefon sind, wenn sie geöffnet werden sich jedoch zu einem kleinen PDA entwickeln. Das erste dieser Geräte war der Communicator von Nokia (auch Nokia 9110), welcher im Jahr 1998 startete. Diese Gerät war seiner Zeit damals weit voraus und wurde als Spielzeug für den sehr reichen Chef' verspottet, entpuppte sich einige Jahre danach aber als richtungsweisender Mainstream. Die Neuauflage des Communicators, der Nokia 9210, wurde einem breiten Publikum auf der Cebit 2001 erstmalig vorgestellt und gehört zu den großen Hoffnungsträgern für die neue Generation der mobilen Terminals. Sobald man das Telefon aufgeklappt hat, offenbart sich ein Display mit einer Auflösung von 640x200 Bildpunkten und darunter eine große Tastatur, deren Tasten im QWERTZ-Standard angeordnet sind, wie es auf PC's bzw. Laptops seit langem üblich ist. Damit lassen sich eMails versenden oder abrufen, Faxe und Bilder verschicken, WAP- oder WWW-Seiten surfen und Daten speichern. Organizerfunktionen á la PDA wie Kalender, Adressdatenbank, Memofunktion und automatische Synchronisation mit dem Desktop-PC sind mitinbegriffen.

Mobile Betriebssysteme

Während Microsoft den Desktopbereich dominiert, herrschen um die Vorreiterrolle im Bereich der mobilen Betriebssysteme noch keine geregelten Verhältnisse. Zwei andere Unternehmen haben es bisher geschafft, Microsoft auf die dritte Stelle zu verweisen.

Tabelle 1 gibt einen Überblick über die mobilen Betriebssysteme.

2. Mobile Devices

Tabelle 1: Endgeräte und ihre Betriebssysteme

Modell	Betriebssystem	Besonderheiten
Psion Revo Plus	EPOC Touch Screen	eMail, Web-Browser (Modem / GSM optional)
Psion Serie 5	EPOC Touch Screen	Infrarot-Schnittstelle, zwei Kartenslots, eMail und Web (Modem / GSM optional)
Psion Netbook	EPOC	Große Tastatur, großer Bildschirm, vielfältig erweiterbar
Palm IIIxe	PalmOS 3.5	Gute Schrifterkennung, praxisorientierte Softwareausstattung
Palm IIIc	PalmOS 3.5	Sehr gutes Farbdisplay, praxisorientierte Softwareausstattung
Palm Vx	PalmOS 3.5	Aluminiumgehäuse, gute Software
Handspring Visor Deluxe	PalmOS 3.5	Basierend auf Palm in fünf unterschiedlichen Gehäusefarben, vielfältig erweiterbar
Handspring Visor Prism	PalmOS 3.5.2	Sehr gutes Farbdisplay, schneller Prozessor, vielfältig erweiterbar
HP Jornada	Windows Pocket PC	Sehr gute Softwareausstattung, überragende Erweiterbarkeit
Compaq iPaq H3630	Windows Pocket PC	Sehr gutes Farbdisplay, edles Gehäuse, höchste Funktionalität / Ausstattung

EPOC

Als man erkannte, dass Mobiltelephone zu kleinen Computern mutierten und die Nutzer immer mehr nach mobilem Internet verlangten, ging in den Reihen der mobilen Industrie die Angst um, man könnte vielleicht eines Tages auch hier von Microsoft dominiert werden. Um dem entgegenzuwirken gründeten 1998 die führenden Mobiltelephonhersteller ein Joint Venture mit Psion, welches unter dem Namen *Symbian* auf dem EPOC-Betriebssystem von Psion aufsetzte und für Mobiltelefone und PDA's der sonstigen Symbian-Mitglieder lizensiert wurde.

Nokia, *Ericsson*, *Motorola* und *Toshiba* waren die Gründungsmitglieder von Symbian, was einige Beobachter in Staunen versetzte, da die Unternehmen untereinander in starkem Konkurrenzkampf standen und immer noch stehen. Es kam hinter den Kulissen immer wieder zu Reibereien, außerdem benötigte man länger als geplant für die Entwicklung eines Betriebssystems für PDA's und Telefone. Bis zum Jahr 2000 existierten lediglich Dummies mit denen die wartende Öffentlichkeit immer wieder hingehalten wurde.

Für den Psion existieren zwei Versionen von Epoc, die unter dem Namen *EPOC16* und *EPOC32* bekannt sind. Erstere wurde für ältere 16-bit Prozessoren entwickelt und lediglich in den Organizern von Psion und anderen Unternehmen verwendet, welche sich in der unteren Preiskategorie befanden. EPOC32 ist ein modulares 32-bit System, welches eine Vielzahl an optionalen Applikationen beinhaltet. Geplant ist, dieses Betriebssystem in den Geräten der Symbian-Mitglieder einzusetzen, welche auf das jewels anvisierte Marktsegment wie z.B. Mobiltelefone oder PDA's zielen.

PalmOS

Die Entwicklung von Palm Computing stellt eine Erfolgsgeschichte der späten 90er Jahre des vergangenen Jahrtausends dar, welches stetiger als das sich parallel entwickelnde Internet anstieg. Im Jahr 2000, nur vier Jahre nach dem Launch des Unternehmens, hatte der Palm mit seinen auf PalmOS basierenden Weggefährten bereits 80% des amerikanischen Marktes erobert. Zu dieser Zeit waren nur einige Geräte mit dem Web oder anderen Datennetzwerken verbunden, was in den vergangenen Monaten kometenhaft nachgeholt wurde.

2. Mobile Devices

Das Palm OS befindet sich ursprünglich auf den Handhelds, die auch vom gleichnamigen Hersteller stammen. Vom Palm-Betriebssystem gibt es zurzeit mehrere Varianten gleichzeitig. Das liegt daran, dass die unterschiedlichen Palm-Organizer mit der jeweils aktuellen Betriebssystemversion verkauft werden. Nur beim Palm V bzw. dem Nachfolger Vx ist ein Upgrade des Betriebssystemes möglich, denn er ist mit einem sogenannten *Flash ROM* ausgestattet, das von außen mit neuer Software versorgt werden kann. Bei den anderen ist der Besitzer auf die jeweils verwendete Version festgelegt.

Die Stärken des PalmOS liegen in seiner vergleichsweise einfachen Handhabung und dem vielfältigen Software-Angebot, das inzwischen für die Geräte verfügbar ist.

Das PalmOS wird von einigen anderen Unternehmen lizensiert, die das Palm-Betriebssystem kaufen und dieses dann in ihren eigenen Geräten zum Einsatz bringen, wie Handspring oder Qualcomm.

Windows CE

Microsoft hat im Jahr 1995, im Stadium eines Fast-Monopolisten für PC-Betriebssysteme begonnen, den mobilen Markt ins Visier genommen. Der Erfolg, den Unternehmen wie Psion mit ihren mobilen Geräten hatten, weckte bei Microsoft die Erkenntnis, dass der PDA-Markt noch größer werden könnte als der zu diesem Zeitpunkt sehr gut funktionierende PC-Markt. Als Reaktion auf diese sich abzeichnende Entwicklung wurde Windows CE gestartet, ein Betriebssystem, welches aussah wie das gerade populäre Windows 95 und sogar abgespeckte Versionen gängiger Windowsprogramme wie Word oder Excel beinhaltete.

Jedoch dauerte es bis zum Jahr 2000, nach einigen erfolglosen Versuchen, das mobile Windows OS breitgestreut zu etablieren, bis die Rechnung aufzugehen schien. Das Interface wurde auf die Displays optimiert, womit man nun ein konkurrenfähiges Produkt zu EPOC und Palm hatte, die bereits am Stecken von Marktclaims waren.

Microsoft bietet drei unterschiedliche Versionen von CE an, welche jeweils auf unterschiedliche PDA-Typen ausgerichtet sind. Außerdem wurde entschieden, den Internetbrowser vom Betriebssystem zu trennen, so dass Mobilfunkgerätehersteller den Browser lizensieren können, ohne auf Windows CE aufsetzen zu müssen. Ericsson hat sich für diese Variante entschieden, indem man den Microsoft Mobile Explorer zum surfen auf Mobiltelefonen benutzt, welche auf dem Betriebssystem von Symbian laufen.

Während das CE nicht frei von Kritik ist, werden dem Mobile Explorer fast ausschließlich positive Zeugnisse gegeben, da dieser sowohl WAP als auch normales HTML darstellen kann. Im Jahr 2001 konnte *Microsoft* mit seinem Betriebssystem fast Zahlen des Konkurrenten *Palm* aufholen.

Linux

Linux ist ein Betriebssystem auf sogenannter *Open Source*-Basis, d.h. es wird nicht von bestimmten Programmierern entwickelt, sondern von vielen unabhängigen Entwicklern weltweit, die ihre Informationen über das Internet austauschen. Die originalen Programmlistings sind für jedermann frei zum Download verfügbar und auch veränderbar, was im Kontrast zu kommerziellen Betriebssystemen steht, die streng geheim unter Verschluss gehalten werden. Der Vorteil bei einem solch offenen System liegt auf der Hand: verschiedene Ideen können in das System einfließen und dieses zu einem konkurrenzfähigen Werkzeug machen, das darüberhinaus auch noch nichts in der Entwicklung kostet. Der Nachteil: man sollte programmieren können.

Linux ist sehr populär unter Programmierern und sogenannten Tekkies', die sich nicht scheuen, selbst Hand an Programmcode zu legen. Da erklärt auch, weshalb Linux auf dem meisten Web Servern läuft, jedoch nur auf vergleichsweise wenigen PC.

Obwohl die meisten Benutzer von Mobiltelefonen und PDA's keine Programmierer sind, ist Linux auch in diesem Bereich ernst zu nehmen. Das OS ist in der Hardware des Gerätes verankert, so dass man hier auch die Konfigurationen vornehmen kann. Da der Quellcode für jedermann frei im Netz erhältlich ist, ist Linux flexibler als andere Systeme. Hersteller können sich den Teil herausnehmen, den sie als sinnvoll erachten, während sie eigentlich nur den Teil der Routinen behalten müssen, der absolut notwendig für das jeweilige Gerät ist.

Proprietäre Betriebssysteme

Die meisten Mobiltelefone haben kein Betriebssystem. Dies mag erstaunlich erscheinen in unserem computerisierten Zeitalter, aber ein Gerät, welches lediglich Anrufe tätigt, benötigt im

Grunde genommen keines. Selbst die erste Generation der WAP-fähigen Geräte benutzte proprietäre Systeme anstatt Standardsysteme.

Eigens für Telefone entwickelte OS machen auch keinen Sinn, da sich die Benutzer bald an die bereits erhältlichen Betriebssysteme gewöhnt haben werden und die Gerätehersteller weniger Ausgaben für die Lizensierung eines Symbian, Windows CE oder PalmOS haben, als ein komplett neues OS zu entwickeln, von dem nicht abzusehen ist, wo potentielle Probleme liegen könnten und wie es aufgenommen wird.

Tabelle 2: Übersicht Mobile Betriebssysteme[3]

Name	aktuelle Version	läuft auf	Vorteile	Nachteile
PalmOS	3.5	Palm Organizern, Handspring Visor, IBM Workpad	Großes Software-Angebot, einfacher Datenaustausch mit anderen PDS's gleicher Bauart und mit anderen Betriebssystemen / Programmen, Betriebssystem auf die Geräte gut abgestimmt	Nur begrenzt Multimedia / Graphik-fähig, umständliche Schriftbedienung, mageres Software-Angebot in der Grundausstattung
EPOC	5.0 (EPOC 32)	Psion-Geräten, zukünftig auch auf Mobiltelefon-Organizern, wie dem Ericsson R380	Gut auf mobile Gegebenheiten angepaßt, breite Unterstützung zukünftiger Geräte, umfangreiche und komfortable Software	Keine Multimedia-Unterstützung, Anbindung an fremde Computersysteme nur mit erhöhtem Aufwand möglich, zurzeit nur tastaturgebundene Geräte
Windows CE	3.0	PocketPC-Geräten (Compaq, Hewlett Packard Jornada etc.)	Wenig Umgewöhnung für Windows-Benutzer, optimaler Datenaustausch, Multimedia-Unterstützung	Teure Geräte erforderlich, Windows-Software läuft nicht – also kein echter Vorteil, mittelmäßiges Dritt-Software-Angebot
Pocket Linux		Vtech Helio, Compaq iPAQ	Großes Software-Angebot, freie Programme, ausgereiftes Betriebssystem	Zunächst noch eingeschränktes Angebot für PDA's, wenig Erfahrung im mobilen Einsatz

Die heutige OS-Landschaft zeigt eine Verteilung des PDA-Marktes zu folgenden Anteilen:

---

[3] TeleTalk 01/2001 "Mobile Solutions"

- **PalmOS** : ca 43 %

(diese Software-Architektur wird auch von IBM, Sony, Handspring und Kyocera verwendet)

- **Windows CE** : ca 41 %

(Hersteller wie Compaq, Casio und Hewlett Packard verwenden diesen Standard auch)

- **Epoc OS** : ca 10 %

(Nokia und Ericsson verwenden dieses Betriebssystem auf ihren eigenen Geräten)

- **sonstige** : ca 6 %

PDA-Hardware

Obwohl es sich bei PDA's um sehr kleine Computer handelt, erfordern diese dennoch die selben Komponenten wie ein großer PC: einen Prozessor, einen Speicher und Peripheriegeräte, um mit der Außenwelt in Verbindung treten zu können. Allerdings sollten all diese Bestandteile derart konstruiert sein, dass sie so wenig Energie wie möglich verbrauchen, damit die Batterie so lange wie möglich hält.

Prozessor

Windows CE wird auf mehr als zehn unterschiedliche Prozessoren portiert, von denen jeder seine eigene Charakteristika hat und es so schwerfällt, diese untereinander zu vergleichen.

Alle bisher erhältlichen PalmOS-Geräte benutzen einen Dragonballchip von Motorola, eine Variante des M68000, welcher im Apple Macintosh verwendet wird. Der Dragonball läuft auf lediglich 16 MHz. Dies wäre zu langsam für Windows CE, welches die meisten User erst ab 100 MHz begeistert.

Das EPOC System ist modular gestaltet, so dass die Prozessor-Anforderung abhängig von den installierten Komponenten ist. Psion's Produkte reichen von 8 MHz bis 190 MHz. Der stärkste PDA-Prozessor ist der StrongARM von Intel, welcher 206 MHz aufweisen kann und dennoch weniger Elektrizität benötigt als ein x86-Chip eines PC's.

Der vorhergesagte Boom im mBusiness hat viele Firmen dazu veranlaßt, kleine Chips mit geringen Elektrizitätsverbrauch zu entwickeln. Der bekannteste Vertreter ist *Transmeta*, ein Startup aus dem Silicon Valley, welches vom Linuxschöpfer Linus Torvalds mit ins Leben gerufen wurde. Das bekannteste Produkt von Transmeta ist der Crusoe-Prozessor, der mehrere Betriebssysteme durch die Emulation des x86 laufenlassen kann.

Speicher

Speicher ist bei den mobilen Geräten ein sehr wichtiges Thema, da hier keine Laufwerke zur Verfügung stehen, auf denen man große Mengen an Daten sichern kann.

Da es verschiedene Typen an PDA's gibt, werden auch unterschielich hohe Speichervolumina benötigt, obwohl generell gesagt werden kann, das mehr Speicher immer ein Positivum darstellt. Bei einem Palm kann man mit 8 MB Speicher beginnen, während bei Windows CE mindestens 32 MB nötig sind. EPOC variiert zwischen 16 MB und 32 MB.

Wie beim herkömmlichen Desktop-PC, haben auch die PDA's zwei verschiedene Speichertypen:

- **ROM (Read Only Memory)**

beinhaltet das Betriebssystem und jedes andere Programm, das der Hersteller vorinstalliert hat. Dies steht im Gegensatz zur Architektur eines PC's, welcher nur einen grundliegenden ROM-Speicher beinhaltet, der dem Computer lediglich mitteilt, ein Betriebssystem von der Festplatte zu laden (booten). Der Vorteil bei der ROM-Variante des PDA liegt darin, dass der Organizer sofort nach dem Einschalten benutzt werden kann, während dies beim PC einige Zeit dauern kann. Nachteilig ist, dass ein Softwareupgrade nur schwer oder unmöglich ist.

- **RAM (Random Access Memory)**

ist für alle Anwendungen des Users. Die meisten RAM-Speicher sind volatil, d.h. alle Daten gehen nach dem Abschalten verloren. Um diesen Zustand zu vermeiden, werden Mobiltelefone und PDA's nie vollständig ausgeschaltet. Obwohl dies so aussehen mag, arbeitet der Speicher immer. Die meisten Geräte besitzen eine Backupbatterie, welche den Speicher mit Energie versorgt, während die eigentliche Batterie ausgewechselt wird. Dennoch sollte immer ein Backup auf den PC gezogen werden, um unangenehme Überraschungen zu vermeiden.

Es gibt unterschiedliche RAM's, die verfügbar sind, welche jedoch nur bei schnellen Prozessoren und speicherintensiven Betriebssystemen, wie dem Windows CE einen Unterschied erkennen lassen. Drei davon haben ihren Weg in Telefone und PDA's gefunden:

- DRAM (Dynamic RAM) ist der billigste und deswegen auch in den meisten mobilen Geräten eingesetzt.
- EDO (Enhanced Data Output) ist teurer, aber ca. 30% schneller als der DRAM. EDO wird in einigen Windows CE-Handhelds wie dem Aero von Compay verbaut.
- SDRAM (Synchronous Dynamic RAM) ist um weitere 50% schneller und ist standardmäßig in PC eingebaut. Diese RAM-Form ist in PDA's noch selten, jedoch in Geräten wie dem iPaq von Compaq schon in Betrieb.

Tabelle 3: Hardwareanforderungen an mobile Betriebssysteme

Betriebssystem	Übliche Prozessorgeschwindigkeit	ROM	Minimun RAM
EPOC 16	7,7 MHz	2 MB	2 MB
EPOC 32	36 MHz	6 MB	6 MB
PalmOS 3.x	16 MHz	2 MB	2 MB
Windows CE 2.x / Windows CE 3.x	133 MHz	16 MB	16 MB

Peripheriegeräte

Mobile Geräte benötigen wie ihre großen Desktop-Kollegen auch, einige Geräte, um z.B. mit dem Internet kommunizieren zu können oder wichtige Daten zu speichern. Konkret benötigt jeder PDA eine Verbindung zu einem PC, um dort ein Backup zu ziehen, einen Datenabgleich vorzunehmen oder Software zu installieren.

Die meisten Mobiltelefone verfügen zum heutigen Zeitpunkt über nur eine Steckmöglichkeit, an welche ein Ladegerät, ein Headset oder eine Kabelverbindung zu einem PC angebracht werden kann. Bei PDA's hat man mehrere Möglichkeiten: einige Organizer haben einen USB-Port, ein kleiner Schlitz auf der Rückseite, den man als Kabelverbindung mit Computern nutzen kann, welche nach 1998 gefertigt wurden. Viele PDA's verfügen über eine Infrarotschnittstelle, die sogenannte IrDA, als auch über Möglichkeiten, anderes Equipment wie z.B. ein Keyboard oder eine Maus anzuschließen.

Palm war der erste Hersteller, der mit der sogenannten ‚Sync Cradle' oder ‚Docking Station' die Öffentlichkeit beglückte, welche von anderen Herstellern augenblicklich kopiert wird. Hierbei handelt es sich um ein Gerät, das am PC angeschlossen ist und auf welches man sein Handheld lediglich aufzusetzen braucht, um einen Abgleich mit dem PC zu erhalten.

Der neueste Trend unter den PDA-Herstellern besteht in der Fabrikation von Plugin-Modulen, welche Extrafeatures nur durch Einsetzen von Geräten in die dafür vorgesehenen Slots des PDA ermöglichen. Handspring hat augenblicklich die meisten Hardwaremodule, die sogenannten Springboard-Module. Jedes Handspring-Gerät besitzt einen Schacht auf der Rückseite, in welchen die Springboards eingesetzt werden können und die nach dem Einsetzen sofort und ohne jegliche Installation starten. So gibt es u.a. ein Kamera-Modul, mit welchem man Bilder im jpg-Format machen kann oder ein GSM-Modul, das unter dem Namen Visorphone erhältlich sein wird und das aus dem PDA ein vollwertiges Telefon macht.

Anforderungen an zukünftige Geräte

Wie nun wünschen sich die zukünftigen User ihr ideales mobiles Allroundgerät?

Wollen sie ein Telefon, wie sie es bisher gewohnt waren oder eher in PDA, das in den vergangenen Monaten immer mehr nachgefragt wurde? Oder eine Mischform aus beiden, wie es der Trium Mondo vorgemacht hat?

Den Ergebnissen einer bundesweiten Umfrage im ersten Quartal 2001 des Portal-Betreibers ‚Jamba' zufolge, wünschen sich die Verbraucher kleinere Mobiltelefone mit größerer Anzeige und schneller Verbindung ins Internet. Die Befragten konnten bei den vorgeschlagenen Funktionen aus vier Kategorien zwischen „absolut notwendig" und „unnötig" wählen. Für größere und farbige Displays sprachen sich jeweils mehr als die Hälfte aus, 18% hielten eine Farbdarstellung für „absolut notwendig". Dagegen hielten 64% der Befragten eine eingebaute Kamera für verzichtbar.

Als wichtig erachteten über 60% der Befragten eine schnelle Datenverbindung mit Surfmöglichkeit. Dabei würden 43% lieber auf WAP verzichten. Email-Empfang hingegen ist für 77% der

2. Mobile Devices

Teilnehmer an der Umfrage wichtig. GPRS halten 36% der Teilnehmer für „unnötig", statt dessen hoffen 62% auf UMTS. Erste UMTS-Geräte plant die TK-Branche jedoch nicht vor 2003. Bluetooth halten 70% für „weniger interessant" oder „unnötig". Dagegen wollen insgesamt 54% auf einen eingebauten MP3-Player nicht verzichten.

Werbung auf dem Display ihres Mobiltelefones würden insgesamt 72% akzeptieren, wenn das Telefonieren dadurch kostenfrei wäre. Einen Dienst, der Organizerfunktionen per Internet anbietet, finden 53% der Befragten „wünschenswert" oder „notwendig".

Bei Jamba' handelt es sich um ein Gemeinschaftsunternehmen des Telefonanbieters debitel sowie der Elektrofachmärkte MediaMarkt, Saturn und EP:Electronic Partner. Jamba sieht sich als Portal, auf welchem größtenteils Logos und Klingeltöne zum kostenpflichtigen Download bereitgestellt werden.

Übersicht verfügbarer Endgeräte

Die folgenden Tabellen sollen einen Überblick über ausgewählte Geräte geben, die alle als mBusiness-fähige Devices vermarktet werden und auch bereits von einer breiten Masse an Konsumenten angenommen werden:

Tabelle 4: Hybridgeräte: Mobiltelefon und PDA

Modell	Abmessungen	Gewicht	Funktionen	Besonderheiten
Nokia 9110i (Nokia 9210)	158 x 56 x 27	253 g	Termin-planer, Datenbank, Mail, Internet	WAP-Zugang, IrDA-Schnitt-stelle
Ericsson R3880s	130 x 50 x 26	164 g	Termin-planer, Datenbank, Mail, Internet	Sprachaufzeichnung, sehr klein und leicht
Trium Mondo	140 x 84 x 19	200 g	Internet, eMail, Office-Applikationen	echte Windows CE-Umgebung, großes Touchscreen-Display

Übersicht verfügbarer Endgeräte

Tabelle 5: Mobiltelefone mit Organizer-Funktion

Modell	Abmessungen	Gewicht	Funktionen	Besonderheiten
Ericsson T65	105 x 49 x 18	94 g	Wecker, Timer, Taschen-rechner, WAP 1.2.1	GPRS; HSCSD, Sicherheit: WTLS Klasse 3, Wireless Identity Module (WIM)
Nokia 6310	128 x 47 x 19	111 g	Stoppuhr, Rechner, Währungs-umrechner	Verkettung von bis zu drei Kurz-mitteilungen (=459 Zeichen), GPRS, Bluetooth
Siemens SL 45i	105 x 42 x 17	88 g	MP3-Player, 7-zeiliges Display, WAP 1.2, Sprach-aufnahme	Java-fähig
Motorola V.60	45 x 87 x 24	109 g	Verschie-dene Hinter-grundfar-ben, Wecker, Taschen-rechner	Tri-Band (GSM 900/1800/1900), GPRS, Zubehörmodul für FM-Radio
Trium Eclipse	123 x 48 x 29	110 g	MP3-Player, Währungs-umrechner, Wecker, WAP 1.1	Farbiges Display, GPRS, edles Design
Sendo Z 100	122 x 48 x 18,5	99 g	WAP 1.2, TFT-Display, Windows Media Player, USB	GPRS, Tri-Band, integriertes Fax-/Daten-modem, Blue-tooth optional, Betriebs-system Micro-soft Stinger

2. Mobile Devices

Tabelle 6: PDA's

Modell	Abmessungen	Gewicht	Prozessor	Speicher	Display
Psion Revo Plus	157 x 79 x 17	200 g	ARM 710t 36 MHz	16 MB	480 x 160 Pixel
Psion Serie 5	170 x 19 x 23	354 g	ARM 710t 36 MHz	32 MB	640 x 240 Pixel
Psion Netbook	235 x 182 x 37	1150 g	Intel SA 1100 190 MHz	32 MB	7,7" Touch Screen (Farbe), 640 x 480 Pixel
Palm IIIxe	120 x 81 x 18	170 g	Dragonball 16 MHz	8 MB	160 x 160 Pixel, 4 Graustufen
Palm IIIc	129 x 81 x 17	193 g	Dragonball 16 MHz	8 MB	160 x 160 Pixel, TFT-Farbe
Palm Vx	115 x 77 x 10	115 g	Dragonball 16 MHz	8 MB	160 x 160 Pixel, 4 Graustufen
Handspring Visor Deluxe	122 x 76 x 18	153 g	Dragonball 16 MHz	8 MB	160 x 160 Pixel, 4 Graustufen
Handspring Visor Prism	120 x 75 x 21	194 g	Dragonball V2 33 MHz	8 MB	160 x 160 Pixel, TFT-Farbe
HP Jornada	k.A.	260 g	Hitachi SH3 133 MHz	32 MB	240 x 320 Pixel, STN-Farbe
Compaq iPaq H3630	159 x 130 x 83	170 g	Intel StrongARM SA-1110 206 MHz	32 MB	240 x 320 Pixel, TFT Farbe

Literatur und Referenzen

- http://www.wirelessdevnet.com/
- http://www.palmos.com/
- http://www.mbizcentral.com
- http://www.pdaforum.de

- http://www.palmgear.com
- http://www.mobile-computer.de

3. Mobile Data Services

Technische Aspekte mobiler Dienste der dritten Mobilfunk-generation

Aleksandar Smiljanic, KPMG Consulting AG

Einleitung

Wenn man das Wachstum des Internet in den vergangenen fünf Jahren mit dem des mobilen Internets vergleicht, sieht man eine höhere Steigerungsrate im sogenannten Wireless'-Bereich und einen Trend zum Mainstream. Glaubt man dann auch noch verschiedenen Analysten, werden im Jahr 2003 mehr Zugriffe auf das WWW von mobilen Geräten erfolgen als von herkömmlichen PC's[4].

Das folgende Kapitel beschäftigt sich mit der technischen Seiten der mobilen Dienste, den sogenannten *Mobile Data Services*, die in der kommenden, nahen *mZukunft* unser aller Leben beeinflussen und verändern werden. Es nimmt die bekanntesten Dienste unter die Lupe, die heute schon verfügbar sind und welche in den kommenden Monaten noch mehr an Wichtigkeit gewinnen werden. Außerdem gibt es einen Abriß über die bisher gängigsten Umsetzungsmöglichkeiten, wie Inhalte auf mobile Endgeräte gebracht werden, ohne dabei die Hilfe von Middlewarelösungen wie Oracle 9iAS Wireless oder Everypath in Anspruch zu nehmen.

Die folgenden Seiten erheben keinerlei Anspruch auf Vollständigkeit, da sich bereits heute, im Vorstadium des mobilen Multimediazeitalters, eine große Menge an Technologien, Anwendungen und Unternehmen versammelt haben und nun mit Spannung erwartet wird, was als nächstes geschehen wird. Es ist zum heutigen Zeitpunkt nicht absehbar, welche Technologie sich durchsetzen wird, welcher Standard gelten und welche Unternehmen als Gewinner hervorgehen werden.

---

[4] Gartner Group: "mBusiness Briefing Presentation" (2000)

3. Mobile Data Services

Der vorliegende Text soll aufzeigen, welche Technologien gute Überlebenschancen haben könnten. Natürlich müssen die vorgestellten Dienste und Technologien sich permanent weiterentwickeln, um neben der technischen Claimsetzung auch den wirtschaftlichen Mainstream zu erreichen.

Technische Gesichtspunkte

Wenn man den Herstellern mobiler Endgeräte Glauben schenken kann, wird es uns in naher Zukunft möglich sein, hochauflösendes TV per Streaming auf unseren Mobiltelefonen bzw. PDA's zu empfangen, während man im Web surft oder an einer Videokonferenz teilnimmt. Inzwischen haben auch alle großen Mobiltelefonhersteller verlautbaren lassen, man werde ab dem Jahr 2002 jedes Gerät internettauglich gemacht haben.

Der Weg dorthin, vom bekannten, stationären Internet bis zum mobilen Netzzugriff ist ein noch sehr langer. Die Datenübertragung ist immer noch schmerzhaft langsam und die ersten mobilen Dienste sind eher durch eine Reduzierung an Features als durch eine Erhöhung des Datenvolumens gekennzeichnet. Außerdem sollte man im Hinterkopf behalten, daß der meiste mobile Verkehr immer noch die Form eines simplen Messaging-Dienstes hat, was, wenn man an Emails gewohnt ist, einem Rückfall in die *eSteinzeit* gleicht.

Von den TK-Geräteherstellern wird das Argument hervorgebracht, man wollte mit primitiven' Messaging-Formen wie SMS oder CBS testen, ob die Technologie angenommen wird. Es konnte nicht vorhergesagt werden, daß besonders in Europa und Asien ein wahrer Boom entstehen wird, anfangs unter Jugendlichen, heute quer durch alle Altersgruppen und Bevölkerungsschichten.

Wenn also eine simple text-only-Nachricht wie SMS (immer noch) ein solcher Erfolg ist, kann man in groben Zügen vermuten, was richtige' Datenservices leisten werden.

Dienste

Jedes digitale, mobile Telefonsystem, sogar einige analoge, beinhalten bereits Grundzüge des Messaging. Diese erlauben es den Nutzern, kurze Textmeldungen zu empfangen und zu versenden. In Europa ist jedes Mobiltelefon in der Lage, Textnachrichten zu empfangen, 90% dieser Geräte könne auch als Sender auftreten.

Technische Gesichtspunkte

Die meisten Telekommunikationsunternehmen, die als Betreiber solcher Dienste auftreten, rechnen SMS-Dienste nach dem gleichen Modell ab wie herkömmliche Telefongespräche – wer die Nachricht sendet, zahlt.

Einige Anbieter haben begonnen, eMails an SMS-Gateways in ihr Serviceportfolio miteinzubauen, in welcher ankommende eMails über SMS an ein Mobiltelefonen weitergeleitet werden können. Einschränkungen in der Länge von 160 Zeichen und die nicht vorhandene Möglichkeit, Anlagen beizufügen, sind hierbei als negatives Element zu beachten.

Digitale Mobiltelefone nutzen drei Typen an Messaging Diensten, welche in Tabelle 1 aufgelistet sind und nachfolgend beschrieben werden.

Tabelle 1: Messaging Dienste

Servicename	Nachrichtenlänge	Mobilfunksystem
SMS (Short Message Service)	140 – 260 Bytes	Alle digitalen Technologien
CSB (Cell Broadcast Service)	1395 Bytes	nur GSM
USSD (Unstructured Supplementary Services Data)	182 Bytes	GSM und UMTS

SMS

Der einzige Messaging-Standard, der es zu weitverbreiteter Akzeptanz gebracht hat, ist der *Short Message Service* (SMS). Er begann 1992 als Teil der ursprünglichen GSM-Spezifikation, ist seither aber auf alle anderen digitalen Systeme ausgedehnt worden, welche wiederum den SMS-Dienst immer schrittweise verbessert haben. Im Jahr 1998 begann der endgültige Siegeszug der SMS, im Oktober 1999 wurden 2 Milliarden Textnachrichten innerhalb der GSM-Netze verschickt. 90% dieser Nachrichten waren sogenannte Person-to-Person-Nachrichten, der Rest waren Informationsdienste wie Neuigkeiten, Börsennews, Wetter, Verkehr oder Witze.

3. Mobile Data Services

Person-to-Person Messaging ist der am schnellsten wachsende Markt im mBusiness-Bereich. Am erfolgreichsten wird dieser Dienst der jugendlichen Zielgruppe zwischen 13 und 25 Jahren verkauft, die dem Versand von SMS in den vergangenen 24 Monaten zu nicht vorhersagbaren Erfolg verholfen hat. Derzeit werden im Schnitt in Deutschland jeden Monat zwei Milliarden SMS-Botschaften verschickt. Über Weihnachten und Neujahr war der Andrang so stark, dass die SMS-Dienste zeitweise nicht erreichbar waren. Der internationale GSM-Verband erwartet, dass 2001 weltweit 200 Milliarden SMS-Botschaften verschickt werden.[5]

Eine Nokia-Studie besagt, dass SMS die ,Briefchen' unter finnischen Schülern komplett ersetzt hat, die jeder von uns noch aus den guten alten Schultagen in Erinnerung hat. Weiterhin wird in dem Report aufgeführt, dass der finnische Teenager mehr als 100 Nachrichten pro Monat versendet[6].

Überträgt man diesen Zustand auf die Bundesrepublik Deutschland, wo vergleichbare ,Zustände' herrschen, würde dies eine Rechnung von DM 30,00 pro Monat und Teenager ergeben, wenn man bei einem durchschnittlichen SMS-Preis von DM 0,30 ausgeht. Nur für den SMS-Versand, denn hier sind die Kosten für Sprachverbindungen noch nicht enthalten !

Tendenz hier ist steigend, sowohl bei der Nutzerzahl, als auch bei der Zahl der versendeten SMS, als auch bei den SMS-Preisen.

Es wird in anderen Quellen auch vorausgesagt, dass bis zum Jahr 2005 der SMS-Hype durch Emails ersetzt sein wird, da durch schnellere Übertragungen und benutzerfreundlichere Endgeräte der Komfort einer heute auf PC's bereits zum Alltag gehörenden eMail auch mobil abrufbar sein wird[7]. Was *geSMSt* wird ?

Mit SMS werden E-Mails und Faxe verschickt, Nachrichten übertragen oder Erinnerungen an Termine übermittelt. In einer Fastenaktion der christlichen Kirchen ließen sich im März 2001 mehrere tausend Menschen täglich einen Bibelspruch aufs Handy schicken. Demnächst sollen auch Bankgeschäfte über SMS abgewickelt werden. SMS-Mitteilungen können auch ohne Mobiltelefon verschickt werden, eine Reihe von Internet-Angeboten

---

[5] http://www.unstrung.com

[6] http://www.nokia.com

[7] http://de.news.yahoo.com/010321/12/1g9sh.html

ermöglicht den kostenlosen SMS-Versand. Und beim deutschen Telco E-Plus wurde zur Cebit 2001 «SMS-to-Speech» angekündigt, man könne sich seine Kurzmitteilung über eine elektronische Sprachausgabe am Telefon anhören ... ![8]

Die größte Einschränkung des SMS kann man bereits am Namen erkennen: die Nachrichten müssen kurz sein. GSM limitiert den Dienst auf 160 Bytes bzw. Zeichen.

Die Längenlimitierung wird verursacht durch den Weg über den die SMS übermittelt werden. Es wird über sogenannte *Control channels* übertragen, welche die gleichen Frequenzen und Timeslots benutzen wie die *Call setup information*(en).

Diese komplizierte und mit Fachausdrücken gespickte Erklärung besagt nichts weiter, als daß der Benutzer seine SMS während eines Telefongespräches senden und empfangen kann.

Unterschiedliche Systeme nutzen unterschiedliche Typen an Control channels, die wiederum eine Systemlimitierung nach sich ziehen können. Tabelle 2 zeigt zum besseren Verständnis eine vollständige Liste aller heutigen Mobilfunksysteme, die SMS unterstützen.

Es wird nicht weiter auf die einzelnen Technologien eingegangen, da sich auf dem Weg von GSM zu UMTS und damit zum gewollten mBusiness ein Standard herauszukristallisieren scheint, der neben UMTS keine nennenswerten Alternativen zulassen wird.

---

[8] http://de.news.yahoo.com/010321/12/1g9sh.html

3. Mobile Data Services

Tabelle 2: SMS-Unterstützung verschiedener Mobilfunksysteme

Technologie		Nachrichtenlänge	Simultane Sprachmöglichkeit
Digital	GSM	160 Bytes	möglich
	D-AMPS	160 Bytes	möglich
	cdmaOne	256 Bytes	möglich
	PDC	160 Bytes	möglich
	TETRA	260 Bytes	möglich
	iDEN	140 Bytes	möglich
Analog	NMT	keine Begrenzung	nicht möglich
	AMPS	14 Bytes	möglich

CBS

Wenn eine Nachricht an mehrere unterschiedlich Nutzer gesendet werden soll, ist es effizienter, die Nachricht gleichzeitig an alle zu übertragen, anstatt jedem Empfänger einzeln zu texten'. Dieser Hintergedanke steckt hinter dem *Cell Broadcast Service* (CBS), einer Variante von SMS, welche nur in GSM genutzt wird. Eine solche Nachricht wird als Page bezeichnet und kann bisher eine Länge von 93 Byte haben. Jedoch können bis zu 15 Pages miteinander verknüpft werden, was einer Nachrichtenlänge von 1395 Byte entsprechen würde – genügend für einen längeren Text oder ein kleines Programm.

Trotz dieser eindeutigen, technischen Vorteile wurde CBS bisher vernachlässigt. Der Hauptgrund hierfür war, daß die Betreiberunternehmen keine Möglichkeit hatten, diese Dienste den Kunden in Rechnung zu stellen, was an der Identifikation einer Person innerhalb einer bestimmten Mobilfunkzelle lag.

Anzumerken sei, dass es in Deutschland und anderen Ländern bereits möglich ist, über Anbieter wie *genie.de*[9] SMS zu versenden, welche an mehrere Personen gesendet werden.

---

[9] www.genie.de

USSD

Über GSM-Netzwerke hat man theoretisch die Möglichkeit, auf eine weitere, dritte Messagingtechnologie zuzugreifen, die *Unstructured Supplementary Service Data* (USSD). Hier sind die Nachrichten mit 182 Byte ein wenig länger als die 160 Byte beim herkömmlichen SMS-Versand unter GSM.

Der Hauptvorteil des USSD liegt in der Tatsache, dass es sich um eine verbindungsorientierte Lösung handelt. Das bedeutet, dass das Netzwerk eine Verbindung herstellt, bevor Daten gesendet werden. Der Sender weiß genau, wann er eine Nachricht erhalten hat und kann sofort auf der gleichen Verbindung darauf antworten. Interaktive Applikationen, wie z.B. Web-browsen wären so denkbar.

USSD wird einzig durch die GSM Netze unterstützt und ist auch in den UMTS-Spezifikationen niedergeschrieben worden. Die *GSM Association*, welche über die GSM-Spezifikationen wacht, erwartet einen Start von USSD ab dem Jahr 2005 für den europäischen Raum.

Technologien und Beschreibungssprachen

Das Internet in der anfänglichen Beschreibungssprache wäre auch ideal für den Einsatz auf mobilen Endgeräten gewesen. Mit dem Aufkommen von Animationen sowie anderen Mediadateien wie Audio und Video, versperrte man dem Internet den mobilen Kanal, da diese zusätzlichen Features zum gegenwärtigen Zeitpunkt des Vor-UMTS-Zeitalters nicht dargestellt werden können, ohne die Benutzerfreundlichkeit oder die Funktionalität einzuschränken. Des weiteren fehlt es an Standardbrowsern für mobile Endgeräte, die eine einheitliche Betrachtung über verschiedene Geräte und Programmiersprachen hinweg möglich macht.

Aus diesen Gründen wurden unterschiedliche offene Standards und proprietäre Systeme entwickelt, die das Web mobilisieren' sollten.

Tabelle 3 bietet einen Überblick über die verschiedenen Technologien des mobiles Internets und zeigt auch deren Grenzen auf. Alle Technologien verwenden einen Microbrowser, der viele Funktionen des HTML nicht beinhaltet und so die Komplexität der Funktionen und die Länge der Dateien auf einen Stand der Vor-PC-Ära zurückfallen läßt.

3. Mobile Data Services

Auch sind die einzelnen Technologien nicht untereinander kompatibel – ein WAP-Browser kann z.B. keine für Web Clipping generierten Seiten lesen. Jedoch sind alle Technologien unabhängig vom einwählenden sogenannten *Air Link*, ebenso wie HTML unabhängig davon ist, wie sich der Benutzer ins WWW einwählt.

Tabelle 3: Technologien des *Wireless Web*

	Tabellen, Fonts und Frames	Bitmap-Grafiken	Cookies	Java	Script-Sprache	max. Seitengröße (KB)
HTML	ja	gif, jpg	ja	ja	Javascript	Uneingeschränkt
cHTML	nein	gif	ja	nein	keine	4
Web Clippling	nein	keine	nein	nein	keine	1
WML	nein	wbmp	nein	nein	WML-Script	1.5

WAP

Am 30. Juni 1999 wurde die WAP-Version 1.1 veröffentlicht; als Seitenbeschreibungssprache wurde die Wireless Markup Language (WML) festgelegt.

Aktueller WAP-Standard ist 1.2, ebenfalls verabschiedet vom mobilen Pendant des W3C, dem *WAP Forum*, dem zum gegenwärtigen Zeitpunkt weltweit über 500 Unternehmen angehören. Anders als GSM ist WAP somit ein wirklich weltweiter Standard.

Von den geschätzt 27 Millionen Mobiltelefonnutzern haben jedoch die wenigsten ein Gerät mit integriertem WAP-Browser, da sich ältere Modelle nicht über ein Update mit einem Browser ausstatten lassen können.

WAP steht somit erst am Anfang. Der Standard hat sich in den vergangenen zwölf Monaten etablieren können, außerdem wird WAP in seinen zukünftigen Versionen für die neuesten Übertragungstechnologien wie GPRS, UMTS oder auch Bluetooth nutzbar sein. Durch die Präsenz der Hersteller mobiler Endgeräte im

WAP Forum ist sichergestellt, dass dieser Standard auch in Zukunft eine breite Plattform finden wird. Die kommende WAP-Version soll nach Aussagen des Forums noch stärker auf Sicherheitsaspekte eingehen und in noch zukünftigeren Versionen selbst für heute exotisch anmutende Applikationen wie Videoübertragung ermöglichen.[10]

WAP bietet zum heutigen Zeitpunkt einige nicht zu unterschätzende Vorteile:

- Unabhängigkeit von Netzwerkstandards wie GSM, FLEX, DECT
- Offenes System für alle Hersteller
- Skalierung der Applikation während der Übertragung
- Anpassung der jeweiligen Applikationen an die mobilen Endgeräte
- Anpassung an neue Netzwerktechnologien
- Unterstützung aller drei GSM-Netze (800, 900, 1800)
- Kompatibilität zu nahezu allen Betriessystemen wie PalmOS, EPOC, Windows CE, FLEXOS, OS/9, JavaOS etc.

Das *Wireless Application Protocol* (WAP) kann im Internet wie das Protokoll *Hypertext Transfer Protocol* (HTTP) eingesetzt werden. WAP ermöglicht den Zugriff auf dementsprechend aufbereitete Daten im Internet über ein Mobiltelefon oder einen *Personal Digital Assistant* (PDA). Die für diese Daten verwendete Auszeichnungssprache WML ist ein Abkömmling der *Hypertext Markup Language* (HTML) und hat den Vorzug, den Speicher der kleinen Mobilgeräte nicht zu sehr zu belasten.

Wireless Markup Language (WML) ist die Auszeichnungssprache für WAP-Seiten. Während der Internetbrowser auf dem PC HTML-Seiten darstellt, setzt der sogenannte WAP-Browser auf Handys und PDA's Internetseiten um, die in WML geschrieben sind. WML benötigt weniger Ressourcen als HTML und ist daher ideal auf die momentan vorhandenen WAP-Geräte abgestimmt. Üblicherweise liegen WML-Dateien wie ihre HTML-Pendants auf einem Web-Server. Sobald der User eine Internetseite mit seinem WAP-Telefon anfordert, wird dieser Aufruf über die Funkstation an ein Gateway (WAP Proxy) weitergeleitet. Hier wird die WAP-

---

[10] http://www.wapforum.com/

3. Mobile Data Services

Anforderung in eine HTTP-Anforderung umgewandelt. Vom Web-Server wird darauf die gewünschte Datei an den Proxy geschickt und dort von einem WML-Quelltext in ein kompakteres Binärformat umgewandelt. Anschließend geht die Datei über eine Funkstation an das Mobiltelefon. Sollte der Nutzer eine HTML-Seite aufgerufen haben, muss diese zuvor durch ein HTML-Gateway in WML übersetzt werden. Netzbetreiber können ihre WAP-Angebote auch auf einem WTA-Server (Wireless Telephony Application Server) speichern. Dieser kommuniziert mit dem WAP-Browser direkt in binärem WML, was das Surfen ein wenig schneller macht.

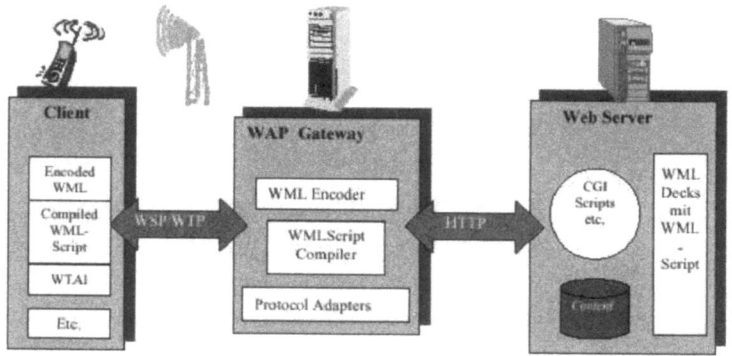

Abbildung 1: WAP Grundstruktur [11]

Durch WML wird es auch ermöglicht, Grafiken und einfache Tabellen in die Site miteinzubinden. Bei den Bildern handelt es sich um Bitmaps, die im WML-Format WBMP abgelegt werden. Allerdings unterstützt noch nicht jeder WAP-Browser die Darstellung von Grafiken. Während im Internet grafisch fast nichts mehr unmöglich ist, erinnert die Darstellung der WAP-Inhalte dabei deshalb an die frühen Zeiten des Bildschirmtextes (BTX). Jegliche Information ist reduziert auf Texte und Grafiken und wird in schwarz-weiß ausgegeben. Gründe hierfür sind bei einer Datenübertragungsrate von momentan 9,6 Kilobit pro Sekunde zum einen die langen Ladezeiten, die durch aufwendige Grafiken und Fotos verursacht würden. Zum anderen sind die Geräte-Displays bei einer Größe von bislang 60 mal 40 Pixel zu klein, um Bilder ausreichend groß darzustellen.

---

[11] http://www.wapforum.com/

Technische Gesichtspunkte

Die Protokolle zur Übertragung zwischen Gateway und Client sind intern wie der Protokoll-Stack des WWW nach dem ISO/OSI-Modell der Telematik in verschiedene Schichten unterteilt (s. Abb.2). Zu oberst liegt die Anwendungsschicht WAE (Wireless Application Environment) in der unter anderem die Beschreibungssprache für WAP-Inhalte WML (Wireless Markup Language) definiert ist. Darunter liegt die Sitzungsebene mit dem WSP (Wireless Session Protocol), welches ähnlich dem HTTP für die Kontrolle der Inhaltsübertragung zwischen Client und Server zuständig ist.

Die Transportschicht und die eingebettete Sicherheitsschicht, die im WWW durch TCP (verbindungsorientiert), UDP (paketorientiert) und TLS/SSL (Sicherheit) implementiert sind, teilen sich beim WAP in drei Schichten auf: Die Transaktionsschicht mit WTP (Wireless Transaction Protocol), die Sicherheitsschicht mit WTLS (Wireless TLS) und die Transportschicht mit WDP (Wireless Datagram Protocol).

Auf unterster Ebene befinden sich mit den Bearer-Diensten die verschiedenen Datenüber-tragungsmechanismen der Mobilfunkstandards.

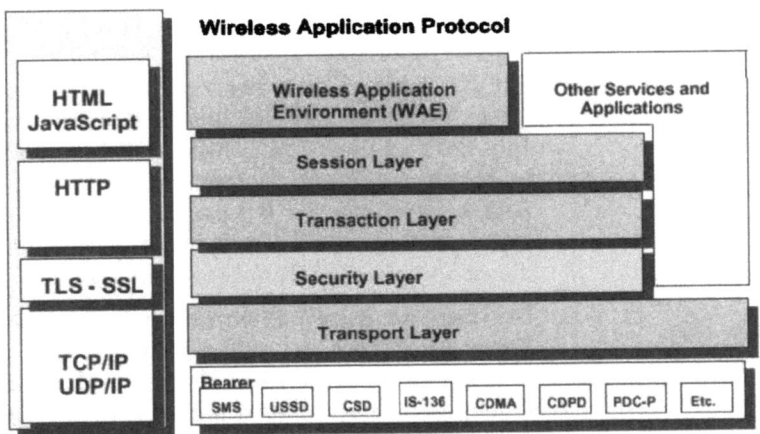

Abbildung 2: Protokollstack WWW / WAP

Mit der WAP Spezifikation wird vor allem versucht, die Funktionen des Internets auf die beschränkten Möglichkeiten der Mobilfunkgeräte und der Funknetze anzupassen. In allen Ebenen des Protokoll-Stacks werden Optimierungen, wie z.B. die binäre Codierung aller Inhalte, eingeführt, die den nötigen Datenverkehr minimieren. Zusätzlich wurden neue Konzepte berücksich-

3. Mobile Data Services

tigt (Push, UAProf), die besonders bei mobilen Endgeräten als sinnvoll zu betrachten sind.

Ob aber in Hinblick auf die fortschreitende Weiterentwicklung der Leistfähigkeit mobiler Endgeräte und die bei Einführung von UMTS erfolgende Bandbreitensteigerung die vielen Optimierungen nötig sind oder aber die Konzepte nicht auch für eine effizientere Datenübertragung im stark überlasteten kabelgebundenen Internet benutzt werden könnten bleibt dahingestellt.

HTML

HTML steht für *Hyper Text Markup Language*. Hierbei handelt es sich um eine Sprache, die durch die sogenannte *Standard Generalized Markup Language* (SGML) definiert wird, welche durch die ISO-Norm 8879 festgeschrieben ist.

HTML ist eine sogenannte Auszeichnungssprache (Markup Language). Sie hat die Aufgabe, die logischen Bestandteile eines Dokuments zu beschreiben. Als Auszeichnungssprache enthält HTML somit Befehle zum Darstellen typischer Elemente eines Dokuments, wie Überschriften, Listen, Tabellen, Grafikreferenzen etc.

Das Beschreibungsschema von HTML geht von einer hierarchischen Gliederung aus. HTML beschreibt Dokumente, welche globale Eigenschaften wie zum Beispiel Titel oder Hintergrundfarbe festlegen. Der eigentliche Inhalt besteht aus Elementen, zum Beispiel einer Überschrift 1. Ordnung. Einige dieser Elemente haben wiederum Unterelemente. So enthält ein Textabsatz zum Beispiel eine als fett markierte Textstelle, eine Aufzählungsliste bestehend aus einzelnen Listenpunkten, und eine Tabelle, die sich in einzelne Tabellenzellen gliedert.

Die meisten dieser Elemente haben einen fest definierbaren Erstreckungsraum. So geht eine Überschrift vom ersten bis zum letzten Zeichen, eine Aufzählungsliste vom ersten bis zum letzten Listenpunkt, oder eine Tabelle von der ersten bis zur letzten Zelle. Auszeichnungen markieren Anfang und Ende von Elementen.

WWW-Browser, die HTML-Dateien auf dem Bildschirm anzeigen, lösen die Auszeichnungsbefehle auf und stellen die Elemente dann in optisch gut erkennbarer Form auf dem Bildschirm dar.[12]

---

[12] http://www.teamone.de/selfaktuell/

Weshalb HTML hier noch einmal explizit aufgeführt wird, liegt in der Tatsache, dass mit immer leistungsfähiger werdenden Netzen und Geräten auch leistungsfähigere Inhalte zum Konsumenten übermittelt werden können. Spätestens mit dem Beginn von UMTS wird man sich nicht mehr über WML-Seiten ärgern müssen. Spätestens dann werden die vom PC bekannten und gewohnten HTML-Inhalte auch mobil verfügbar sein.

cHTML

Als das Web sich immer fokussierter auf leistungsfähige Rechner mit hohen Bandbreiten ausrichtete, beschloß das *World Wide Web Consortium* (W3C), eine Non-profit-Organisation, welche über die Web-Standards wacht, eine spezielle Version von HTML für Geräte mit begrenzter Rechnerpower zu entwickeln. 1998 wurde das cHTML (oder auch C-HTML geschrieben) zum ersten Mal vorgestellt. Es handelt sich hierbei um eine abgespeckte Version von HTML. Weiterentwicklungen des ursprünglichen HTML, wie z.B. Fonts, Frames, Tabellen und Style Sheets etc. wurden bei cHTML weggelassen und nur die primäre Darstellung von Texten zugelassen. Grafiken werden hier ebenfalls im gif-Format unterstützt, weitere Extras, wie z.B. Animationen oder Java-Applikationen fallen jedoch weg.

Der große Vorteil von cHTML ist, daß die Ausgabe auf jedem Internet Browser identisch ist. Interessanterweise entspricht diese HTML-Spezifikation den Empfehlungen vieler Webdesign-Gurus, welche sich immer gegen u.a. Frames und zu viele Fonts, also Schriftdarstellungen, ausgesprochen haben. Eine in cHTML programmierte Seite sollte somit jedem Nutzer zugänglich sein, u.a. auch Usern von Lynx und Mosaic Browsern, welche durch Microsoft und Netscape fast ausschließlich verdrängt wurden.

Trotz des simplen Aufbaus unterstützt cHTML dennoch wichtige Internettechnologien, wo vor allem die des Secure Socket Layer (SSL) zu erwähnen ist, welche sichere Verschlüsselung beim Datentransport gewährleistet.

Der Nachteil dieser Codiersprache liegt in der mangelnden Verfügbarkeit von Features, durch welche sich die Anbieter von Informationen, Dienstleistungen und Produkten auf deren Sites voneinander differenzieren wollen und müssen. Betrachtet man einige der weltweit am stärksten frequentierten Webseiten wie Yahoo oder Amazon, sieht man, dass diese Sites sehr stark an Tabellen oder *Cascading Style Sheets* (CSS) gebunden sind, die einen dynamischen Seitenaufbau und dynamische Inhalte bewerkstelligen und welche durch cHTML nicht unterstützt werden. Diese Form der Darstellung von Content auf den eigenen Internetseiten sind für deren Betreiberunternehmen sehr wichtig, um das Layout für Text und Graphiken derart zu optimieren, dass eine größtmögliche Anzahl an eigenem Content und fremder oder eigener Werbung dem Endnutzer bereitgestellt werden kann.

Obwohl cHTML in Europa und Amerika nahezu unbekannt ist, handelt es sich hierbei dennoch um den ersten Standard für mobile Daten, der großflächig eingesetzt wird. Im Mai 2000 hatten auf cHTML-basierende Dienste bereits über 10 Millionen User in Japan, welche über den *iMode*-Service des japanischen Telekom-Unternehmens *NTT DoCoMo* zu den Vorreitern und Aushängeschildern des mBusiness wurden.

Zu diesem Zeitpunkt wurden tausende japanischer Sites mit cHTML-Code versorgt, welche separat erstellt neben den regulären HTML-Sites existierten. Beim iMode kann ein Dienst von unterschiedlicher Haltbarkeitsdauer' sein, d.h. wenn er von vielen Nutzern angenommen wird, läuft er länger, greifen nur einige wenige mobile Surfer darauf zu, wird er wieder aus dem Programm genommen und durch einen neuen Dienst ersetzt.

Web Clipping

Die webfähigen Modelle des PDA-Marktführers *Palm* nutzen ein proprietäres System, das Web Clipping, welches entwickelt wurde, um minimalisierte Versionen bestehender Seiten über eine Internetverbindung auf den Palm herunterzuladen und hier laufen zu lassen. In Europa und den sonstigen nicht-amerikanischen Ländern funktioniert dies bisher entweder über eine Infrarotschnittstelle zum Mobiltelefon, welches wiederum eine Verbindung zum Web herstellt oder über Zusatzmodule für die PDA's. In diese Module wird die SIM-Card aus dem Telefon gesteckt und der PDA aufgesetzt, und schon funktioniert z.B. der Palm auch als Telefon.

Handspring, ein Hardware-Hersteller, welcher auf dem Betriebssystem von Palm aufbaut, hat einen Steckplatz auf der Rückseite seiner Geräte, in welche man einfach verschiedene Module einsteckt, die sich selbst konfigurieren und sofort starten können. Diese Technologie wird von Handspring als *Springboard-Module* bezeichnet. Als Module sind bisher z.B. GSM-Module, Kameras, MP3-Player etc. verfügbar.

Technische Gesichtspunkte

In Amerika ist der Palm VII bereits mit einer Antenne ausgestattet, welche sich ohne den Umweg über das Mobiltelefon direkt im WWW einwählen kann.

Web Clipping wurde ursprünglich von der Palm-Ursprungsfirma *3COM* entwickelt und läuft in Amerika über das von *Bell South* betriebene *Mobitex Netzwerk*. Heutzutage kann man auch WAP-Dienste über den Palm laufen lassen, was über aus dem Internet downloadbare Emulatoren oder Viewer geschieht. Palm-Applikationen selbst sind im *Palm Query Application* (PQA)-Format programmiert.

Seiten, welche für Web Clipping-Anwendungen geschrieben wurden, sind ähnlich dem cHTML. Hier wird auch eine Variante des Standard-HTML verwendet, welches Features wie Frames und Tabellen nicht unterstützt. Die Palm-Einschränkungen gehen sogar noch etwas darüberhinaus: die Geräte können HTML nicht direkt interpretieren. Hierfür wird das vorhin schon erwähnte PQA benötigt, welches dem Palm vorgibt, welche Bestandteile einer Seite heruntergeladen werden sollen. Ein separates PQA wird für jede neue Site benötigt und muss vor dem Aufrufen der Seite auf dem jeweiligen Palm-Modell installiert werden. Dies geschieht wiederum über Infrarot, Kabel oder die im Lieferumfang eines jeden Gerätes enthaltene sogenannte *Dockingstation*. Diese ist eine Art Ladegerät, welche mit dem stationären PC oder dem Laptop verbunden wird. Der Palm wird anschließend auf die Dockingstation aufgesetzt und mit einem Knopfdruck werden dann Daten, wie z.B. ein Microsoft Outlook-Abgleich auf den Palm übertragen.

Durch die PQA's werden die Surfmöglichkeiten des Users eingeschränkt, da nicht jede im Internet verfügbare Seite ein PQA-Pendant hat. Zwar arbeiten Entwickler weltweit an der Mobilmachung von Seiten, jedoch ist die Anzahl der geclippten Seiten noch überschaubar im Vergleich zu den bestehenden Site-Volumina, die das WWW heute beherrbergt.

Die PQA-Methode hat jedoch auch Vorteile: z.B. kann man mehrere Seiten auf einmal erfassen, d.h. eine komplette Site laden. Hierdurch wird es dem User ermöglicht, die geladene Seite im Offlinemodus zu lesen und damit Kosten die durch die Verbindung entstehen, einzuschränken.

Der wichtigste Vorteil, neben dem Kostenspareffekt ist somit die sofortige Verfügbarkeit aller Seiten, da diese bereits nach einma-

55

ligem Ladevorgang auf dem Gerät gecached, also zwischengespeichert sind.

SIM Toolkit

Herzstück eines jeden GSM-Telefones ist ein *Subscriber Identity Module* (SIM), eine kleine Smartcard, auf welcher sich die Daten des Kunden befinden, sowie andere Informationen, wie z.B. das persönliche Telefonbuch, gespeichert sind.

Die SIM-Karte ist in der Lage, teilnehmerrelevante Daten und Algorithmen sowie die Zugangsberechtigung zum Netz zu speichern. Unter anderem handelt es sich hierbei um Daten wie die persönliche Identifikationsnummer (PIN), den Authentisierungsschlüssel (KI) oder die eigene, individuelle Rufnummer.

Das SIM Toolkit ist ein Standard, welches der SIM Zugriff zu allen Features des Telefones, auch den Messaging Servies, gibt. Der Betreiber kann Nachrichten an die SIM senden, um diese mittels erweiterter Eigenschaften oder Applikationen umzuprogrammieren. Diese Nachrichten könnten Programme installieren, welche mobiles Banking ermöglichen würden. Sobald das Programm läuft, kann der Kontostand angezeigt werden, um dann einen Befehl zum Geldtransfer via SMS anzustoßen.

SIM Toolkit Applikationen sind in Java entwickelt und für eine Client-Server-Umgebung optimiert. Die Applikationen wurden von Smartcard-Spezialisten wie *Gemplus, Giesecke & Devrient* und *Orga*, als auch von unabhängigen Entwicklern, wie dem schwedischen Unternehmen *Across Wireless* fabriziert und von allen namhaften Mobiltelefonherstellern mitentwickelt. Dadurch sind viele verschiedene Protokollklassen entstanden, was wiederum zur Konsequenz hat, dass nicht alle Applikationen auf jedem Endgerät verfügbar sind. Und das obwohl alles auf dem gleichen GSM Standard aufsetzt ... !

Das SIM-Application Toolkit bietet eine weitreichende Plattform für neuartige Dienste und erweitert so den Aufgabenbereich der Mobilfunkgeräte ganz erheblich. Das SIM-Application Toolkit arbeitet mit hohen Sicherheitsstandards und ist e-Transaktionen prädestiniert. Mit dem Toolkit läßt sich auch die Benutzerfreundlichkeit neuer Services beträchtlich steigern:

Der Mobiltelefon-Benutzer kann schnell und einfach in Menüstrukturen navigieren und direkt zu den gewünschten Applikationen gelangen, ohne sich unkomfortable Nutzerbefehle merken zu müssen. So wäre es z.B. kein Problem, unter einem Menüpunkt „Finanzen" eine Eingabemaske zu hinterlegen, über welche der User Überweisungen tätigen oder seinen Kontostand abrufen kann. Die Kontoabfrage könnte auf der SIM-Karte zusätzlich zur Verschlüsselung der GSM-Übertragung noch kodiert werden, so dass nur die kontaktierte Bank in der Lage wäre, die Anfrage zu lesen. Ein zusätzlicher Vorteil beim SIM-Toolkit ist, dass die Anwendung über eine Funk-Schnittstelle verfügt, worüber sämtliche Daten, wie das Telefonverzeichnis, Fahr- oder Flugpläne ohne Probleme aktualisiert werden können.

Somit würde sich auch eine sehr gute Zusammenarbeit mit WAP-Anwendungen ergeben. Ein Client könnte sich z.B. bei einem entsprechenden WAP-Dienst einwählen und diesen für die Suche einer Telefonnummer im deutschen Telefonregister verwenden. Anschließend könnte er die gefundene Rufnummer sofort in das Adressverzeichnis seiner SIM-Karte aufnehmen. Im gleichen Atemzug könnte auch noch die Bezahlung des kostenpflichtigen Dienstes über die eigene Bank abgewickelt werden, denn die dazu notwendigen Daten befinden sich gespeichert auf dem Chip und werden unmittelbar, zur Sicherheit codiert, an diese übertragen.

Ausblick

Wie schnelllebig die heutige Zeit ist und dass es keine Verschnaufpausen' mehr gibt sieht man an den ständig neuen Meldungen, die schon weit über die 3G-Phase hinausgehen. Begriffe wie 4G und 5G sind in Fachkreisen allgegenwärtig und man befasst sich jetzt schon mit der übernächsten Stufe des „Wireless Internet". Bis zum offiziell angekündigten Startschuß für UMTS-Dienste im Jahr 2005 kann und wird noch sehr viel geschehen. Dass einige Technologien, wie HTML und XML in modifizierter Form bestehen bleiben werden, scheint heute sicher. Wie es morgen jedoch aussehen wird, welche neuen Dienste und Trends forciert und etabliert werden, wird man erst in den kommenden Monaten sehen.

Literatur und Referenzen

- http://www.wapforum.com/
- http://www.wirelessdevnet.com/
- http://www.umts-forum.org/
- http://www.unstrung.com/25/index.php3

3. Mobile Data Services

- http://www.heise.de
- http://de.mobile.yahoo.com/
- http://www.palmos.com/

2 Branchenlösungen im Mobile Business

Was zunächst nur aus vielen Sience Fiction Filmen der letzten Jahre bekannt war, wird nun bald Realität. Durch die Fortschritte der drahtlosen Übertragungstechniken steht uns auch die mobile Nutzung sehr datenintensiver Anwendungen unmittelbar bevor. Mobiltelefone, die heute schon Millionen Menschen für die Sprachkommunikation nutzen, werden sehr bald auch für die Datenkommuikation brauchbar sein. Mit dem Zeitalter der Mobilkommunikation wird die digitale Datenwelt direkt zu uns, also zu unserem aktuellen Aufenthaltsort transferiert. Der Mensch steht also im Mittelpunkt der Kommunikation. In den letzten Jahren haben wir uns schon intensiv an die Unabhängigkeit und Flexibilität der mobilen Telefonie gewöhnt. Nun breitet sich das Spektrum der mobil verfügbaren Informationen auch auf die Datenkommunikation aus. Durch die in den nächsten Jahren in der Praxis eingeführten Systeme werden uns Informationen jeglicher Form – seien es bewegte Bilder oder datenintensive Dokumente überall erreichen können. Hinzu kommen Eigenschaften wie die Lokalisierbarkeit der mobilen Geräte, die weitgehende Personalisierung der Inhalte und die Möglichkeiten der permanenten Verbindung mit dem Internet.

Im Artikel „Mobile Virtual Network Operator (MVNO)" wird das Geschäftsmodell eines virtuellen Netzbetreibers im zukünftigen UMTS-Markt beleuchtet. Eva Adelsgruber, Nina Schäfer und Thorsten Tönnies klassifizieren dabei verschiedene Unternehmensstrategien im UMTS-Markt und zeigen daraus resultierende Business Cases auf. Abschließend werden 10 Erfolgsfaktoren für einen MVNO abgeleitet und eine Erfolgsstory des englischen virtuellen Netzbetreibers „Virgin Mobile" nachgezeichnet.

Die Darstellung von Nils Klussmann, Program Manager „Internet Business Solutions Group" bei Cisco, bietet einem Ausblick auf die Killerapplikation im mobilen Markt. Der Autor stellt dazu sechs Thesen über den kommenden mCommerce-Markt auf und leitet daraus mögliche Positionierungsstrategien für die Netzbetreiber ab. Die Analyse einer (möglichen) technischen Plattformarchitektur für Mobilfunkanbieter rundet den Beitrag ab.

1. Das MVNO-Geschäftsmodell

Im Beitrag „mCommerce in Japan – warum i-Mode kein Vorbild für den europäischen Markt darstellt" wird ein Einblick in die Gründe des Erfolgs von NTT DoCoMo in Japan gegeben. Matthias Rosner beschreibt ausführlich den Leistungsumfang, die Preisgestaltung und die Nutzung des i-Mode-Services. Abschließend wird analysiert, warum ein 1:1-Erfolgsübertrag auf den europäischen Raum auf Schwierigkeiten stoßen wird.

Stefan Greve und seine Coautoren beleuchten in ihrem Beitrag „M-Commerce – Wir werden das Sprechen nicht verlernen" die Bedeutung von Sprachanwendungen im Rahmen der mobilen Kommunikation in wirtschaftlicher und technischer Hinsicht. Aktuelle Beispielanwendungen für Voice Portals, Call Center, Unified Messaging Services und Smart Home Anwendungen zeigen auf, daß auch in GPRS- und zukünftigen UMTS-Netzen die Sprache ein wichtiger Access-Channel für mBusiness sein wird.

1. Das MVNO-Geschäftsmodell

Ohne UMTS Lizenz erfolgreich im Mobilfunkmarkt der 3. Ge-neration

Eva Adelsgruber, KPMG Consulting AG

Nina Schäfer, KPMG Consulting AG

Torsten Tönnies, KPMG Consulting AG

Einleitung

Die mobile Kommunikation hat seit ihren Anfängen bis heute eine rasante Entwicklung durchlaufen. Anfang der 90er Jahre konnten in der 1. Mobilfunkgeneration mit über 150.000 Nutzern analoger, mobiler Sprachdienste erstmals nennenswerte Kundenzahlen in Deutschland verzeichnet werden.

Mit der 2. Mobilfunkgeneration, dem digitalen Standard GSM (Global System for Mobile Communication), entwickelte sich die mobile Kommunikation weltweit zum Massenmarkt. Neben der reinen Sprachtelefonie haben sich mit GSM auch erste Datendienste, wie SMS (Short Message Service) oder WAP (Wireless Application Protocol), etabliert.

Einleitung

Seit der Lizenzvergabe der vier GSM-Lizenzen an die Deutsche Telekom, Mannesmann Mobilfunk, E-Plus und Viag Interkom, ist die Anzahl der Mobilfunkkunden auf derzeit rund 50 Mio. gestiegen. Darüber hinaus haben sich neben den vier Netzbetreibern auch eine Hand voll Service Provider etabliert, die selbst über keine eigenen Netzinfrastrukturen verfügen.

Die bestehenden GSM-Netze haben jedoch bereits ihre Kapazitätsgrenzen erreicht. Daher sind neue Frequenzbereiche notwendig, um die künftig weiter steigende Mobilfunknutzung bedienen zu können. UMTS (Universal Mobile Telecommunication System), die 3. Mobilfunkgeneration, soll auf Basis modernster Technologie neue Kapazitäten schaffen. Die neuen UMTS-Netze werden eine, im Vergleich zu GSM und dem darauf aufsetzenden paketbasierten Übertragungsverfahren GPRS (General Packaged Radio System), deutlich höhere Übertragungsgeschwindigkeit gewährleisten. Somit sind die technischen Voraussetzungen für die Bereitstellung mobiler Sprach-, Multimedia- und Internetdienste geschaffen. Die Branche erwartet hierdurch eine weitere Forcierung der Marktdurchdringung.

Mit dem Aufbau neuer Netze mit erhöhten Übertragungskapazitäten und der Erweiterung des Spektrums mobiler Services steigen jedoch die Anforderungen an die Diensteanbieter erheblich. Zugleich wird das gesamte Marktumfeld zunehmend komplexer.

Zum einen erweitert sich die Wertschöpfungskette des Mobilfunkmarktes und zum anderen verlagern sich die Schwerpunkte innerhalb der Wertschöpfungskette zusehends. Liegen die Wertschöpfungsschwerpunkte in GSM-Netzen mit über 70 Prozent bei den Netzbetreibern, die den Netzzugang gewährleisten und primär die Übertragung von Sprachdiensten übernehmen, so verlagern sich diese mit zunehmender Übertragungsgeschwindigkeit (durch GPRS oder UMTS) zu den Anbietern von Content und personalisierten Diensten an das Ende der Wertschöpfungskette. Der Netzzugang und die reine Übertragung von Sprache und Daten verliert an Bedeutung.

Mit insgesamt rund DM 100 Mrd. für den Erwerb der UMTS-Lizenz haben in Deutschland sechs Anbieter (zusätzlich zu den bestehenden vier GSM-Operatoren noch Quam und Mobilcom) ihre Startgebühren für die Schlacht um den mobilen Multimedia-Kunden bezahlt.

In Folge dessen mussten die Lizenznehmer ihren Verschuldungsgrad zum Teil drastisch erhöhen und leiden derzeit unter den

1. Das MVNO-Geschäftsmodell

enormen Lasten des Kapitaldienstes. Der Aufbau der UMTS-Netze bedingt weitere Investitionen in Milliardenhöhe.

Die Telekommunikationsunternehmen versuchen jetzt, durch den gemeinsamen Aufbau und die gemeinsame Nutzung der UMTS-Infrastruktur die Investitionslasten zu verteilen und die Kosten zu senken. So haben sich T-Mobile und British Telecom, einschließlich ihrer Töchter One2One und Viag Interkom, wie auch Quam (früher Group 3G) und e-Plus bereits für einen gemeinsamen Netzaufbau entschieden, während Mobilcom noch auf Partnersuche ist. Einzig D2 Vodafone steht einer möglichen Kooperation beim Netzaufbau bislang zurückhaltend gegenüber.

Aber auch ohne UMTS-Lizenz besteht durch neue Geschäftsmodelle die Möglichkeit, Mobilfunkdienste mit einem eigenen Serviceangebot auf dem lukrativen Mobilfunkmarkt anzubieten. Laut Durlacher Research Ltd. wird für 2005 schon mit einem Umsatz der Branche von 170 Milliarden Euro in Europa gerechnet, wobei die Sprachübertragung mit 80 Milliarden Euro noch Hauptumsatzträger der Mobilfunkgesellschaften sein wird.

Vor allem das Konzept des virtuellen Netzbetreibers (Mobile Virtual Network Operator oder MVNO) wird als innovatives Geschäftsmodell künftig vermehrt an Bedeutung gewinnen.

Ein Mobile Virtual Network Operator (MVNO) ist ein Unternehmen, das den eigenen Kunden mobile Services der 3.Generation anbietet, ohne jedoch über ein eigenes Radio Access Network (RAN) zu verfügen.

MVNOs nutzen die RAN Infrastruktur und Bandbreite eines Mobilnetzbetreibers (Mobile Network Operator oder MNO), auf Basis derer sie ihren Kunden mobile Services bereitstellen. Aus der Sicht des Kunden tritt der MVNO als selbständiger Netzbetreiber in Erscheinung, d.h. er vermarktet eigene SIM-Karten (Subscriber Identity Module) und tritt unter eigenem Markennamen auf.

MVNO Markttreiber

Die steigenden Nutzerzahlen im Bereich der mobilen Kommunikation haben in der Vergangenheit immer neue Anbieter angezogen. Zumeist solche, die bereits in der Telekommunikationsbranche etabliert waren. Auch in Zukunft wird das Marktumfeld trotz des gegenwärtigen Markteinbruches weiterhin interessant sein. Zwar wird mit einer deutlichen Abschwächung des Kundenwachstums gerechnet, da die Mobilfunkpenetration in

Deutschland zunehmend ihren Sättigungsgrad erreichet. KPMG-Prognosen gehen jedoch davon aus, dass das Marktvolumen auch künftig deutlich steigen wird. Die Steigerung des Marktvolumens wird bei stagnierenden Kundenzahlen durch eine Erhöhung der Dienstenutzung und durch die Steigerung des durchschnittlichen Umsatzes pro Kunde (ARPU= Average Revenue per User) erwartet. Die Prognose scheint vor dem Hintergrund der künftig deutlich erweiterten Dienstevielfalt plausibel. Es werden

insbesondere solche Services in Zukunft vermehrt genutzt, die individuell auf die Kundenbedürfnisse zugeschnitten sind. Das führt dazu, dass auch branchenfremde Unternehmen den Eintritt in den Mobilfunkmarkt mit einem spezifischen Diensteangebot beabsichtigen. Eine entscheidende Bedeutung für den Erfolg des Markteintritts wird der Wahl des zugrundeliegenden Geschäftsmodells zukommen.

Die grundlegenden Treiber der erwarteten Marktentwicklung lassen sich in vier Kategorien unterteilen:

- Regulatorische Rahmenbedingungen
- Gesamtwirtschaftliche Entwicklung
- Finanzielle Situation
- Technologische Entwicklung

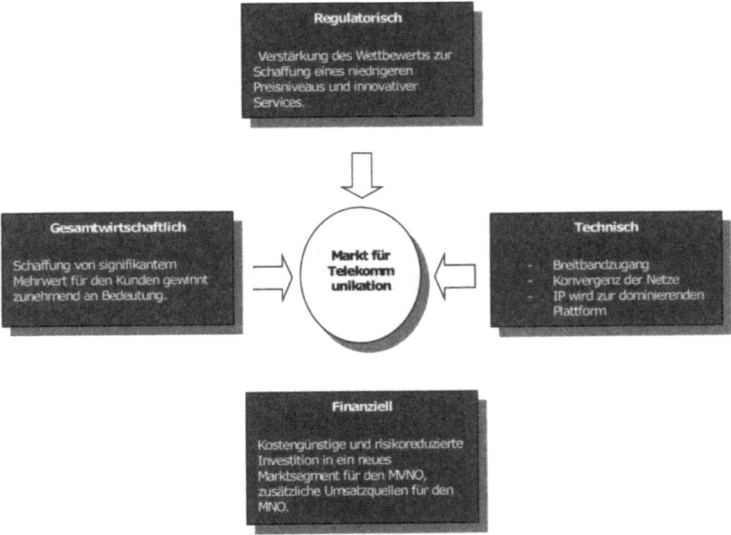

Abbildung 1: Treiber der Marktentwicklung

1. Das MVNO-Geschäftsmodell

Regulatorische Rahmenbedingungen:

Die Anzahl der deutschen UMTS-Mobilnetzbetreiber ist unter dem Einfluss der positiven Marktstimmung im Vorfeld der Lizenzversteigerung im letzten Jahr durch die Regulierungsbehörde für Telekommunikationsdienste und Post (RegTP) auf sechs limitiert worden. Die RegTP hat mit der Beschränkung die Zielsetzung verfolgt, im Sinne der Verbraucher möglichst einen intensiven, jedoch nicht ruinösen Wettbewerb bei moderatem Preisniveau und großer Dienstevielfalt zu gewährleisten. Die Entwicklung im Jahr nach der Lizenzvergabe hat jedoch verdeutlicht, dass deutliche Unsicherheiten bezüglich der Nutzung und der Markteinführung von UMTS bestehen, so dass KPMG damit rechnet, dass sich langfristig maximal 3-4 Lizenzinhaber am Markt behaupten werden.

Die regulatorischen Rahmenbedingungen und die Prognosen der Marktentwicklung lassen erwarten, dass es im Mobilfunkmarkt der 3. Generation zu einer Koexistenz zwischen Netzbetreibern und Unternehmen mit alternativen Geschäftsmodellen, die nicht über ein Frequenzspektrum verfügen, kommen wird.

Aktive Maßnahmen, die den vermehrten Eintritt solcher Unternehmen unterstützen, sind durch die deutsche Regulierungsbehörde jedoch bislang noch nicht angedacht. Im Vergleich hierzu gibt es jedoch seitens ausländischer Regulierungsbehörden Entscheidungen, gemäß derer ein MNO einen festgeschriebenen Anteil seiner Netzkapazitäten für MVNOs reservieren muss, wie das beispielsweise in Hongkong der Fall ist.

Hintergrund dieser regulatorischen Eingriffe ist die Überlegung, dass durch steigenden Wettbewerb der Druck auf die Unternehmen wächst, ihre Innovationsbereitschaft zu erhöhen. Denn ein innovatives Serviceportfolio ist Voraussetzung für die Etablierung von signifikante Differenzierungsmerkmalen im Vergleich zu den Wettbewerbern.

Gesamtwirtschaftliche Entwicklung:

Die Nachfrage nach Mobilfunkservices wird von der gemsamtwirtschaftlichen Entwicklung beeinflusst. Die Zahlungsbereitschaft für standardisierte Mobilfunkdienste ist nach wie vor vorhanden. Die Bestrebung, die Ausgaben für Mobilfunkdienste bei gleichzeitiger Erhöhung des Kundennutzens zu reduzieren, gewinnt jedoch zunehmend an Bedeutung.

Im Zuge der steigenden Mobilität in der Gesellschaft sind Mobilfunkdienste zum Massengut geworden. Die Zahlungsbereitschaft wird in Zukunft deutlich abnehmen, wenn die Services dem Kunden keinen signifikanten Mehrwert bieten.

Finanzielle Situation:

Die Entwicklung des UMTS-Marktes im Hinblick auf die Marktstruktur, den Netzwerk-Roll-Out oder das Serviceangebot ist nicht zuletzt durch die finanzielle Situation der Marktteilnehmer determiniert. Für die Netzbetreiber liegen die Kosten des Kapitaldienstes als primäre Determinante klar auf der Hand. Neben den hohen Lizenzkosten müssen die MNOs die umfangreichen Investitionen in den partiellen oder vollständigen Aufbau des neuen Netzwerkes finanzieren.

Bei minimaler technischer Ausstattung stehen MVNOs dagegen „nur" vor der Herausforderung, in die Basis-IT-Infrastruktur investieren zu müssen. Hierzu zählen vor allem Customer Care und Billing-Systeme.

Das Geschäftsmodell des MVNO bietet wirtschaftliche Vorteile für beide Beteiligten:

Der Netzbetreiber kann im MVNO einen Partner finden, auf den er Teile der notwendigen Infrastrukturinvestitionen abwälzen kann und der für ihn eine zusätzliche Einnahmequelle darstellt. Durch Erhöhung der Kapazitätsauslastung wir der MNO die Möglichkeit haben, seinen Break-Even schneller zu erreichen.

Der MVNO erhält durch eine Partnerschaft mit einem oder mehreren MNOs die Möglichkeit, auf Basis überschaubarer Investitionen in EDV-Systeme und Netzwerkkomponenten, seinen Kunden individuelle Dienste anzubieten und diese eigenständig zu tariffieren.

Technologische Entwicklung:

Zur Erreichung höchstmöglicher Effizienz der vorhandenen technischen Infrastrukturen ist seitens des Netzbetreibers eine Vollauslastung der Netzkapazitäten anzustreben. Dieses Bestreben führt dazu, freie Kapazitäten an Partner ohne Netzinfrastruktur zu verkaufen.

Ein weiterer Aspekt, der die Koexistenz verschiedener Geschäftsmodelle und damit den Wettbewerb im Mobilfunkmarkt fördert, ist die Konvergenz von Sprache und Daten, Festnetz und

Mobilfunknetz sowie der dazugehörigen Endgeräte. Die Nachfrage nach konvergenten Diensten, die vom Netzzugang unabhängig sind, wird in der nahen Zukunft bedeutender werden. Notwendige Voraussetzung ist jedoch, dass konvergente Dienste technisch realisiert werden können. Die Bereitstellung konvergenter Dienste forciert die Entwicklung alternativer Geschäftsmodelle im Mobilfunkmarkt.

MVNO – Ein innovatives Geschäftsmodell zur Vermarktung von 3G Services

Für die Bereitstellung von UMTS-Services ausschließlich über eigene Netzinfrastrukturen ist in Deutschland, wie in allen anderen europäischen Ländern, der Erwerb mindestens eines UMTS-Frequenzspektrums im Rahmen der UMTS-Lizenzversteigerung notwendig. Wie schon gezeigt, gibt es jedoch auch für Unternehmen, die keine UMTS-Lizenz ersteigert haben, vielfältige Möglichkeiten, Mobilfunkservices der 3. Generation zu vermarkten. Dabei reduzieren sich die potenziellen Anbieter nicht ausschließlich auf Unternehmen der Telekommunikationsbranche. Auch branchenfremde Unternehmen, wie zum Beispiel große Handelskonzerne, Internet Service Provider oder Content-Anbieter, die über einen starken Markennamen und eine breite Kundenbasis verfügen, haben gute Voraussetzungen, erfolgreich in den Mobilfunkmarkt einzutreten. Die besten Erfolgsaussichten bieten sich grundsätzlich Unternehmen, die:

- tiefgreifende Kenntnisse über ihre Kunden haben und über umfangreiche Expertise in den Bereichen Marketing und Customer Care verfügen;

- mobile Dienste anbieten wollen, um im Rahmen von mBusiness Produkte und Dienstleistungen aus ihrem bestehenden Portfolio zu vermarkten;

- bereits als Service Provider tätig sind und sich künftig deutlicher von den Netzbetreibern differenzieren und ihre Wertschöpfung erweitern wollen;

- bereits als Mobilfunk Carrier tätig sind und ihre geographische Marktpräsenz ausweiten wollen, denen jedoch auf Grund fehlender Lizenzen der Markteintritt als Netzbetreiber versagt ist;

- bereits als traditionelle Festnetzbetreiber auf dem Markt etabliert sind und Produktbündel aus Festnetz- und Mobilfunkdiensten vermarkten wollen.

Die Bandbreite möglicher Geschäftsmodelle zum Angebot von Mobilfunkdiensten erstreckt sich von Service Providern über Indirect Access Provider bis hin zu MVNOs und Netzbetreibern.

Das Geschäftsmodell des **Service Providers** ist in einigen europäischen Mobilfunkmärkten schon seit Beginn der 2. Mobilfunkgeneration (GSM) existent. Service Provider haben mit einem oder mehreren Netzbetreibern Vereinbarungen getroffen, deren Dienste unter eigenem Namen zu vermarkten. Service Provider verfügen über keine eigene Netzinfrastruktur. Sie nutzen die SIM-Karten und die Service Plattformen der Netzbetreiber. Dadurch sind ihrer Innovationsfähigkeit hinsichtlich des Angebots neuer Services enge Grenzen gesetzt. Demzufolge ist eine Differenzierung vom Netzbetreiber primär nur über eine andersartige Bündelung der vom Netzbetreiber angebotenen Dienste und über unterschiedliche Tarifstrukturen erreichbar.

Eine weitere Geschäftsform ist die des **Indirect Accesss Operators (IAO)**. Anstelle des eigenständigen Angebots von Mobilfunkdiensten, offeriert der IAO internationale Mobilfunkgespräche zu besonders wettbewerbsfähigen Preisen. Um das Angebot des IAO nutzen zu können, wählt der Mobilfunkkunde vor jedem Gespräch, das er über den IAO führen möchte, lediglich eine Zugangsnummer. Anschließend wird ihm das Gespräch vom IAO in Rechnung gestellt.

Das Geschäftsmodell des **Mobile Virtual Network Operators (MVNO)** kommt dem des Mobile Network Operators sehr nahe. Der entscheidende Unterschied ist darin zu sehen, dass der MVNO über kein Frequenzspektrum verfügt und somit kein eigenes Radio Access Network benötigt.

Man unterscheidet verschiedene Ausprägungen des MVNO. Als eines der Hauptkriterien gilt der Grad der Nutzung eigener Netzwerkkomponenten und IT-Systeme durch den MVNO und von Systemen des Netzbetreibers zur Bereitstellung und Abrechung der Services.

In der einen Extremform stellt der MVNO seine Services hauptsächlich durch die Nutzung der Systeme und Infrastrukturen des MNOs bereit. Man spricht in diesem Fall von einem „Minimum MVNO" oder einem „Enhanced Service Provider" (ESP).

Von der anderen Extremform, dem „Full MVNO", wird gesprochen, wenn der MVNO das größtmögliche Maß an Systemen eigenständig bereitstellt und lediglich die Ressourcen des MNO nutzt, zu denen er keinen Zugang hat.

1. Das MVNO-Geschäftsmodell

Zwischen diesen beiden extremen Ausprägungen des MVNOs ist eine breite Palette von Mischformen denkbar.

Die Stellung der verschiedenen Geschäftsmodelle im Marktgefüge ist anhand der nachfolgenden Grafik visualisiert.

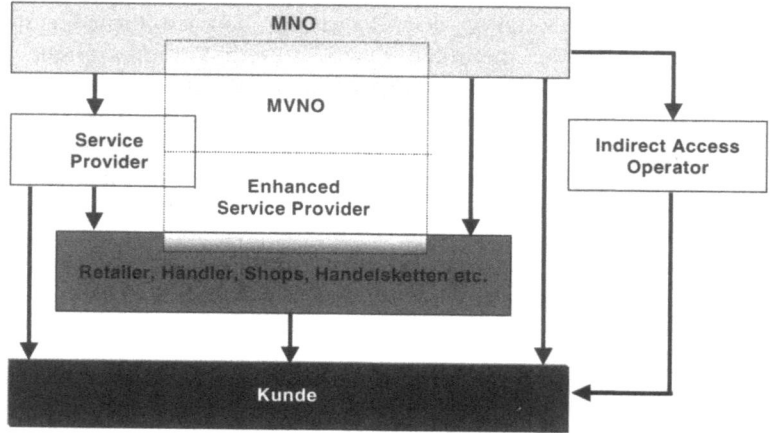

Abbildung 2: Marktstrukturen (Ovum 2000)

Der Enhanced Service Provider (ESP oder Minimum MVNO) verfügt im Vergleich zum Service Provider über eine eigene Service Plattform, auf Basis derer er seinen Kunden eigene Dienste anbietet. Diese unterscheiden sich von denen des Netzbetreibers. Um als ESP an den Markt zu gehen, müssen folgende Voraussetzungen erfüllt sein:

Der ESP muss über ein Roamingabkommen mit mindestens einem Netzbetreiber verfügen. Dies ist vergleichbar mit existierenden Roamingverträgen zwischen gegenwärtigen GSM-Carriern.

Darüber hinaus benötigt der ESP, wie auch der Service Provider, Zugang zu Customer Care und Billing Systemen sowie zu Systemen zur Rechnungserstellung und Zahlungsabwicklung. Diese kann er selbständig betreiben oder sich gegen Bezahlung zumindest den Zugang zu den benötigten Systemen sichern.

Der ESP verfügt über keine eigenen Mobile Network Codes (MNC). Der Zugriff auf diese MNCs ist eine notwendige Voraussetzung für die Ausgabe eigener SIM-Karten (Subscriber Identification Module) an die Kunden. Der ESP vergibt daher SIM-Karten des Netzbetreibers, mit dem er ein Roamingabkommen geschlossen hat. Diese kann er jedoch mit einem eigenen Label versehen, so dass die Möglichkeit besteht, Mobilfunkservices unter eigenem Markennamen anzubieten. Die Vermarktung von SIM-Karten unter eigenem Namen ist deshalb von erheblicher Bedeutung, da hierüber die Möglichkeit zur Kundenbindung besteht. Der ESP kann eigenständig Maßnahmen zur Kundenbindung ergreifen. Hinsichtlich des möglichen Serviceportfolios und der Tariffierung der Services kann der ESP, auf Basis der beschrieben Systeme, weitestgehend unabhängig vom MNO agieren.

Der sogenannte „Full MVNO" verfügt, über die Systemausstattung des ESP hinausgehend, über eine Vielzahl von eigenen Netzwerkkomponenten und -funktionalitäten. Hierzu zählen insbesondere der MNC und damit auch die Ausgabe eigener SIM-Karten. Durch den Betrieb eigener Mobile Switching Centres (MSC), eines Home Location Registers (HLR) sowie eines Authentication Centres (AUC) hat der MVNO zusätzlich die Möglichkeit, ein- und ausgehende Gespräche zu kontrollieren und somit in erweitertem Umfang eigene Wertschöpfung zu generieren. Diesem Zweck dient ebenfalls der eigenständige Betrieb von WAP-Servern oder Short Message Service Centres, durch die die Bereitstellung individueller Datenapplikationen für eigene Kunden gewährleistet wird.

Die notwendigen Netzwerkkomponenten zur Realisierung eines Markteintritts als „Full MVNO" sind in Abbildung 3 verdeutlicht.

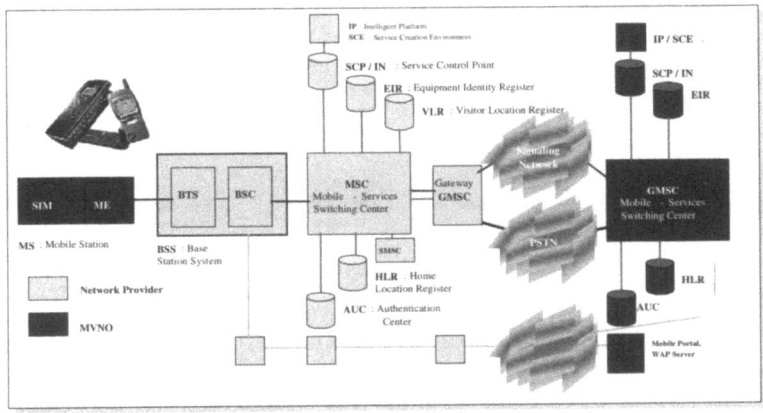

Abbildung 3: Notwendige Netzwerkkomponenten für „Full MVNOs"

1. Das MVNO-Geschäftsmodell

Die Verfügbarkeit eigener Netzkomponenten und IT-Systeme garantiert dem Full MVNO eine nahezu vollständige Unabhängigkeit vom Netzbetreiber hinsichtlich Art und Umfang der Servicebereitstellung und deren Bepreisung.

Die Konsequenzen der Wahl des Geschäftsmodells, in Bezug auf die Anforderungen an die technische Infrastruktur und die Freiheitsgrade bei der Gestaltung und Vermarktung der Dienste, sind in der nachfolgende Tabelle zusammengefasst.

Abbildung 4: Geschäftsmodelle zum Angebot mobiler Services

	Service Provider	Indirect Access Operator	ESP	Full MVNO	MNO
Radio Spectrum					Eigene Lizenz Radio Spectrum
Mobile Network Code			MNC des MNO	Eigener MNC	Eigener MNC
SIM Karte			Branding der MNO SIM Karte	Eigene SIM Karten	Eigene SIM Karten
Netzwerk Infrastruktur		Switch und Übertragung	Variable oder gar keine Elemente	Switch & HLR (plus evtl. Übertragung)	Switch, HLR, VLR & Übertragung
Pricing		Teilweise unabhängiges Pricing	Teilweise unabhängiges Pricing	Völlig unabhängiges Pricing	Völlig unabhängiges Pricing
Branding	Teilweise unabhängiges Branding	Teilweise unabhängiges Branding	Unabhängiges Branding	Unabhängiges Branding	Unabhängiges Branding
Customer Care & Billing	MNO	MNO	CC & Billing	CC & Billing	CC & Billing
Neue Mobile Services	Wie der MNO	Wie der MNO	Erweiterte Services	Unbeschränktes Angebot an erw. Services	Unbeschränktes Angebot an erw. Services
Marketing	Limitiertes Marketing	Limitiertes Marketing	Vollständige Marketing Kontrolle	Vollständige Marketing Kontrolle	Vollständige Marketing Kontrolle
	z.B. Carphone Warehouse	z.B. Cable & Wireless	z.B. Virgin Mobile	z.B. -	z.B. Vodafone

Markteintrittsstrategie und Business Case

Für den Markteintritt als Mobilfunkanbieter auf Basis eines alternativen Geschäftsmodells, ist es zunächst von übergeordneter Bedeutung, dass regulatorische Rahmenbedingungen gegeben sind, die den Markteintritt und die dauerhafte Koexistenz mit den Netzbetreibern nicht behindern. Das bedeutet, dass für alle Geschäftsmodelle möglichst attraktive Bedingungen geschaffen werden müssen.

Im Rahmen der Markteintrittsplanung sollten folgende Faktoren Berücksichtigung finden:

- Regulatorisches Umfeld
- Art- und Umfang möglicher Partnerschaften mit Netzbetreibern
- Gegenwärtige Ressourcen und Kompetenzen
- Investitions- und Finanzierungspotenzial
- Gewinnchancen und Risiken

In einem gegebenen regulatorischen Umfeld stehen potenzielle Markteintrittskandidaten, in Abhängigkeit ihrer gegenwärtigen Situation und Geschäftstätigkeit, unterschiedlichen Herausforderungen gegenüber. Die spezifische Ausgangssituation muss bei der Planung der Markteintrittsstrategie berücksichtigt werden.

Dies ist insbesondere von Bedeutung, da mit verschiedenen Geschäftsmodellen nicht nur eine unterschiedliche technische Ausstattung und somit monetäre Risiken, sondern auch verschiedenartige Möglichkeiten zur Gewinnerzielung durch eine unterschiedliche Wertschöpfungstiefe verbunden sind. Grundsätzlich steigt mit zunehmender Kapitalbindung in System- und Netzinfrastrukturen sowohl das Risiko, als auch die potenzielle Gewinnmarge progressiv an.

Bei Service Providern und IAOs ist der Umfang der notwendigen technischen Ausstattung und damit das Kapitalrisiko vergleichsweise gering. Die Möglichkeiten der Gewinnerzielung bei diesen Geschäftsmodellen sind jedoch auf Grund der beschränkten eigenen Wertschöpfung und der mangelnden Möglichkeit, sich vom Netzbetreiber zu differenzieren, sehr beschränkt.

Der ESP hat im Vergleich zum Service Provider Zugang zu einer deutlich umfangreicheren IT-Infrastruktur und, je nach Ausprägung, auch zu Netzwerkkomponenten. Die erhöhte Kapitalintensität des Geschäftsmodells hat deutlich erhöhte Geschäftsrisiken zur Folge. Für den ESP wird es entscheidend sein, den erweiterten Gestaltungsspielraum bezüglich des Serviceangebotes, der Tariffierung oder des Brandings zu nutzen und sich gegenüber dem Netzbetreiber eindeutig zu positionieren, um eine dem Risiko angemessene Rentabilität zu erzielen. Für den Full MVNO ist die Schere zwischen Risiko und Chance nochmals deutlich größer.

1. Das MVNO-Geschäftsmodell

Grundsätzlich ist davon auszugehen, dass bei Geschäftsmodellen mit geringer technischer Ausstattung der Break Even früher erreicht werden kann, als bei kapitalintensiveren Geschäftsmodellen, wie beispielsweise dem „Full MVNO". Die Gründe hierfür sind vor allem in den erhöhten Belastungen durch Kapitaldienst und Abschreibungen zu sehen, die die Ertragssituation über verhältnismäßig lange Zeiträume hinweg negativ beeinflussen.

Je nach individueller Ausgangssituation werden sich Unternehmen folglich für unterschiedliche Markteintrittsoptionen entscheiden. Das ESP-Modell empfiehlt sich für die erste Markteintrittsphase, da es mit verhältnismäßig geringeren Risiken behaftet ist, als das MVNO Modell. In den frühen Markteintrittsphasen hat der ESP die Möglichkeit, sich auf die Kundenakquisition zu fokussieren. Die Investitionen müssen hauptsächlich für den Aufbau der Systemlandschaft sowie für Kundenakquisition und Branding aufgewendet werden.

Nachdem sich der ESP im Mobilfunkmarkt etabliert hat, kann es in Abhängigkeit der individuellen Situation sinnvoll sein, die vorhandenen System- und Netzinfrastrukturen auszubauen und sich vom ESP zum MVNO weiter zu entwickeln. Eines der wichtigsten Entscheidungskriterien ist die signifikante Steigerung der erzielbaren Margen.

Wird eine vollständige Unabhängigkeit angestrebt, so kann der MVNO zu einem späteren Zeitpunkt die vertragliche Bindung mit dem MNO derart ausweiten, dass er durch direkte Beteiligung an den Netzbetriebskosten und an eventuellen Lizenzkosten selbst zum physischen Netzbetreiber wird.

Die Markteintritts- und Marktbearbeitungsoptionen sind in Abbildung 5 visualisiert.

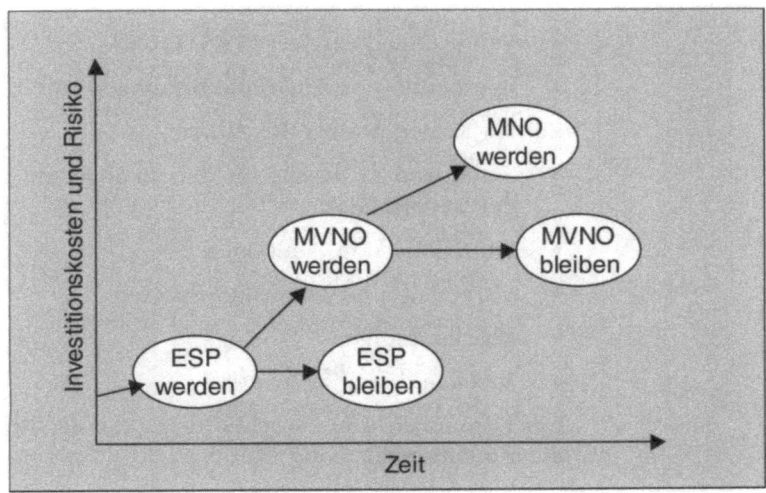

Abbildung 5: Markteintritts- und Marktbearbeitungsoptionen

Die endgültige Entscheidung für ein Geschäftsmodell wird nicht zuletzt auf Basis des konkreten Business Cases entschieden. Die Investitions- und Kostenplanung, die den Business Case des MVNO maßgeblich determiniert, ist derzeit nicht generisch zu bestimmen, da es noch keine regulatorischen Vorgaben zur Preisgestaltung für die Netzwerknutzung des MNOs gibt. Dies bedeutet, dass der Preis allein durch Verhandlungen zwischen den MVNOs und MNOs festgesetzt wird.

Zur Preisbestimmung können zwei grundsätzliche Verfahren zur Anwendung kommen:

Aus Sicht des MNO kann das Entgeld für die Netznutzung durch den MVNO zum einen auf Basis des Endkundenpreises minus eines Discounts für den MVNO festgesetzt werden, man spricht in diesem Zusammenhang von „Retail minus"-Preisen.

Zum anderen kann der MNO die Kosten für die Netznutzung durch den MVNO auch auf Basis der eigenen Netzkosten zuzüglich eines Aufschlags „Cost plus" festlegen.

Die Zahlungsströme des MVNOs lassen sich wie folgt identifizieren:

Zu den Umsatzquellen des MVNO zählen:

- Anschlussgebühren (ca. 10-20%)

1. Das MVNO-Geschäftsmodell

- Nutzungs-/ Verbindungsgebühren (ca.30-40%)
- Value Added Services (VAS) (10%)
- Interconnection Einkünfte für eingehende Gespräche (40%)

Zu den Kosten des MVNO zählen:

- Zahlungen an MNOs für den Beginn und die Terminierung der Gespräche
- Interconnection Zahlungen
- Marketing- und Akquisitionskosten
- Abschreibungen
- Sonstige operative Kosten

Der Zusammenhang zwischen den Zahlungsströmen ist in Abbildung 6 dargestellt.

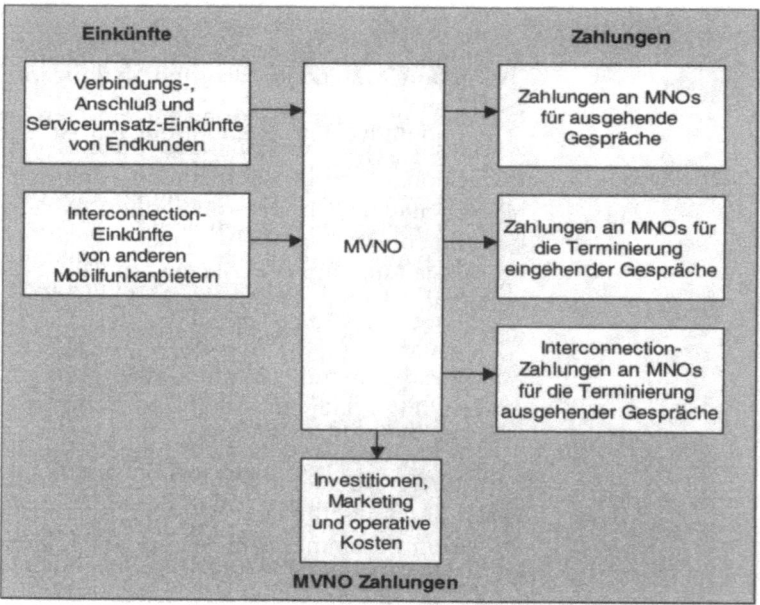

Abbildung 6: Zahlungsströme

MVNOs können durch Kostenverhandlungen für die Nutzung der Netzinfrastruktur des MNO, die Investitionen in eigene Netzinfrastrukturen, sowie die eigene Wertschöpfungstiefe den Business Case positiv beeinflussen.

Die 10 Erfolgfaktoren für MVNOs

Sowohl der Markteintritt, als auch der langfristige Erfolg von MVNOs im zukünftigen Mobilfunkmarkt sind von einer Reihe von kritischen Erfolgsfaktoren abhängig. Die 10 wichtigsten Erfolgsfaktoren, die das Rahmenwerk für die Aktivitäten künftiger MVNOs bilden, sind im Folgenden genannt:

- Für den künftigen Erfolg von MVNOs ist es von entscheidender Bedeutung, dass durch die jeweiligen Regulierungsbehörden ein **positives regulatorisches Umfeld** geschaffen wird. Das bedeutet unter anderem, dass bestehende Mobilfunknetzbetreiber explizit dazu verpflichtet werden, potenziellen MVNOs Zugangs- oder Interconnectionrechte zu gewähren.

- MVNOs müssen eine enge Beziehung zu dem oder den MNOs aufbauen und pflegen, deren Netzwerk(e) sie für die Bereitstellung ihrer Services nutzen. Diese Beziehung ist insbesondere vor dem Hintergrund von Bedeutung, dass Netzbetreiber und MVNO in direktem Wettbewerb um den gleichen Kunden stehen werden. Eine klare Definition der Schnittstellen innerhalb der Beziehung ist daher unerlässlich. Bei der Ausgestaltung der Beziehung zwischen dem MVNO und dem Netzbetreiber ist es von großer Bedeutung, dass sich für beide Parteien eine **Win-Win-Situation** ergibt. Das heißt, die Partnerschaft muss für den MNO, wie auch für den MVNO mit signifikanten Vorteilen verbunden sein.

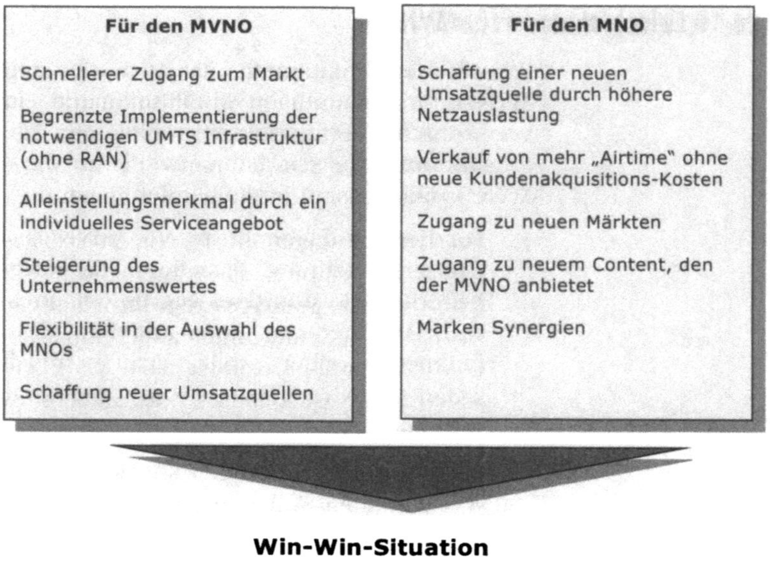

1. Das MVNO-Geschäftsmodell

Für den MVNO	Für den MNO
Schnellerer Zugang zum Markt	Schaffung einer neuen Umsatzquelle durch höhere Netzauslastung
Begrenzte Implementierung der notwendigen UMTS Infrastruktur (ohne RAN)	Verkauf von mehr „Airtime" ohne neue Kundenakquisitions-Kosten
Alleinstellungsmerkmal durch ein individuelles Serviceangebot	Zugang zu neuen Märkten
Steigerung des Unternehmenswertes	Zugang zu neuem Content, den der MVNO anbietet
Flexibilität in der Auswahl des MNOs	Marken Synergien
Schaffung neuer Umsatzquellen	

Win-Win-Situation

Abbildung 7: Vorteile für MNO und MVNO

- **Unabhängigkeit vom Netzbetreiber** ist ein weiterer Faktor, der für den Erfolg des MVNOs bedeutsam ist. Zur Wahrung der Unabhängigkeit sollten MVNOs sicherstellen, dass MNOs nicht in deren Verkaufs-, Management- oder Abrechnungsprozesse involviert sind. Die Unabhängigkeit können MVNOs dadurch gewährleisten, dass sie unabhängige Plattformen für Switching, Dienstebereitstellung, Kundenmanagement und Billing nutzen, obwohl sie bei der Übertragung von Gesprächen und Daten auf den Netzbetreiber und dessen Mobilfunknetz angewiesen sind.

- Durch die weitgehende Wahrung der Unabhängigkeit vom Netzbetreiber durch den Betrieb eigener Systeme, kann die Entwicklung **innovativer Dienste mit kurzer „Time-to-Market"** sichergestellt werden.

- Für MVNOs wird es darüber hinaus erfolgsentscheidend sein, die **Kundenbeziehung unter eigener Regie** zu führen, um die Umsatz-potenziale mit bestehenden Kunden vollständig ausschöpfen zu können. Das eigenständige Management der Kundenbeziehungen ist von übergeordneter Bedeutung, da die Zahl der Bestandskunden und die ARPU für den MVNO die wichtigsten Kenngrößen zur Umsatzplanung darstellen.

- Ein **starker Markenname** spielt eine wichtige Rolle, um sich gegenüber etablierten Wettbewerbern positionieren und Marktanteile aufbauen zu können.
- Neben dem Markennamen muss der Aufbau der Marktposition durch **effiziente Vertriebskanäle** unterstützt werden, um die Kosten der Neukundenakquisition in überschaubaren Grenzen zu halten.
- Der MVNO muss sich durch Schaffung vom signifikantem **Mehrwert für den Kunden** vom Netzbetreiber differenzieren.
- Mehrwert kann der MVNO hauptsächlich dadurch erzielen, dass er **spezifische Nischenprodukte** vermarktet, die die Kundenbedürfnisse besser erfüllen, als die Services des Netzbetreibers. Diese Produkte sollten kundenspezifisch (customized, personalisiert), simpel in der Handhabung (convenient) und kosteneffektiv (value for money) sein. Zu personalisierten Diensten gehören z.B. personalisierte Portale und zugeschnittene Nutzerprofile. Simplizität kann erzeugt werden durch einfache Handhabung, entsprechende – auf das Display zugeschnittene – Formate und partielle Substitution von Tastaturnotwendigkeiten durch Spracherkennung. Neue Preismodelle ermöglichen dem Nutzer die Dienstenutzung des mobilen Internets zu höherer Kosteneffizienz. Always on' in Kombination mit der Bezahlung pro genutzter Applikation oder pro Datenvolumen, d.h. volumenbasiertes Pricing, löst hierbei die gängige minutenbasierte Preisgestaltung ab.
- Um die Services bereitstellen zu können, wird es von größter Bedeutung sein, **Partnerschaften entlang der Wertschöpfungskette** einzugehen, durch die eine effiziente Bereitstellung individualisierter Services gewährleistet werden kann.

Erfolgsstory Virgin Mobile

Virgin, unter der visionären Führung von Richard Branson, war ursprünglich ein Musikverlag in England. Durch Branson´s Einsatz wurde die Marke Virgin auch als Getränkemarke, Fluggesellschaft und mittlerweile auch als Autovermittlung bekannt. Virgin Mobile war 1999 eine neue Herausforderung. Als gleichberechtigter Zusammenschluss von Virgin und One2One, startete damit

1. Das MVNO-Geschäftsmodell

der erste MVNO in England. Virgin bringt einen starken Markennamen ein und vertreibt als MVNO die Produkte der Virgin Group. One2One ergänzt die Verbindung als Netzbetreiber mit vorhandener Netzwerk- und IT-Inferastruktur.

Virgin Mobile nutzt folglich die Bandbreite von One2One, verfügt jedoch über eigene Customer Management und Billing-System und stellt eigene Services bereit.

Das Unternehmen fokussierte sich seit Markteintritt auf das Angebot mobiler Dienste mit simplen und attraktiven Tarifstrukturen. Im Unterschied zum Wettbewerb offeriert Virgin Mobile Produkte ohne Mindestvertragsdauer auf einer Postpaid-Basis zu 50% niedrigeren Preisen als die Konkurrenz.

Mittlerweile hat Virgin Mobile das 1999 gesteckte Ziel von 1 Mio. Kunden erreicht.

Auf diesem Erfolg aufbauend, gibt es bereits Vereinbarungen von Virgin in Australien und Asien, die USA sind im Gespräch. Als nächster Schritt ist der Markteintritt in Spanien geplant.

Effektives Kundenmanagement, ein starker Markenname und klar definierte Low & simple' Preis-Strategien werden gemeinhin als die primären Erfolgsfaktoren von Virgin Mobile angesehen.

KPMG Consulting hat Virgin Mobile bei der Markteinführung unterstützt. Nach nur 6 Monaten war das Unternehmen als MVNO startklar.

Zu den Vorbereitungsmaßnahmen gehörten u.a.:

- Identifikation von Wertschöpfungspotenzialen
- Business Planung
- Aufbau der technischen Architektur (Netzwerkkomponenten, Call Center, CRM System, Schnittstellen zu One2One, Finanz- und ERP-System, eCommerce websites, Payment Manager)
- Planung und Management des Call Centers, Warehousing und Vertrieb über 3rd parties
- Integrierter Online Verkauf und Self-service
- Vollständige Integration in die operativen Systeme von One2One
- Aufbau und Integration der Hard- und Software

Marktentwicklung und Ausblick

Es gibt unterschiedliche Voraussagen zu Umsatzprognosen des Mobilfunkmarktes und insbesondere des Umsatzanteils, der durch MVNOs generiert werden wird.

Laut Ovum werden für das Jahr 2004 schon über 1 Millionen Verbindungen über MVNOs in Deutschland prognostiziert. Der Umsatz wird bei 1 Mrd. US$ liegen. Diese Prognose beinhaltet sowohl Enhanced Service Provider, als auch Full MVNOs.

Für den Gesamtmarkt wird erwartet, dass die Nachfrage nach mobilen Diensten (insbesondere nach Datendiensten) deutlich steigen wird, wodurch Umsatzsteigerungen zu erwarten sind. Der prognostizierte Preisrückgang bei mobilen Sprachdiensten und die zu erwartende Stagnation der Mobilfunkpenetration wirken jedoch als Hemmfaktoren für eine deutliche Steigerung des Marktvolumens in der nahen Zukunft.

Es ist nicht eindeutig vorauszusagen, wie viele MVNOs im Markt langfristig erfolgreich sein werden. Es ist jedoch davon auszugehen, dass diejenigen Unternehmen zu den Gewinner zählen werden, die durch das Angebot von Value Added Services (VAS), Datendiensten und Bündelprodukten zusätzlichen Umsatz generieren und Kunden dauerhaft binden können. Diese Strategie wird langfristig zu einer signifikanten Erhöhung der ARPU und zu einer Senkung der Churn Rate (Kunden-Abwanderungsrate) unter den Marktdurchschnitt von 25% führen.

Festzuhalten ist, dass schließlich der regulatorische Rahmen, die jeweilige Ausgangsposition des potenziellen MVNOs (hinsichtlich Brand, Marketing Kompetenz, Produktportfolio) und die vertraglichen Vereinbarungen mit MNOs (Exklusivität, Art der Beziehung, Kosten für die Netznutzung etc.) über den Markterfolg entscheiden werden.

Die mit dem Markteintritt von MVNOs einhergehende Steigerung der Anzahl der Marktteilnehmer wird insgesamt zu einer Bereicherung des Marktes führen. Positive Effekte für die Endkunden werden insbesondere durch die Erweiterung der Dienstevielfalt und durch neue Preismodelle auf Grund des erhöhten Preisdrucks erwartet.

Literatur und Referenzen

- UMTS Report, Durlacher Research 2000
- Mobilfunk Report, Xonio 2000

1. Das MVNO-Geschäftsmodell

- Virtual Mobile Services: Strategies for Fixed and Mobile Operators, Ovum 2000

Abkürzungsverzeichnis

ARPU	Average Revenue Per User
AUC	Authentication Center
CC	Customer Care
EIR	Equipment Identity Register
ESP	Enhanced Service Provider
GGSN	Gateway GPRS Support Node
GPRS	General Packaged Radio System
GSM	Global System for Mobile Communication
HLR	Home Location Register
HSCSD	High-speed Circuit Switched Data
IAO	Indirect Access Provider
IP-Plattform	Internet Protokoll-basierte Plattform
ISDN	Integrated Services Digital Subscriber Line
MCC	Mobile Country Code
MVNO	Mobile Virtual Network Operator
MNC	Mobile Network Code
MNO	Mobile Network Operator
MS	Mobile Station
MSC	Mobile Switching Center
RAN	Radio Access Network
SCE	Service Creation Environment
SCP	Servcie Control Point
SGSN	Service GPRS Support Node
SIM	Subscriber Identity Module
SMS	Short Message System

UMTS	Universal Mobile Telecommunications Standard
VAS	Value Added Services
VLR	Visitor Location Register
WAP	Wireless Application Protocol

2. Die Frage nach der Killer-Applikation im Mobile Business

Wie positionieren sich die Netzbetreiber?

Dipl.-Ing. Dipl.-Wirtsch.-Ing. Niels Klussmann,
Cisco Systems GmbH

Was die Märkte bewegt

So erfreulich sich der Mobilfunkmarkt seit Sommer 1992 entwickelt hat, so ernst sind doch mittlerweile die Probleme, mit denen sich die Netzbetreiber beschäftigen müssen.

Mobilfunk und Internet sind die letzten Jahre über Wachstumsmärkte gewesen. Der Mobilfunkmarkt geht hinsichtlich der Penetration in der Bevölkerung in der nahen Zukunft in die Sättigung. Der durchschnittliche Umsatz pro Kunde (Average Return per User, ARPU) ist bei bestimmten Segmenten im Prepaid-Markt auf unter 10 Euro gesunken und eine No-Call-Rate von bis zu 30% bei Prepaid-Kunden sorgt dafür, dass die Endgerätesubventionierung abgeschrieben werden muss. Selbst eine steigende Nutzungsintensität führt dazu, dass angesichts sinkender Preise im Telefoniebereich die ARPU insgesamt sinkt. In den USA wurde beobachtet, dass die Preise im Jahresdurchschnitt um 25% gesunken sind, die Nutzungsintensität aber nur um 20% gestiegen ist und den Umsatzrückgang durch den Preisverfall nicht kompensieren konnte.

Ferner ist Churn, also der Wechsel eines Kunden nach der Mindestvertragslaufzeit, immer noch ein Problem für alle Netzbetreiber, wobei in vielen Fällen die Netzbetreiber die Erfahrung machen, dass ein Kunde nicht durch eine Marke, einen Dienst oder einen Tarif, sondern durch das neueste Handymodell gehalten werden kann.

2. Die Frage nach der Killer-Applikation im Mobile Business

Mit UMTS treten neue Wettbewerber auf den Plan und mit dem Zugang zum Internet wird es eine Konkurrenz um die Kundenbeziehung geben. Keiner weiss heute, ob der Mobilfunknutzer des Jahres 2006 sich als Mobiltelefonierer oder als Mobilsurfer definieren wird.

Insbesondere angesichts der unerwartet hohen Lizenzgebühren für das UMTS-Frequenzspektrum stellt sich für die Anbieter von zukünftigen auf UMTS basierenden Diensten die Frage, mit welchen Diensten und für welche Kunden Umsätze generiert werden können, welche die gezahlten Lizenzgebühren rechtfertigen. Doch auch für bestehende Netzbetreiber, die im Zuge der technischen Weiterentwicklung bestehender Standards ihre GSM-Netze aufrüsten, stellt sich die Frage, wie Kunden über die Zeit der Mindestvertragslaufzeit gehalten und der durchschnittliche Umsatz pro Kunde (ARPU, Average Return per User) gesteigert werden kann. Auch den Churn glaubt man mit höherwertigen und zielgruppenspezifischeren Diensten senken zu können, indem die Kundenbindung beispielsweise durch exklusiven Content oder eine besondere Funktionalität erhöht werden soll.

Als ein Schlagwort wird immer wieder der Begriff M-Commerce genannt, unter dem eine Vielzahl unterschiedlicher Dienste, Anwendungen, Technologien und Geschäftsmodelle zusammengefasst werden, denen allen gemein ist, dass es um über eine mobile Schnittstelle abwickelbare Dienstleistungen geht, die das bisherige Dienstspektrum von Mobilfunknetzen (im wesentlichen vermittelte Sprachübertragung und der Kurznachrichtendienst SMS; in einem sehr geringen Maße auch Datenübertragung) erheblich erweitern und dabei insbesondere die neuen technischen Möglichkeiten einer paketorientierten Datenübertragung nutzen.

Die Konvergenz von Internet und Mobilfunk zum mobilen Internetzugang nährt die Vorstellung, dass genau dadurch die unter dem Oberbegriff M-Commerce zusammengefassten neuen Mehrwertdienste ermöglicht werden, welche die ARPU steigern werden. Doch die Frage ist, welche Dienste dies sein könnten. Genau darüber gehen die Meinungen weit auseinander. Auch die Frage, wer diese Mehrwertdienste konzipieren, realisieren, vermarkten und abrechnen wird kann derzeit keiner beantworten – das gesamte Business-Modell ist also offen. Doch die Branche scheint auf einen Glücksfall zu hoffen. Vor rund 10 Jahren hat auch niemand das Prepaid-Geschäft, die SMS-Welle oder ein Business-Modell vorhergesehen, das auf dem Herunterladen von Klingeltönen und Icons basiert, und so könnte man den Eindruck gewinnen, dass die Branche nach der Versteigerung der UMTS-Lizenzen in Ratlosigkeit verfallen ist und hoffnungsfroh abwartet, dass eine neue und Erfolg versprechende Anwendung am Horizont auftaucht.

Sechs Thesen über den kommenden M-Commerce-Markt

- Der Markt wird sich noch deutlicher als heute in einen Geschäftskundenmarkt und einen Privatkundenmarkt teilen.
- Im Geschäftskundenmarkt wird der Remote Access zum unternehmenseigenen Intranet das Basisprodukt sein, über das mit geringfügigen Variatonen (Sicherheitsfeatures wie Verschlüsselung und Authentifizierung) sich das Produktportfolio definiert.
- Der Privatkundenmarkt ist mittlerweile zu fragmentiert, so dass es in ihm keine eine Killer-Applikation geben wird, sondern mehrere Anwendungen, die auf ein spezielles Segment zugeschnitten sind und in ihm kritisch für einen Erfolg eines Anbieters in diesem Segment sein wird.
- Dank niedriger Markteintrittsbarrieren, die denen aus dem Internet gleichen, wird es viele Dienstanbieter für die einzelnen Segmente des Privatkundenmarktes geben, die schneller als etablierte Netzbetreiber Trends erkennen und auf sie reagieren können.
- Der weitere technische Fortschritt auf den Bereichen Touchscreen, Spracherkennung Digital Signal Processing und allgemeiner Mikroelektronik wird dafür sorgen, dass sich die Endgerätevielzahl weiter erhöhen wird und segmentspezifische Endgeräte entwickelt werden.
- Die aktuell im Zusammenhang mit UMTS diskutierten Bandbreiten von 2 Mbit/s sind viel zu hoch und werden nur in Ausnahmefällen realisiert werden können. Wichtiger als das Merkmal der Bandbreite werden die Funktionalitäten Always-On, Personalisierung und Anytime – Anywhere sein.

Wenn an dieser Stelle von Anwendung oder Applikation gesprochen wird, so ist es wichtig zu verstehen, dass darunter sowohl die einfache Bereitstellung von Inhalten verstanden werden kann, z.B. von Klingeltönen, Icons, MP3-Musikdateien, Börsenkurse etc., oder auch die Bereitstellung einer Funktionalität, etwa eines Adressverzeichnisses, einer Kalenderfunktionalität, einer Echzeit-Chatfunktion oder eines Spiels.

2. Die Frage nach der Killer-Applikation im Mobile Business

Die Bandbreite der diskutierten Anwendungen ist enorm und es zeichnet sich bei den Marktstudien, Umfragen und Analysen kein einheitliches Bild ab, welche Inhalte und Funktionalitäten für welche Zielgruppen erfolgreich sein werden. Die Erkenntnis, dass über Wettervorhersage, Sportnachrichten, Börsenkurse, Flug-/Fahrplaninformationen etc. nachgedacht werden sollte, ist allzu banal. Derartige Standardanwendungen werden sicher nicht zum Erfolg in einzelnen profitablen Segmenten beitragen, sondern sind mit der Standardausstattung eines heutigen PKW vergleichbar („Must Haves").

Wie können sich Netzbetreiber positionieren?

Vor diesem Hintergrund stellt sich für Netzbetreiber die Frage, wie sie sich positionieren wollen. Die Erweiterung der Wertschöpfungskette, wie sie in Abb. 1 skizziert ist, unter der Überschrift „Moving up the Value Chain" wird häufig empfohlen, birgt jedoch Risiken in sich. Die zwei Extremszenarien aus Abbildung 2 verdeutlichen dies.

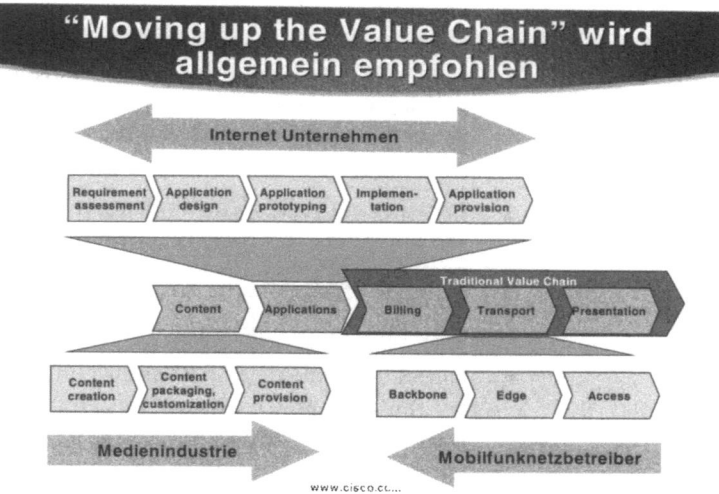

Abbildung 1: Mögliche Wertschöpfungskette und Player in der Mobilfunkbranche

Ein Besetzen weiterer Elemente der Wertschöpfungskette in den Bereich der Inhalte (z.B. mit MP3-Musik) hinein hat zwar den Vorteil, dass dies vom Markt und den Analysten gern gesehen wird, hohe Wachstumspotenziale und Margen bietet und durch exklusiven Content die Möglichkeit des Aufbaus einer starken

Marke mit hoher Kundenbindung bietet, doch steht dahinter der oben erwähnte Nachteil, dass dazu Kenntnisse der einzelnen Segmente notwendig sind, die ein Netzbetreiber bei dem heutigen fragmentierten Markt nicht unbedingt hat. Durch die rasche Änderung von Trends verändern sich die Segmente und unter Umständen auch die Geschäftsmodelle sehr schnell. Ferner bedingt ein Einstieg in das Geschäft mit Content eine zusätzliche Infrastruktur (Content Management Systeme, Redaktionssystem, etc.). Schließlich konkurriert der Netzbetreiber beim Einstieg in das Content-Business plötzlich mit hunderten wenn nicht gar tausenden von anderen Marktteilnehmern, nämlich den Internet-Anbietern, die auch über eine mobile Schnittstelle erreichbar sind, die ihm alle völlig unbekannt sind. Auch die Medienindustrie wird zu seinen Konkurrenten gehören.

Insgesamt bestehen bei diesem Vorgehen damit zwar hohe Chancen auf Wachstum bei allerdings auch erheblichen Risiken durch das dem Netzbetreiber unbekannte Terrain und die Notwendigkeit zu schnellem Agieren.

Die andere extreme Alternative ist die Positionierung weiterhin als Netzbetreiber, der lediglich eine Netzplattform zum Bittransport zur Verfügung stellt. Der Netzbetreiber konzentriert sich damit auf sein bisheriges Kerngeschäft – der Konzeption, dem Aufbau und dem Unterhalt einer Netzplattform. Als ein derartiger Marktteilnehmer konkurriert man mit den alten bekannten anderen Netzbetreibern, man bewegt sich also auf vertrautem Terrain und begegnet einer sehr begrenzten Anzahl von Konkurrenten. Diese Positionierung wird vom Markt und den Analysten als wenig zukunftsversprechend eingestuft, da die Margen weiter sinken werden. Der Preisdruck ist daher erheblich. Ein Unternehmen kann bei dieser Positionierung nur dann erfolgreich sein, wenn es im Massenmarkt extrem effizient arbeitet, um so Skaleneffekte zu nutzen und die Margen größtmöglich auszuweiten.

Diese Effizienzstrategie verspricht eine gewisse Sicherheit durch das bekannte Marktumfeld, bietet aber kein großes Wachstumspotenzial, sondern im Gegenteil einen extremen Kostendruck.

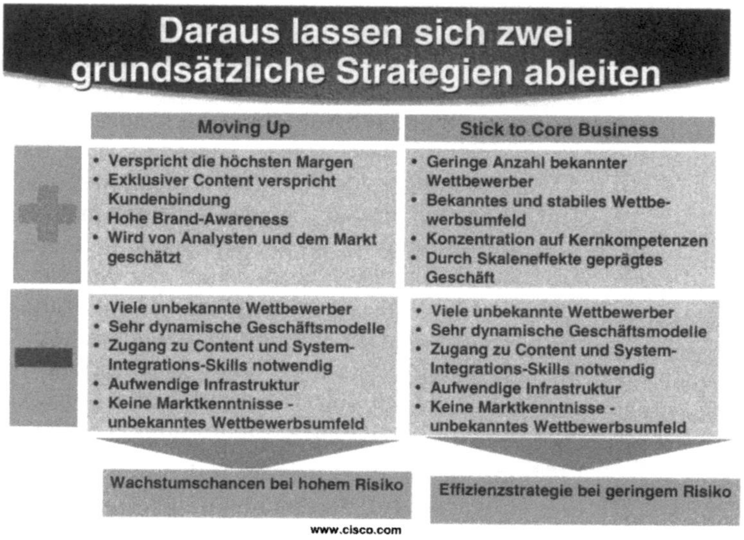

2. Die Frage nach der Killer-Applikation im Mobile Business

Daraus lassen sich zwei grundsätzliche Strategien ableiten

Moving Up	Stick to Core Business
• Verspricht die höchsten Margen • Exklusiver Content verspricht Kundenbindung • Hohe Brand-Awareness • Wird von Analysten und dem Markt geschätzt	• Geringe Anzahl bekannter Wettbewerber • Bekanntes und stabiles Wettbewerbsumfeld • Konzentration auf Kernkompetenzen • Durch Skaleneffekte geprägtes Geschäft
• Viele unbekannte Wettbewerber • Sehr dynamische Geschäftsmodelle • Zugang zu Content und System-Integrations-Skills notwendig • Aufwendige Infrastruktur • Keine Marktkenntnisse - unbekanntes Wettbewerbsumfeld	• Viele unbekannte Wettbewerber • Sehr dynamische Geschäftsmodelle • Zugang zu Content und System-Integrations-Skills notwendig • Aufwendige Infrastruktur • Keine Marktkenntnisse - unbekanntes Wettbewerbsumfeld
Wachstumschancen bei hohem Risiko	Effizienzstrategie bei geringem Risiko

www.cisco.com

Abbildung 2: Mögliche Extremszenarien

Zwischen diesen beiden Extremen kann jedoch ein dritter Weg identifiziert werden: der des Application Infrastructure Providers (AIP).

Netzbetreiber als Application Infrastructure Provider

Ein Netzbetreiber kann das Risiko der eigenen Expansion in den Bereich der Anwendungen und der Inhalte dadurch umgehen, dass er auf Partner setzt, die in den fraglichen Segmenten über einen wesentlich besseren Kundenzugang und bessere Segmentkenntnisse verfügt. Dies erkauft er sich zwar mit einer Verringerung der Marge, jedoch verringert er das Risiko und gewinnt einen Vertriebspartner dazu.

Aus Sicht der Partner jedoch ist ein Netzbetreiber auch ein willkommener Partner, da er über eine technische Infrastruktur verfügt, über die der Partner eventuell nicht verfügt. Dabei kann es sich um das Billing-System handeln, um ein IP-Backbone-Netz, um ein funktionierendes Customer-Care-System mit Kundendatenbanken und Call Centern sowie ein ausgedehntes Vertriebsnetz.

Diese vorhandene Infrastruktur kann um weitere Elemente ergänzt werden, so dass der Betreiber eines Mobilfunknetzes seine Kernkompetenzen – Konzeption, Aufbau und Unterhalt einer technischen Plattform – um weitere Elemente ergänzt, so dass am Ende ein Portfolio an technologischer Funktionalität steht, aus dem sich ein Content-Anbieter bedienen kann, um einen mobilen Mehrwertdienst aufzubauen.

In diesem Fall tragen beide Seiten ihre jeweilige Kernkompetenz zusammen. Anwendungs- und Segment-Know-how auf der einen, und technisches Plattform-Know-how auf der anderen Seite.

Technische Modellarchitektur für einen mobilen AIP

An dieser Stelle soll eine beispielhafte Modellarchitektur abgeleitet werden, anhand derer ein oben beschriebenes Technologieportfolio klassifiziert und systematisch entwickelt werden kann. Abb. 3 zeigt eine derartige Architektur.

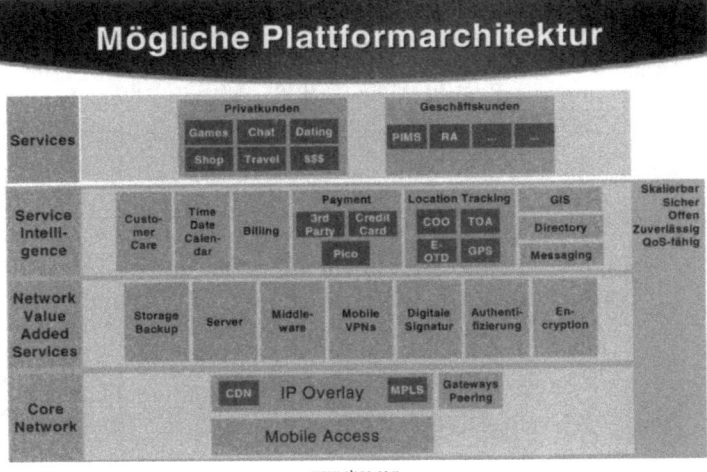

Abbildung 3: Mögliche Plattformarchitektur

Das Core Network eines Mobilfunkanbieters bildet die unterste Schicht und umfasst neben dem mobilen Zugang über die Luftschnittstelle und die Basisstation das herkömmliche TDM-vermittelte Subnetz für die Sprachübertragung und -vermittlung sowie ein IP-Overlaynetz. Dabei zeichnet sich die Entwicklung ab, den IP-basierten Datenverkehr so früh wie möglich vom Sprachverkehr zu trennen, idealerweise bereits in der Basisstation, und ihn in einem landesweiten IP-Overlaynetz zu bündeln. Dieses IP-Netz verfügt über Gateways in das öffentliche weltweite Internet und zu Peering-Points, über die ein unmittelbarer Austausch mit anderen benachbarten Netzbetreibern stattfindet.

2. Die Frage nach der Killer-Applikation im Mobile Business

Es zeichnet sich schon heute ab, dass die IP-Overlay-Infrastruktur den Anforderungen genügen muss, die an heutige Intranets gestellt werden, d.h. sie muss verschiedene Dienstqualitäten abbilden können. Derartige QoS-Anforderungen lassen sich heute mit MPLS realisieren.

Oberhalb dieser grundlegenden Schicht des Zugangs- und Transportnetzes können mit Hilfe einer Server-Architektur verschiedene netznahe Mehrwertdienste realisiert werden. Hierzu gehören Speicherdienste mit Backups, mobile virtuelle private Netze (VPN), Verfahren für die Identifizierung und Authentifizierung oder für die Verschlüsselung. Diese ganzen Dienste sind relativ anwendungsunspezifisch und noch sehr dicht an der Netzebene angesiedelt.

Oberhalb dieser Schicht finden sich Anwendungsspezifische Dienste, die sich von der Übertragungs- und Vermittlungsfunktionalität des Netzes lösen. An dieser Stelle sind Zahlungsverfahren für verschiedene Zahlungsgrößen zu nennen (Pico-, Micro-, Macropayments), Lokalisierungsverfahren, Geografische Informationssysteme (GIS), Kalenderfunktionalitäten, Adressbuch- und Verzeichnisdienste oder einfache Kommunikationsdienste wie Chat / Messaging.

Diese drei Ebenen bilden insgesamt ein Technolgoieportfolio, das so flexibel sein muss, dass schnell auf Trends in bestimmten Segmenten reagiert werden kann. Ferner muss eine derartige Plattform skalierbar, offen, zuverlässig und – wie schon erwähnt – QoS-fähig sein. Eine derartige Plattform kann heute nur auf Basis von offenen IP-Netzen mit einer leistunsstarken Backbone- Und Serverfarm-Architektur realisiert werden.

Oberhalb dieser drei Ebenen wird die spezielle Dienstlogik für einen speziellen Dienst / eine spezielle Anwendung realisiert, die sich einzelner Blöcke der darunterliegenden Schichten bedient. Für Geschäftskunden könnte das das mobile Büro, auch oft PIMS genannt (Personal Information Management Service), sein, oder ein besonders geschützter Remote Access zu einem VPN. Für den Privatkunden könnte es ein Restaurantfinder, ein Chat, ein Datingservice oder ein Reiseinformationsdienst sein.

Insgesamt stellt ein derartig positionierter Mobilfunknetzbetreiber eine Infrastruktur zur Verfügung, die weit über die eines heutigen Netzbetreibers hinaus geht. Er ist jedoch nicht in die Anwendungsentwicklung oder die Bereitstellung von Content involviert und trägt daher weniger Risiko. Vielmehr verläßt er sich an dieser Stelle auf kompetentere Partner, welche die angesprochenen Segmente wesentlich besser kennen.

Ein weiterer Vorteil dieser Vorgehensweise ist, dass die benötigte Infrastruktur schrittweise aus dem vorhandenen Netz heraus aufgebaut werden kann, so dass das Risiko von Fehlinvestitionen gering ist. Vielmehr kann auf der Basis einer an das IP-Backbone angeschlossenen Serverarchitektur die technische Infrastruktur durch das zusätzliche Anschließen von Servern leicht hochskaliert werden.

Zusammenfassung

Mit UMTS wird sich der Markt weiter fragmentieren und es werden neue Geschäftsmodelle entstehen. Neue Wettbewerber werden gegen die etablierten Netzbetreiber antreten.

Die neuen Wettbewerber können sich diesen durch die Ausdehnung ihrer bislang gehaltenen Elemente der Wertschöpfungskette entgegenstellen, was ein hohes Risiko in sich birgt. Konzentrieren sie sich auf das Kerngeschäft, drohen sie an den sinkenden Margen und dem Kostendruck zu zerbrechen. Ein dritter Weg eröffnet durch die Kooperation mit den neuen Inhalteanbietern die Möglichkeit, aus der Kernkompetenz heraus die Infrastruktur weiter auszubauen und damit einen Mehrwert zu schaffen. Eine derartige Positionierung als Application Infrastructure Provider begrenzt das Risiko, ebnet aber trotzdem den Weg zur Mehrwertgenerierung.

Die dafür benötigte Infrastruktur muss skalierbar, sicher, offen, zuverlässig und QoS-fähig sein, so dass sich ein IP-basiertes Backbonenetz mit einer leistungsstarken Serverfarm anbietet.

Abkürzungen

AIP	Application Infrastructure Provider
ARPU	Average Return per User
GIS	Geografisches Informationssystem
IP	Internet Protocol
MP3	Motion Picture Expert Group Audio Coding Level 3
MPLS	Multiprotocol Label Switching
QoS	Quality of Service

RA	Remote Access
SMS	Short Message Service
UMTS	Universal Mobile Telecommunications System
VPN	Virtual Private Network

3. mCommerce in Japan

Kann i-mode ein Vorbil für den europäischen Markt darstellen?

Matthias Rosner, KPMG Consulting AG

Japan als Vorbild?

In vielen Marktstudien wird gerne auf Japan Bezug genommen und als Vorreiter im mCommerce beschrieben. Die herausragende Stellung Japans aber ist dem durchschlagenden Erfolg eines einzigen Unternehmens zuzuschreiben, dessen Marktführerschaft unangefochten ist und dessen Geschäftsmodell bisher nicht einmal von Wettbewerbern im gleichen Markt kopiert werden konnte. Nach NTT DoCoMo sind andere Anbieter in Japan so weit zurück, daß sie auf absehbare Zeit keine ernstzunehmende Gefahr darstellen.

Zukünftige Umsätze für Japan werden extrapoliert und auch als ein Ausblick in die Zukunft für Europa gewertet, das bei der Einführung von UMTS ja nur ein wenig hinter Japan zurück zu sein scheint.

Auch wenn in Europa japanische Produkte der Mikroelektronik weit verbreitet und japanische Marken der Unterhaltungselektronik in aller Munde sind, sollte man vorsichtig bei der Nutzung japanischer Geschäftsmodelle sein. So haben nicht zuletzt auch die spezifischen Marktgegebenheiten im japanischen Mobilfunkgeschäft eine Auswirkung auf den Erfolg von i-mode. Daher sollen in diesem Artikel Gründe aufgezeigt werden, warum die auch auf Mobilfunkkonferenzen anzutreffende Euphorie nicht uneingeschränkt zu teilen ist.

Dazu wird zunächst der Leistungsumfang von i-mode beschrieben sowie die Preisgestaltung, Dienstenutzung und die Kundensegmentierung in Japanerläutert. Durch die abschließende Illustration in Form aktueller japanischer Marktuntersuchungen soll ein Hinweis auf die von Japan zu differenzierenden Anforderungen in Europa gegeben werden.

Bevor die besondere Situation von i-mode erläutert wird, soll kurz auf mCommerce aus Marktforschersicht und auf die prognostizierte Marktentwicklung in der Triade eingegangen werden.

Marktprognosen für mCommerce

Was ist mCommerce?

Da über mCommerce heute zwar viel diskutiert wird, die Vorstellungen darüber aber weit auseinandergehen, soll zunächst eine Definition den weiteren Erläuterungen vorangestellt werden. Die Metagroup definiert mCommerce als jede Art von geschäftlicher Transaktion, bei der die Beteiligten auf elektronischem Wege miteinander verkehren und zumindest einer der Beteiligten bei der Ausführung der Transaktion mobil ist und die Transaktion auf Basis von drahtloser Kommunikation stattfindet (Metagroup 2000, S.100ff). Transaktionen umfassen im Augenblick die Bereiche Banking, Aktienhandel, Reisen, Auktionen, Wareneinkäufe, Micro-Payments und Wetten. Zielkunden des mCommerce sind vorwiegend Teenager (unter 18), Studenten (19-25) und junge Geschäftsleute (25-36). Zur Gewährleistung von Zahlungsdienstleistungen müssen die Netzbetreiber die Wertkette erweitern und z.B. eine Banklizenz erwerben wie im Fall von MobilCom.

mCommerce in der Triade

Im folgenden soll nur auf mittelfristige Schätzungen eingegangen werden. Je weiter wir versuchen in die Zukunft zu blicken, desto schwieriger wird es, ein klares Bild zu zeichnen. Technologische Vorhersagen drücken häufig ein Wunschdenken aus, dessen Suggestivwirkung nur schwer zu widersprechen ist, sich aber bald als falsch herausstellt. Daher wollen wir uns hier nur auf Marktprognosen beschränken, denen natürlich auch Annahmen über technologische Entwicklungen zugrunde liegen, die sich aber primär an bestehender Technologie orientieren und Trends fortschreiben. Grundsätzlich sollten alle diese Zahlen relativiert werden, da die Ausprägung wichtiger Einflußfaktoren einfach nicht abzusehen ist.

Die Prognosen von Ovum für die Entwicklung der Mobiltelephonie und des mCommerce sind durchwegs optimistisch. Der

3. mCommerce in Japan

Löwenanteil des Umsatzvolumens wird danach jedoch erst in einigen Jahren zu realisieren sein. J.P. Morgan Securities und Arthur Andersen geben sich verhaltener.

2002

Durch die Einführung von GPRS (General Packet Radio Service) wird sich der mCommerce zunächst im Business-to-Consumer Sektor verbreiten. Ab 2002 wird der Umsatz für Sprache zurückgehen, Transaktionskommissionen, Multimedia und Informationsservice-Surfing zunehmen. Allerdings ist mit abnehmenden ARPU (Average Revenue Per User) und niedrigen Margen zu rechnen. Daher sind viele Anbieter zur Neupositionierung ihrer Services gezwungen. Dabei wird die Nutzung von Portalen zunehmend an Bedeutung gewinnen.

2003

Für das Jahr 2003 schätzt Ovum ein Umsatzvolumen in der Mobilkommunikation von 43,9 Mrd $ für Deutschland, von 101,7 Mrd $ für die USA und 63 Mrd $ für Japan (Ovum 2000a, S. 28). Pro Kunde wären das für Deutschland 659 $, für die USA 531 $ und für Japan 535 $.

2004

Nach Ovum wird Westeuropa zu Beginn des Jahres 2004 339 Millionen mobile Kunden haben, 208 Millionen in Nordamerika und 227 Millionen im pazifischen Asien (Ovum 2000a, S.23ff). Dabei wird für Deutschland eine Penetrationsrate von 81,8 %, für die USA von 67,9 % und für Japan sogar von 92,8 % erwartet.

2005/2006

Ovum prognostiziert einen weltweiten mCommerce-Umsatz von 200 Mrd $ im Jahre 2005, mit 500 Millionen Kunden, dabei sollen 74 Mrd $ Umsatz auf Westeuropa mit 165 Millionen Kunden fallen, 47 Mrd $ auf Nordamerika mit 119 Millionen Kunden und auf das pazifische Asien 56 Mrd $ mit 110 Millionen Kunden (Ovum 2000b, S. 6).

Nach einer Studie von J.P. Morgan und Arthur Andersen soll ab 2006 einerseits das Volumen der mobilen Datenübertragung in Europa größer als das Sprachvolumen im Jahre 1999 sein. Auf der anderen Seite wird das Volumen von Transaktionen bis zum

Jahr 2005 voraussichtlich nur einen Anteil von 8% und Geschäftsdaten nur von 6% haben (J.P. Morgan Securities/Arthur Andersen 2000, S.82). Diese Verteilung scheint die bevorstehenden 3G Investitionen nicht gerade zu rechtfertigen. Die Entwicklung des laufenden Jahres zeigt aber ein stärkeres Wachstum des Transaktionsvolumens.

Hohe Erwartungen

Ob in Zukunft die meisten Mobilkunden ihre Transaktionen auch wirklich über das mobile Endgerät abwickeln, hängt natürlich von der Veränderung der Kaufgewohnheiten aber auch der Entwicklung der mSecurity-Standards ab. Es werden offensichtlich sehr hohe Erwartungen geweckt, obwohl z.B. das Browsing während des Gehens unrealistisch ist und ADSL die Festnetzleistungen jenseits der 3G Möglichkeiten erweitern wird (Ovum 2000d, S.9.). Auch nach einer Prognose von Forrester Research wird das Volumen des mCommerce nur 3% gegenüber 81% des Anteils bei Einsatz von Internet PCs am gesamten Online-Handelsumsatz im Jahre 2005 betragen (Forrester Research 2000).

Mit i-mode im Aufschwung

Durch starken Wettbewerb bei Sprachdiensten war NTT DoCoMo gezwungen, neue Umsatzquellen zu erschließen. I-mode, ein mobiler Datenservice, wird seit dem Februar 1999 von NTT DoCoMo, dem führenden Mobilfunkbetreiber in Japan, angeboten. Er funktioniert sowohl auf dem alten PHS Standard, wie auch auf dem digitalen PDC Standard. Dadurch kann der Netzbetreiber eine hohe Penetration seiner Telefonkunden erzielen.

Marktentwicklung und Leistungsumfang

Der Mainichi Shinbun berichtet, daß es auf dem japanischen Markt im Februar 2001 über 65 Millionen Subscribers für Handy und PHS gab, das entspricht 51,4% der japanischen Bevölkerung. Davon nutzen 46,8 % ein Handy und 4,6% ein PHS, das zwar einen reduzierten Leistungsumfang hat, aber kostengünstiger ist (Mainichi Shinbun 2001).

Bis Dezember 2000 stieg die Zahl der i-mode Kunden in Japan auf 17,1 Millionen an (NTT DoCoMo 2001a). Im vierten Quartal 2000 gab es mehr als 1300 offizielle DoCoMo Seiten und mehr als 33000 unanhängige Seiten zum Abrufen (Abb. 1).

3. mCommerce in Japan

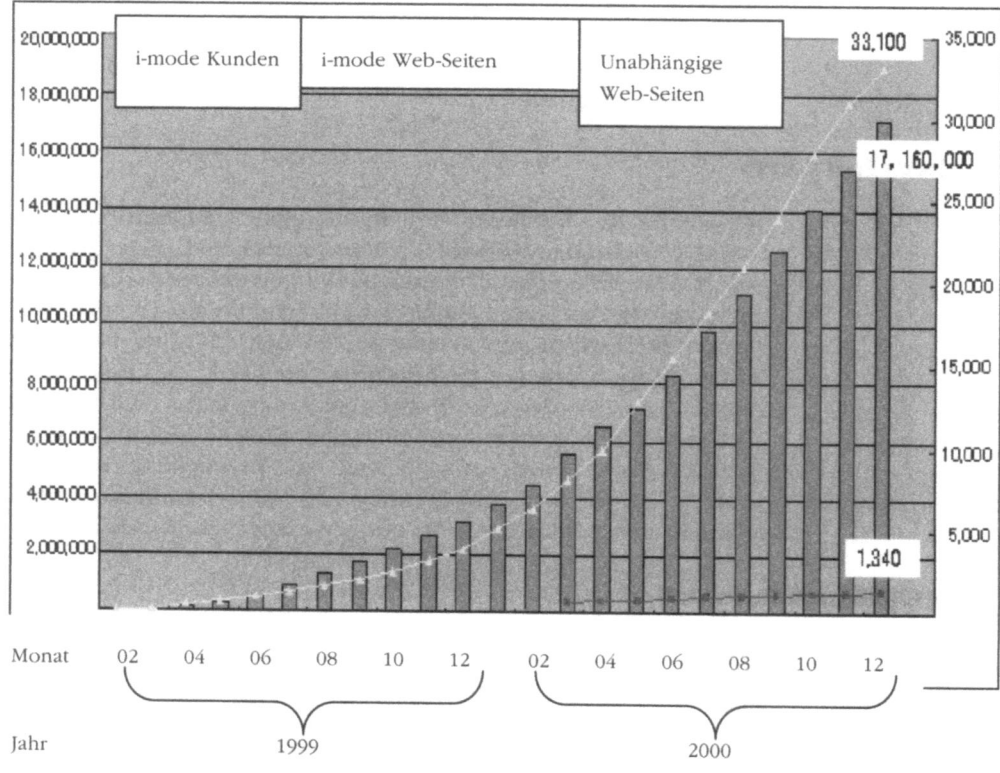

Quelle: NTT DoCoMo 2001e

Abbildung 1: Entwicklung der i-mode Kunden und angebotener Web-Seiten 1999-2000

Es besteht jedoch nicht die Möglichkeit, Dienste konkurrierender Netzwerkbetreiber wie J-PHONE oder KDDI zu nutzen. Datenroaming wird erst ab der Einführung von 3G verfügbar sein.

Die Akzeptanz von i-mode ist auch in diesem Jahr ungebrochen und das Wachstum enorm.

Innerhalb drei Wochen von Ende März bis Anfang April konnten 2 Millionen neue Kunden gewonnen werden (Abb. 2). Bis Mitte April erhöhte sich die Zahl auf 22,4 Millionen.

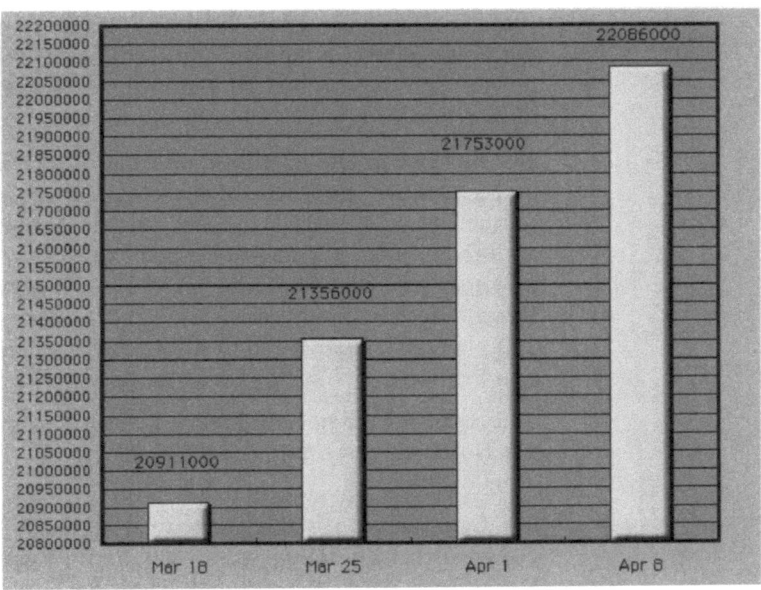

Quelle: NTT DoCoMo 2001a

Abbildung 2: i-mode Kundenzuwachs März/April 2001

Durch die Verwendung eines offenen Standards mit Compact-HTML, welches auf einer Untermenge von HTML beruht, läßt sich die textbasierte Information auf Webseiten lesen. Da dieser Standard aber auch farbige Bilder, Graphiken und Sound übertragen kann, wurde eine große Zahl von Contentanbietern gewonnen. Die Kunden können die Dienste über die Telefonrechnung bezahlen, was besonders bei Kleinstbeträgen attraktiv ist.

Der Service ermöglicht einen Internetzugang und das Schreiben von eMails und basiert auf einem Datenpaketübertragungssystem (9,6kbit/s). Mit i-mode können eMails sowohl an i-mode Nutzer als auch an PC basierte Empfänger versandt werden. Der Support besteht aus einem Call Center, automatischen Voice Response Diensten und Echtzeit on-line Unterstützung. I-mode Kunden haben auch die Möglichkeit ihre eigenen Homepages zu gestalten (Ovum 2000c. S.73).

Preisgestaltung

Die Gestaltung der Preise ist bewußt einfach gehalten. Es gibt zum einen eine Flat-rate mit zusätzlicher Volumengebühr bei

Überschreitung einer bestimmten Datenmenge. Zum anderen wird eine rein volumenbasierte Gebühr angeboten. Die Mehrzahl der Kunden bevorzugt die Flat-rate zur Kostenkontrolle. Darüber hinaus gibt es noch die i-mode Informationsgebühren.

Der durchschnittliche Kunde überträgt 3300 bis 4000 Datenpakete pro Monat, dabei betragen eMail und Unterhaltungsanwendungen je 40%. Etwa 56% der i-mode Nutzer abbonieren auch andere Services, für die sie zusätzliche Gebühren bezahlen. Dazu gehören z.B. die Wörterbuchsuche für 50 Yen/Monat oder das Herunterladen von Spielen für 300Yen/Monat (Lehman Brothers 2000, S. 68). Viele Kunden abbonieren aber selten mehr als einen Service gleichzeitig (Forrester Research 2001).

Eine Übersicht der Gebühren im einzelnen veranschaulicht, daß die Nutzung des i-modes im Gegensatz zu WAP besonders kostengünstig ist:

Die Grundgebühr beträgt gegenwärtig 300 Yen, die Paketverbindung wird nach Datengröße ab 1 Yen abgerechnet (NTT DoCoMo 2001c) ,dabei kostet ein 1 Paket pro 128 Byte 0,3 Yen (NTT DoCoMo 2001c). Im Beispiel: Eine Nutzung von 200.000 Byte Paketverbindung im Monat dividiert durch 128 sind 1563 Pakete. Multipliziert mit 0,3 Yen ergibt eine Gebühr von 469 Yen.

eMailgebühren: eMails empfangen, 20 Zeichen 0,9 Yen, 250 Zeichen 2, 1 Yen;

eMails senden: 20 Zeichen 0,9 Yen, 250 Zeichen 4,2 Yen (NTT DoCoMo 2001b). Während für europäische Sprachen eine Lautschrift verwandt wird, benutzen die Japaner überwiegend chinesische Schriftzeichen, die Kanji. Die einzelnen Kanjis haben schon eine eigene Bedeutung. Auf der gleichen Fläche kann mit japanischer Schrift daher deutlich mehr Information bereitgestellt werden. Das Wort Verabredung „Yakusoku" wird z.B. durch nur zwei Kanjis dargestellt. Daher sind auch kleine Screens kein Problem.

Einzelne ausgewählte Services:

- Mobile Banking: Z.B. Kontoabfrage 9,7 Yen, Überweisung 25 Yen.
- Flugreservierung: Anfrage nach freien Plätzen 26, 6 Yen.
- Aktienpreise: 20, 4 -26,4 Yen.
- I-Melodie (Klingelton): 3,3 Yen für Download (30 Sekunden).

- I-Animation (Bildschirmschoner): 14,7 Yen für Download.
- Townpage (lokaler Infoservice): 22, 3 Yen
- Paketverbindungskosten aufrufen: 6-7 Yen
- Restaurantführer: 23,1 Yen vom i-mode Hauptmenu

Es wird wohl schwer sein eine vergleichbare Preisstruktur in Europa nachzubilden.

Nutzung

Dienste

Der Service dient als eine gute Vorbereitung der Kunden auf die Dienste der dritten Generation. Dabei ist die mCommerce Erfahrung in Japan befriedigender als in Europa mit WAP. Der Kauf physischer Produkte ist noch wenig verbreitet. Die Hälfte der Zugriffe auf i-mode Dienste betrifft Unterhaltungsseiten. An der Spitze stehen das Herunterladen von Klingeltönen und Bildschirmschonern, gefolgt von Spielen und Sport, Suchseiten und Wahrsagerdiensten. Echtzeit-News wie Wetter- und Sportberichte sind sehr erfolgreich. Ticketkäufe, Online-Shopping und – Banking stehen an letzter Stelle.

Durch die Beteiligung an Japan Net Bank soll aber ein neuer Schwerpunkt für Finanzdienstleistungen angestrebt werden. Ob diese dann auch wirklich genutzt werden, bleibt abzuwarten. NTT Docomo hebt auf der Home Page besonders die Zugänge zur DL Bank, ein Town Page Programm, Online Services von Internet Providern, Nachrichtendienste, und direkte Zugriffe über Telefonummer und URL (Phone to, Mail to, Web to) hervor (NTT DoCoMo 2001d).

Junge Leute nutzen i-mode auch bei traditionellem Shopping. Sie können abrufen, ob in einem bestimmten Kaufhaus Events veranstaltet werden, ob es gerade Ausverkauf gibt, welche Sammelpunkte erworben werden können oder welche Produkte gerade neu angeboten werden. So können auch herkömmliche Geschäfte über i-mode ihren Umsatz erhöhen: Der Videoverleih Tsutaya warb im Herbst 2000 erfolgreich neue Mitglieder über i-mode-Mail (Zobel 2001, S.107ff).

Auch einzelne Universitäten bieten Seiten an, auf denen Seminar-Zeitpläne abgefragt und Meinungen kundgetan werden können. Diese neue Kommunikationsmethode wird z.B. an der Rikkyo Universität eingesetzt.

3. mCommerce in Japan

40% der i-mode Nutzung fällt auf eMail, die anderen 60% auf den Web-Zugang. Beim Surfen im Netz greifen 47% der Kunden auf i-Mode Seiten zu und 53% auf unabhängige Seiten (Abb. 3).

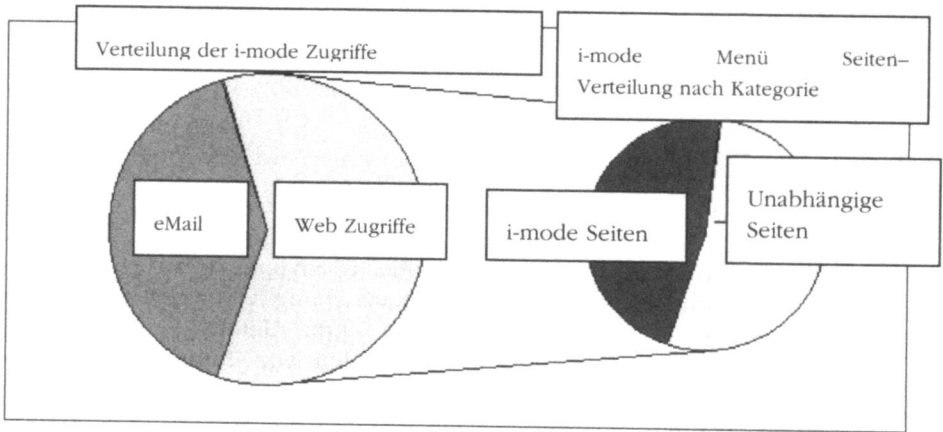

Quelle: NTT DoCoMo 2001e

Abbildung 3: Arten der i-mode Zugriffe

Pro Person werden 4,2 eMails pro Tag empfangen. Dagegen werden nur 3,4 Mails pro Person und Tag versandt. Außerdem werden auf durchschnittlich 10,8 Webseiten pro Person und Tag zugegriffen.

Heuschnupfenforschung mit i-mode

Die weite Verbreitung von i-mode gibt auch der empirischen Forschung neuen Anstoß. Ein neuer Approach wurde von Tokyo Gejitsu und der NTT-ME Gruppe für GOO Research entwickelt. Die i-mode Nutzer melden sich bei Goo Research an und erhalten eMails. Mit dem Handy können sie direkt die betreffende Homepage aufrufen und die Umfrage beantworten. Bei der Anmeldung werden die persönlichen Daten abgefragt, je nach Punktzahl bekommen die Teilnehmer Werbegeschenke. Diese Methode ist sinnvoll, da der Zustand der Betroffenen im Alltag genau erfaßt werden kann und die aktuellen Antworten schnell zur Verfügung stehen. Sie läßt sich durchaus auch bei anderen Themenstellungen anwenden. (Yomiuri Shinbun 2001 b).

Nischenzeiten

Etwa die Hälfte der Kunden nutzt den i-mode Service bei der Benutzung von öffentlichen Verkehrsmitteln. Weil diese in Japan wegen langer Wegstrecken auch mit langen Fahrzeiten verbunden ist, besteht hier im Gegensatz zu anderen Ländern prinzipiell die Möglichkeit einer intensiven Nutzung von mobilen Diensten. Tatsächlich verbringen Japaner viel Zeit auf den Bahnhöfen und in der Bahn wird rege telefoniert. Die PHS können sogar in der U-Bahn problemlos verwendet werden, was zum überbrücken der Wartezeiten anreizt. Aber auch hier werden höchstens Theaterkarten reserviert oder Sonderaktionen des zu besuchenden Kaufhauses aufgerufen, größere Deals kommen auch hier nicht in Frage.

Doch auch in der Schule, im Büro und in den eigenen vier Wänden wird von i-mode Gebrauch gemacht. Ein ausgedehntes Surfen findet bei der Nutzung von i-mode jedoch nicht statt. Die einzelnen Zugriffe dauern meist nicht mehr als 2 Minuten.

Bedeutung

I-mode ist allerdings kein mobiles Internet, sondern ein Mehrwertdienst für Mobilfunkprivatkunden. Der Mehrwertdienst wird soweit eher als ein add-on zur Sprachtelefonie betrachtet und generiert selbst keine hohen Umsätze, allerdings höhere Verbindungsgebühren. Dafür fungiert er als Marketinginstrument zur Gewinnung und Bindung neuer Kunden. Die Einfachheit der Bedienung macht das Angebot attraktiv, obwohl die Übertragungsgeschwindigkeiten noch relativ niedrig sind. Das Modell soll dennoch Schule machen. Mit Partnerschaften in Holland (KPN) und Nordamerika (ATT Wireless) versucht NTT DoCoMo sein Geschäftsmodell zu internationalisieren (Zobel 2001).

Kundensegmentierung

Bevor man sich an dem japanischen Modell orientiert, sollte man sich genauer Ansehen, welche Zielgruppen in Japan angesprochen werden und wie ihr Konsumverhalten eigentlich aussieht. Natürlich stehen die Japaner mit der westlichen Welt in regem Austausch und identifizieren sich auch mit ihr. Man sollte diesen Aspekt aber nicht überschätzen. Es gibt durchaus zahlreiche kulturelle Besonderheiten, die bei uns weniger Beachtung finden, aber für das Kaufentscheid in Japan von Bedeutung sind.

Jugend als Lead User

57% der i-mode Kunden sind Männer und 43% Frauen (NTT DoCoMo 2001a). Auffällig ist dabei, daß bei beiden Geschlechtern die jüngeren Jahrgänge besonders ins Gewicht fallen.

Über die Hälfte der i-mode Nutzer sind unter 30. Bei den Studentinnen und jungen Office Ladies ist die Nutzung besonders ausgeprägt (Abb. 4).

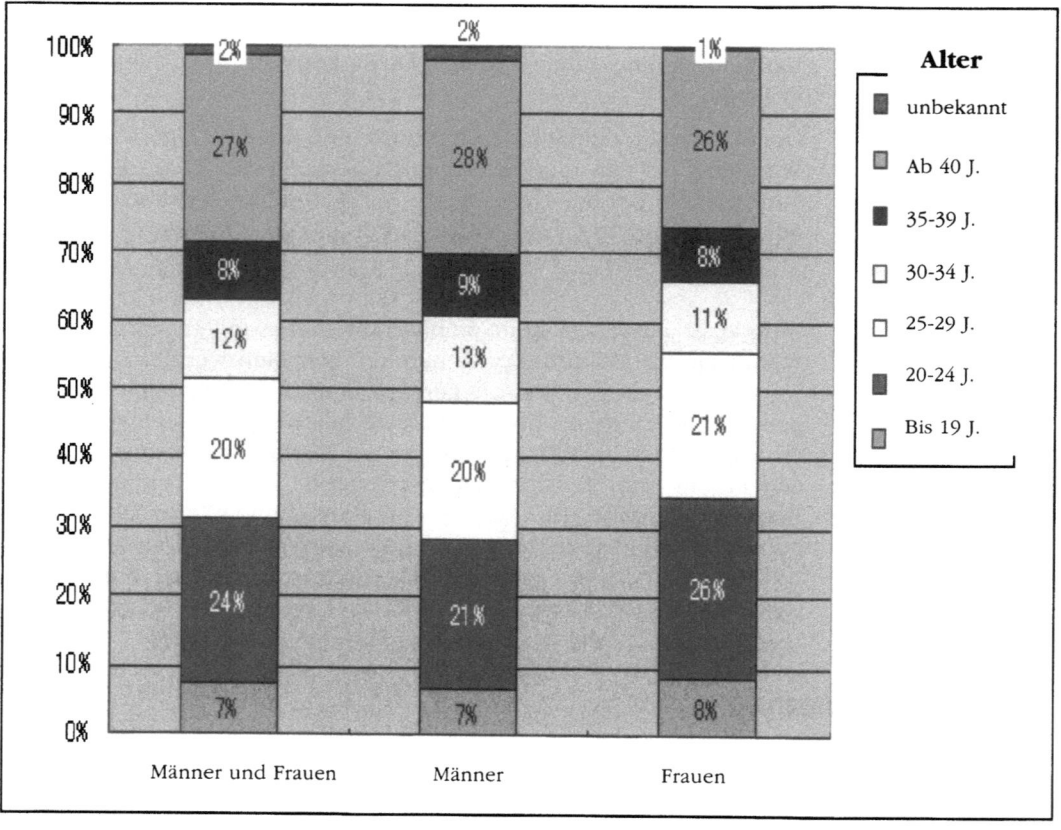

Quelle: NTT DoCoMo 2001e

Abbildung 4: Altersstruktur der i-mode Kunden

Da die Jugendlichen in Japan Lead User sind, fokussierte NTT DoCoMo seinen Service auf Unterhaltung. Die Teenager und Studenten verfügen in Japan in der Regel über wesentlich mehr finanzielle Mittel als gleichaltrige Europäer. Das Freizeitbudget der japanischen Väter ist relativ knapp bemessen, da sie ihr Einkommen zuhause abgeben und nur ein kleines Taschengeld für Alkohol und Zigaretten zurückbehalten. Die oppulenten auswärtigen Abendessen werden schließlich von der Firma getragen. So wird ein nicht unbeträchtlicher Teil des von der Ehefrau verwalteten Geldes für die Kinder verwandt. Japan ist eine Konsumgesellschaft und hier sind Prestigekäufe auch bei Jugendlichen weit verbreitet. 250.000 Yen für einen hundeähnlichen Roboter auszugeben ist kein Problem, auch wenn der echte nur ein zehntel davon kosten würde. Japanische Kinder sind wesentlich teurer als europäische und das liegt eben nicht nur an den astronomischen Schulgebühren. Die meisten Kinder verfügen über teures technisches Spielzeug, auch das neueste Handy ist ein Muß. Allerdings läßt sich mit Bildschirmschonern und Klingeltönen nicht die Welt verdienen. Der größte Teil des Umsatzes wird nach wie vor durch Telefongespräche generiert. Spiele und News tragen zwar zu intensiver Handynutzung bei, sind aber allein nicht tragfähig.

Die Japaner treten zudem schneller ins Berufsleben ein und haben daher in jungen Jahren schon großes frei verfügbares Einkommen, solange sie keine Familie gründen. Dazu kommt, daß die jungen Frauen noch bis zur Heirat bei den Eltern wohnen. Dies kann heutzutage ohne weiteres bis Mitte dreißig der Fall sein. Das bis dahin verdiente Einkommen steht voll zur freien Verfügung. Es stört daher auch nicht 30.000 Yen oder mehr pro Monat für die Handyrechnung zu zahlen. Das Handy ist eine der wenigen Mittel eine eigene Privatsphäre aufzubauen, aber natürlich keine Wunderwaffe.

Auch i-mode ist keine Killerapplikation und die jungen Leute dazu zu bewegen, größere Transaktionen am Handy abzuwickeln, bedarf sicher noch einige Überzeugungsarbeit.

Jobben fürs Handy

Eine Marktstudie der Stadt Tokyo ergab, daß junge Leute zur Bezahlung der Handygebühren von über 5000 Yen sogar jobben. Über 60% der jungen Leute, die ein Handy besitzen, bezahlen mehr als 5000 Yen pro Monat, davon jobben 30% dafür. Nach Alter strukturiert wurde folgendes festgestellt: Über 5000 Yen

3. mCommerce in Japan

zahlen von den über 30 jährigen 30 – 40%, von den Teenagern 60% und den 20 jährigen sogar 73%.

Die Hälfte der Teenager und der 20 jährigen betrachtet dies als finanzielle Belastung, 30% der Teenager und 32% der 20 jährigen arbeiten dafür. Die Abteilung für Konsum und Leben der Stadt Tokyo betont, daß zwar die Art der Handy-Nutzung bei den unter 20 jährigen und über 30jährigen unterschiedlich ist, beide Gruppen betrachten das Handy aber als unabdingbar. Die Untersuchung wurde im September 2000 mit 1000 Handykunden durchgeführt, davon konnten 866 Antworten ausgewertet werden (Yomiuri Shinbun 2001 a).

Handy als Spitzenreiter

Im Juli 2000 wurde an der Toyo Universität eine Umfrage an Studenten durchgeführt. Bei der Frage „Was brauchen Sie für das Leben als Student?" antworteten 9 von 10 der Befragten mit Handy/PHS, Studentinnen sogar mit 92,7%.

Präferenzen der Studenten in %

1.) Handy/PHS	89,0
2.) PC	82,1
3.) TV	62,5
4.) Führerschein	36,3
5.) CD-Player/Radiorecorder	25,8
6.) Kühlschrank	25,5
7.) Fahrrad	23,6
8.) Auto/Motorrad	22,9
9.) Klimanlage	16,4
10.) Telefon	14,3

Quelle: PHP 2001

Japan als Wegwerfgesellschaft

Japan ist nicht nur eine Industrie- und Konsumgesellschaft, sondern auch in extremen Sinne eine Wegwerfgesellschaft. Die deutsche Ökologiebewegung wird auch von Japan aus beobachtet und von Akademikern begrüßt, findet aber bei der breiten Masse kein Interesse. So werden grundsätzlich alle Produkte, sobald sie technisch veraltet sind, weggeworfen, Recycling ist in

Japan noch kein Thema. Selbst eine geringfügige Veränderung einzelner Leistungsmerkmale zieht den Kauf eines neuen Models nach sich. Dabei ist hervorzuheben, daß die Innovationszyklen für technische Konsumgüter wesentlich kürzer sind als im Rest der Welt. Das neueste Markenprodukt zu erwerben ist mit entsprechender sozialer Anerkennung verknüpft. Auch sehr teure Handys sind daher Wegwerfprodukte. In Deutschland dagegen wird für unwesentliche Features nicht gleich ein neues Gerät angeschafft. Das erschwert die Diffusion technischer Erneuerungen beträchtlich.

I-mode in Europa

In Europa dagegen wird man eher versuchen abzuschätzen, in wieweit der Nutzen eines neuen Endgerätes den erhöhten Preis rechtfertigt. Der Fun-Gesichtspunkt steht bei uns nicht im Vordergrund. I-mode wird es schon deshalb schwer haben, weil für die Nutzung der i-mode Dienste neue Endgeräte erworben werden müssen (Doitsu Newsu Digesto 2001b).

Da bisher die meisten Transaktionen ohnehin über eine Festnetzverbindung abgewickelt werden, besteht kaum die Notwendigkeit dies zu ändern. Für den täglichen Weg zum Büro, wird das eigene Kraftfahrzeug bevorzugt. Die Abwicklung von Transaktionen im Zug oder auf dem Bahnsteig wird bei uns auch in Zukunft keine große Rolle spielen. Ob die Investitionen in mSecurity sich auszahlen und mit verändertem Nutzungsverhalten belohnt werden bleibt auch hier abzuwarten.

Über die Hälfte der Handybenutzer in Europa sagen aus, daß sie keine Internetverbindung für das Handy benötigen. Nach einer im Herbst 2000 durchgeführten Markstudie sind im führenden Land Finnland 60 % der Handynutzer dieser Meinung, in England 53%, in Deutschland 27% und in Japan dagegen nur 12%. Die Befragten nennen die begrenzte Information und die hohen Gebühren als Grund der Ablehnung. In Japan nutzen 72% die mobile Netzverbindung, in Deutschland dagegen 16% und in Finnland sogar nur 6% (Doitsu Newsu Digesto 2001a).

Ausblick

Weltweit geht Japan als erstes Land mit UMTS dieses Jahr an den Start. Das ist nicht ohne Grund: Wegen Kapazitätsengpässen von NTT DoCoMos 2G Netzwerks ist ein früher Start von 3G unumgänglich. Die in Japan eingesetzte Technologie. W-CDMA liefert bewegte Bilder, Internetverbindung, eine hohe Datenqualität und zeichnet sich durch geringen Strombedarf, Multimedia und Personal Assistant-Funktionen durch neue Endgeräte aus. Als Dienste sind Shopping, Mobile Office, Informationsservices, Lexikas, Home Automation und vor allem Unterhaltung geplant. Die verspielten Japaner schicken sich schon länger farbige Digitalbilder, die sie mit dem PC bearbeiten können auf das Handy. DVD Player, die kaum größer als ein Palm Top sind, finden in Japan reißenden Absatz. Der Empfang kurzer Videoclips ist nur in technischer Hinsicht ein großer Schritt. Die eher preisempfindlichen Europäer werden sich scheuen, diese herunterzuladen, angesichts der Datenmengen, die dafür erforderlich sind.

Nach der 2. System-Generation mit Digital PDC in Japan, GSM in Europa und TIA in USA, wird mit IMT 2000 für die dritte Generation zum ersten Mal eine internationale Norm bereitgestellt. Dennoch sollten die Europäer für die Entwicklung multimedialer Dienste ausgiebig qualitative Marktforschung in den eigenen Breitengraden betreiben, damit sinnvolle Geschäftsmodelle entworfen oder bestehende so adaptiert werden, dass sie es dem Unternehmen ermöglichen, die hohen Investitionen für die 3G Services in gewinnbringende Geschäfte zu verwandeln.

Literatur und Referenzen

- Doitsu Newsu Digesto (2001a): I-modo nante iranai. 10.03.2001.
- Doitsu Newsu Digesto (2001b): Nihon no i-modo, oshuseiha naru ka. 31.03.2001
- Forrester Research (2000): Driving Retail with Devices.
- Forrester Research (2001): Driving Mobile Site Traffic.
- J.P. Morgan Securities/Arthur Andersen (2000): Wireless Data.
- Lehman Brothers (2000): Moving in Mobile Media Mode – Enabling Technologies For The Mobile Commerce Era.
- Mainichi Shinbun (2001): Kanyuh suh ga 6500 man ken toppa, Fukyuh ritsu wa 51.4%. 08.03.2001.
- Meta Group (2000): Der Markt für Portale, Marktplätze und Mobile Commerce in Deutschland.
- NTT DoCoMo (2001a): URL:

Literatur und Referenzen

- http://www.nttdocomo.co.jp/i/contract/index.html.
- NTT DoCoMo (2001b): URL:
- http://www.nttdocomo.co.jp/i/service/ryokin.html.
- NTT DoCoMo (2001c): URL:
- http://www.nttdocomo.co.jp/i/service/tokutyou.html.
- NTT DoCoMo (2001d): URL:
- http://www.nttdocomo.co.jp/i/service/naiyou.html.
- NTT DoCoMo (2001e). URL:
- http://www.nttdocomo.co.jp/new/contents/01/whatnew0118a-1.html
- Ovum (2000a): Ovum Forecasts: Global Mobile Markets.
- Ovum (2000b): Mobile E-commerce: Market Strategies.
- Ovum (2000c): Wireless Portals: Business Models and Market Strategies.
- Ovum (2000d): Mobile IP.
- PHP (2001): URL:
- http://www.php.co.jp/cgi-web-page.cgi?select=ranking2&page=00-7-2.html.
- Yomiuri Shinbun (2001a): Kehtai shiyoh ga tsuki 5000 YEN ijoh, baito de nenshutsu. URL:
- http://www.yomiuri.co.jp/00a/20010226i511.htm. 26.02.2001.
- Yomiuri Shinbun (2001b): i-mode moh tsukai, kafunshoh no hasshoh johkho nado daikibo_chohsa. URL:
- http://www.yomiuri.co.jp/04a/20010226i401.htm. 26.02.2001.
- Zobel, Jörg (2001): Mobile Business und M-Commerce – Die Märkte der Zukunft erobern.

4. M-Commerce - Wir werden das Sprechen nicht verlernen

Stefan R. Greve, KPMG Consulting AG

Einleitung

M-Commerce, die Erweiterung von E-Commerce um die Komponente Mobilität, bietet dem mobilen Menschen den Zugang zu und die Nutzung von Diensten unabhängig von Ort, Zeit und Endgerät.

Mit der Einführung von GPRS und UMTS, den neuen Mobilfunkstandards, werden erstmals breitbandige mobile Datendienste möglich sein. In der Diskussion um diese neuen Technologien wird der Einsatz von Sprache oft vernachlässigt! Sprache ist immer noch die flexibelste und wirkungsvollste Art, effizient und effektiv zu kommunizieren. Sprache wird auch im Zeitalter des M-Commerce ein wichtiges Kommunikationsmedium sein. Die Anwendungsfelder sind vielfältig. So findet Sprache nicht nur in der herkömmlichen Telefonie (Mensch-Mensch-Dialog) Anwendung, sondern auch als Mehrwert für datenbasierte M-Commerce Applikationen (Mensch-Maschine-Dialog). In diesem Zusammenhang wird vieler Orts auch schon von Voice-Commerce (V-Commerce) gesprochen.

Zahlreiche Marktforschungsinstitute sehen beim Einsatz von Sprache die wichtigste Einzelanwendung im Bereich des M-Commerce. Bezieht man die Umsätze sprachunterstützter Datendienste mit ein, so wird die Dominanz der Sprache im M-Commerce noch deutlicher. Um die Vorteile der Sprachanwendungen im vollen Umfang nutzen zu können, müssen beim Aufbau der Infrastrukturen und Support Systeme die Besonderheiten der bislang leitungsvermittelten und zukünftig paketbasierten Sprachübertragung berücksichtigt werden.

M-Commerce Anwendungen, bei denen Sprache eine entscheidende Rolle spielt, sind z.B. Voice Portale, Call Center oder Unified Messaging Services.

Sprache im Umfeld von M-Commerce - Entwicklungen und Trends

Nach der Versteigerung der UMTS-Lizenzen[13], wurden sowohl bei den Netzbetreibern, die eine der begehrten Lizenzen für die dritte Mobilfunkgeneration erhalten haben, als auch bei den Herstellern von Netzinfrastruktur, OSS[14]- / BSS-Systemen[15] und Endgeräten eine Vielzahl von Aktivitäten initiiert. Während die Netzbetreiber mit der Auswahl ihrer Lieferanten und dem Aufbau der erforderlichen Infrastruktur und Support Systeme begonnen und auch die Hersteller der unterschiedlichen Endgerätetypen ihre Arbeiten aufgenommen haben, ist eine der zentralen Frage immer noch ungeklärt: Mit welchen Produkten und Diensten sollen sich die sehr hohen Investitionen für die Lizenzen und Infrastrukturen amortisieren bzw. Gewinne erwirtschaftet werden?

Die Standardantwort lautet M-Commerce. M-Commerce als Erweiterung von E-Commerce um die Komponente Mobilität. Dem Nutzer soll die Möglichkeit gegeben werden, seine Anwendungen und Dienste immer und überall nutzen zu können. Insbesondere die Nutzung des Internets und der auf dieser Plattform angebotenen Dienste über mobile Endgeräte wie Laptops, PDAs[16] oder multifunktionale Mobiltelefone steht dabei im Mittelpunkt. Auf der Anwendungsebene werden Dienste wie Personal Information Management bis zu Smart Home Applikationen propagiert. So können z.B. mittels eines Personal Information Service alle Nachrichten, ob E-Mails, Sprachnachrichten oder SMS über einen PDA empfangen, gesendet und verarbeitet werden. Unabhängig von der Arbeitsumgebung und dem verwendeten Endgerät stehen dem Anwender stets die gleichen Informationen zur Verfügung. Im Bereich Smart Home geht es um Dienste, bei denen der Anwender aus der Ferne mit seinen Hausgeräten kommunizieren und diese steuern kann. So kann der Anwender per Fernzugriff u.a. Daten über die klimatischen Verhältnisse in seinem Haus abfragen oder sogar die Waschmaschine aktivieren.

---

[13] UMTS – Universal Mobile Telecommunications System

[14] OSS – Operation Support System

[15] BSS – Busines Support System

[16] PDA – Personal Digital Assistant

4. M-Commerce - Wir werden das Sprechen nicht verlernen

In Zusammenhang mit der Mobilität der Menschen werden derzeit auch Dienste und Applikationen diskutiert, die sich nicht direkt auf mobile Endgeräte fokussieren. Einer dieser Dienste ist UPT, Universal Personal Telecommunications. UPT gestattet es, dass man in allen Netzen, unabhängig von Zeit, Ort, Netzbetreiber und dem gewählten Dienst, unter der selben Rufnummer bzw. IP-Adresse erreichbar ist. Darüber hinaus sind Dienste von Interesse, die dem Nutzer auf jedem beliebigen PC seine gewohnte Arbeitsumgebung (User-Interface) und Programme zur Verfügung stellen. Hierzu werden die entsprechenden Nutzerprofile zentral auf einem Server gespeichert und bei der Anmeldung im Netzwerk auf den entsprechenden Arbeitsplatz geladen. Im aktuellen Sprachgebrauch fokussiert sich M-Commerce jedoch eindeutig auf Dienste und Anwendungen im Mobilfunkbereich, so dass darauf nachfolgend der Schwerpunkt gelegt wird.

Da dem mobilen Menschen der Zugang und die Nutzung seiner Dienste unabhängig von Ort und Endgerät ermöglicht werden soll, werden höhere Bandbreiten für die Übertragung der Daten benötigt. Aus diesem Grunde wird derzeit von verschiedenen Mobilfunkbetreibern GPRS[17], dem Standard für Mobilfunk der sogenannten 2,5. Generation, eingeführt. Mit UMTS, Mobilfunkstandard der dritten Generation, werden dann noch höhere Bandbreiten zur Übertragung von Daten und Sprache zur Verfügung stehen. Sowohl im Zusammenhang mit GPRS als auch bei UMTS konzentrieren sich die Anstrengungen der Marktteilnehmer primär auf Datenkommunikationsdienste, da sich auf dieser Basis überhaupt erstmals eine mobile Datenkommunikation mit ausreichender Performance realisieren lässt.

Dieser Fortschritt hat bedeutende Auswirkungen auf die Wertschöpfungskette im Telekommunikationsmarkt.

Es treten eine Reihe neuer Akteure wie z.B. Handelsfirmen, Internet-Portal-Betreiber und Medienunternehmen in die erweiterte Mobilfunk-Wertschöpfungskette ein.

Während sich im GSM[18] Standard die ökonomische Mehrwertleistung auf die Sprachübertragung konzentrierte, wird sich bei GPRS und insbesondere mit Einführung von UMTS das Verhältnis in Richtung der Datenübertragung umkehren. Diese Situation

---

[17] GPRS – General Packed Radio Service

[18] GSM – Global Systems for Mobile Communications

zwingt die Mobilfunknetzbetreiber zu einer Neupositionierung innerhalb der Wertschöpfungskette.

Da keiner der Akteure selbst über alle Ressourcen verfügt, um erfolgreich M-Commerce zu betreiben, bilden sich neue Kooperationen bzw. strategische Allianzen in der vertikalen und horizontalen Marktbetrachtung.

Doch bei aller Euphorie über die neuen Möglichkeiten der Datenkommunikation, stellt sich die Frage, welche Rolle die Sprachkommunikation in der Zukunft einnehmen wird.

Sprache ist nach wie vor das bevorzugte Kommunikationsmedium und wird es auch in vielen Bereichen bleiben.

Entscheidend für den Erfolg im M-Commerce wird die Akzeptanz der angebotenen Dienstleistungen beim Kunden sein. Neben den Inhalten und dem Preis für die Nutzung eines Dienstes wird die Bedienbarkeit einen wesentlichen Einfluss auf den Grad der Penetration haben. So werden die Kunden auch in Zeiten des Internet, von E-Commerce und M-Commerce eine verbale Kommunikation nicht nur bevorzugen, sondern diese auch von den Diensteanbietern einfordern. Warum eine Bestellung mühsam über die schmale Tastatur eines viel zu kleingeratenen Endgerätes eintippen, wenn das gleiche Gerät auch für einen Anruf bei dem Lieferanten genutzt werden kann?

Deutlich wird die Entwicklung der Sprachunterstützung schon heute durch die zunehmende Verbreitung ergänzender, sprachbasierter Angebote. So hat z.B. die DeTeMedien einen Dienst entwickelt, mit dem der Kunde sprachgestützt auf die Nachrichten des Heise-Newstickers zugreifen kann. Ebenso wie über den Internet-Zugang kann der Kunde sich einen Überblick über die Schlagzeilen verschaffen und dann einzelne Beiträge auswählen. Bei der telefonbasierten Variante steuert der Kunde den Dienst per DTMF[19]- (Tonwahl) oder Spracheingabe. Die Inhalte werden ihm dann von einer synthetischen Stimme präsentiert.

Einige Hersteller und Diensteanbieter sprechen in diesem Zusammenhang schon heute nicht mehr von „M"-Commerce, sondern von „V"-Commerce – wobei V für Voice steht.

---

[19] Dual-Tone-Multi-Frequenz

4. M-Commerce - Wir werden das Sprechen nicht verlernen

Kommunikation im Wandel - Sprache ist kein Auslaufmodell

Durch das Zusammenwachsen bisher getrennter Welten - Computer, Telekommunikation und Medien - entstehen in immer kürzeren Zeitabständen neue Informations- und Kommunikationstechnologien. Diese Technologien eröffnen dem Benutzer neue Wege der Informationsbeschaffung und der Kommunikation, die noch vor nicht allzu langer Zeit mit großem technischen und zeitlichen Aufwand betrieben werden mussten oder gar nicht existierten. Die bisher üblichen Kommunikationsprozesse via Telefax oder der klassischen Briefpost werden immer mehr von Diensten wie E-Mail oder SMS verdrängt.

Durch diesen Veränderungsprozess ist auch ein Wandel des Kommunikationsverhaltens und der Kommunikationsprozesse in unserer Gesellschaft zu beobachten.

Vor einigen Jahren war Sprache in Form der klassischen „face to face-Kommunikation" oder die technisch vermittelte Sprachkommunikation über das Telefon das bevorzugte Kommunikationsmittel. Heute verschiebt sich dies immer mehr in Richtung datenvermittelter, textbasierter Kommunikation.

Natürlich bieten diese neuen Kommunikationsformen eine Reihe von Vorteilen. So haben die Kommunikationspartner jederzeit die Möglichkeit, unabhängig von der unmittelbaren Anwesenheit des Empfängers miteinander in Kontakt zu treten. Die Benutzer können empfangene/gesendete Nachrichten an jedem Ort zu jeder Zeit abrufen, wieder aufrufen, die Inhalte speichern oder bearbeiten, dem Absender antworten oder die empfangenen Nachrichten an beliebig viele Leute weiterleiten.

Doch trotz der „neu gewonnen Freiheit" zeichnen sich auch eine Reihe von Nachteilen ab. Abgesehen davon, dass die persönliche Kommunikationsbeziehung zwischen den Menschen darunter leidet, ist beim Umgang mit M-Commerce-Anwendungen insbesondere der Zeitaspekt heutzutage noch ein nicht unerheblicher Negativfaktor. Denkt man nur daran, wie viel Zeit es in Anspruch nimmt, eine E-Mail zu schreiben, geschweige denn eine SMS auf der kleinen Handytastatur zu tippen, erscheint es in vielen Fällen praktischer und effektiver die Sprache als Medium der Kommunikationsübertragung zu nutzen.

Bei sprachvermittelter Kommunikation ist es zudem möglich, Unzulänglichkeiten, Fragestellungen oder inhaltliche Aspekte direkt zu besprechen oder zu analysieren, was aufgrund der fehlenden Synchronität der Kommunikationspartner bei der textbasierten Kommunikation nicht realisierbar ist.

In der gesprochenen Sprache lassen sich verschiedene parallele Informationsströme identifizieren. So besteht grundsätzlich die Möglichkeit, seinem Kommunikationspartner neben sachlichen auch emotionale, fokussierende, handlungssteuernde und kontaktpflegende Informationen mitzuteilen. Bei der organisierenden Formulierung von Äußerungen, sind weiterhin neben der Generierung von Wörtern und Sätzen die Sprachmelodie und die rhythmische Organisation, aber auch kommunikative Gesten gleichzeitig zu gestalten. Alleinstellungsmerkmale, die in textbasierten Kommunikationsformen nicht zur Verfügung stehen.

Ein wichtiges Kriterium für viele Menschen stellt, wie bereits angesprochen, der Persönlichkeitsfaktor dar, d. h. der direkte sprachliche Kontakt zum Kommunikationspartner. Bei vielen Entscheidungsprozessen, Fragen und Problemen gibt ein persönlicher Ansprechpartner dem Anrufer ein zusätzliches Sicherheits- oder Bestätigungsgefühl, was aus Sicht des Dienstes- oder Serviceanbieters den Kaufprozess unterstützen und beschleunigen kann.

Die Bedeutung des gesprochenen Wortes kommt aber auch in der zunehmenden Verbreitung von sprachgesteuerten Diensten und Anwendungen zum Ausdruck. Sprache wird hier nicht nur im Bereich des Mensch-Mensch-Dialogs, sondern auch im Bereich des Mensch-Maschine-Dialogs eingesetzt. So werden zukünftig immer häufiger sprachgesteuerte Systeme zum Einsatz kommen, die den Benutzer bei der Steuerung der Dienste unterstützen und diese wesentlich vereinfachen.

Die angeführten Vorteile machen deutlich, dass trotz aller Veränderungen, die Sprache immer noch, das persönlichste, natürlichste, schnellste, zuverlässigste und vor allem einfachste Kommunikationsmedium darstellt.

Sprache ist in diesem Zusammenhang nicht substituiv, sondern komplementär zu betrachten. Die Sprache wird bei der Einführung und Vermarktung von Diensten und Services im Zeitalter des M-Commerce einen entscheidenden und unerlässlichen Aspekt für die Akzeptanz, damit für die Penetration und letztlich für den Erfolg darstellen.

4. M-Commerce - Wir werden das Sprechen nicht verlernen

Entwicklung von Sprachanwendungen - Wirtschaftliche Aspekte

Ausgehend von den im vorigen Abschnitt dargestellten Vorteilen der Einbindung von Sprache in M-Commerce-Anwendungen, werden unter wirtschaftlichen Gesichtspunkten die Sprachdienste, zu denen auch die klassische Telefonie und Telefonmehrwertdienste gehören, langfristig von großer Bedeutung sein und entscheidend zu den Umsätzen der Carrier und Service Provider beitragen.

Relativ betrachtet wird sich trotz eines stetigen Wachstums der Anteil der Telefonie am Gesamtumsatz der Sprach- und Datenanwendungen verringern. Laut Prognosen werden die Umsätze aus den gesamten Datenanwendungen ab 2009 erstmals höher sein als im Sprachbereich. Dennoch werden auch in 2010 noch knapp 50% der Umsätze über Sprachdienste generiert.

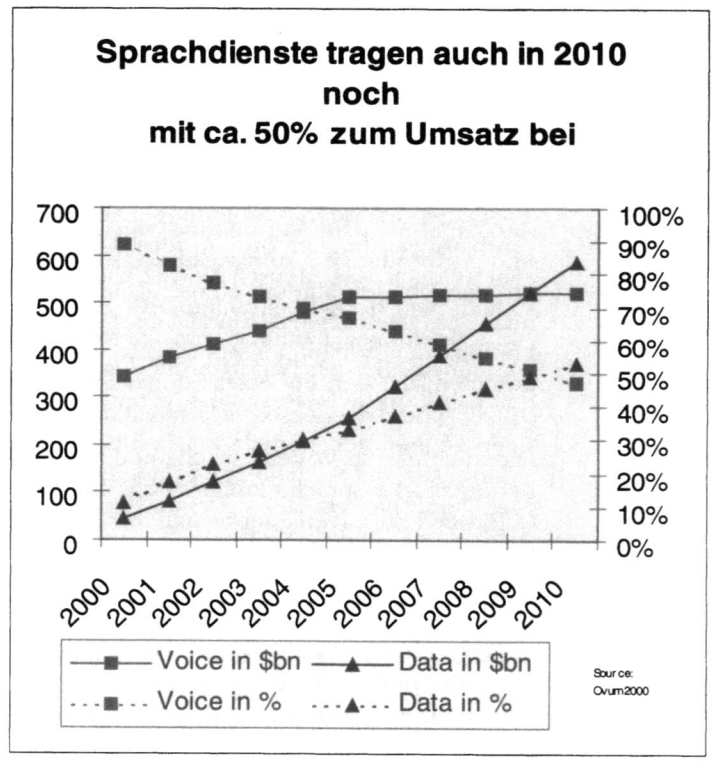

Abbildung 1: Revenues by Service – Global Mobile Markets (1)

Entwicklung von Sprachanwendungen - Wirtschaftliche Aspekte

Die zukünftige Rolle von reinen Sprachanwendungen bzw. Telefonie bezogen auf den Umsatz der Carrier und Service Provider wird noch deutlicher, wenn man die Datenanwendungen in folgende Teilbereiche unterteilt:

- Text & Messaging
- Low-speed Data
- High-speed Data
- Video

Betrachtet man die Umsätze der einzelnen Datenanwendungen isoliert und vergleicht diese mit den Sprachdiensten, so zeigt sich, dass Letztere auch zukünftig mit Abstand die umsatzträchtigsten sind.

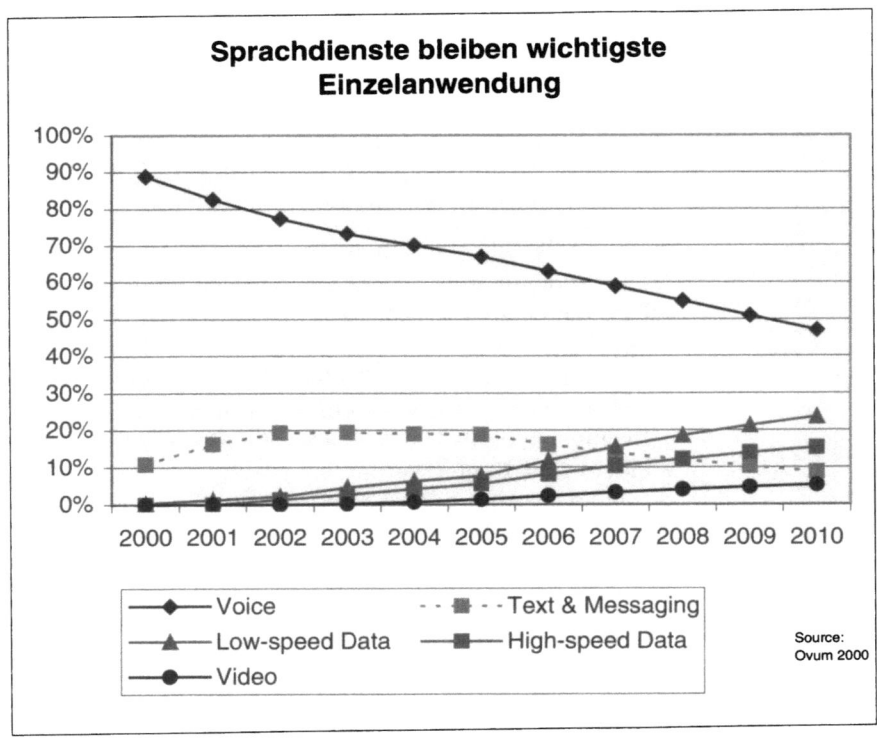

Abbildung 2: Revenues by Service - Global Mobile Markets (2)

4. M-Commerce - Wir werden das Sprechen nicht verlernen

Diese Betrachtungen machen deutlich, wie wichtig es für Carrier und Service Provider auch in Zeiten des M-Commerce sein wird, hochwertige Sprachdienste anzubieten. Dabei gilt es, nicht nur die bestehenden Dienste weiter zu betreiben, sondern vielmehr müssen neue Services produziert werden. Im Zuge der weiteren Entwicklung werden Dienste für spezielle Zielgruppen auf den Markt kommen. Diese Zielgruppen können permanent oder auch nur temporär existieren. Insbesondere Dienste mit regionalen Inhalten, sog. Location-based Services, stehen im Mittelpunkt des Interesses der Benutzer und damit auch bei den Anbietern, den Carriern sowie den Service und Content Providern.

Betrachtet man die Datenanwendungen, denen im Zusammenhang mit M-Commerce die größten Umsätze zugerechnet werden, so ergibt sich laut Ovum mittelfristig folgende Rangfolge:

- Information / News
- Personal
- Entertainment / Lifestyle
- Mobile Office
- Vertical / Niche
- Smart Infrastructure

Die aufgeführten, datenbasierten M-Commerce Anwendungen besitzen alle erhebliche Potenziale, durch die Integration von Sprache ergänzt und damit aufgewertet zu werden. Ein User kann sich z. B. zunächst datenbasiert mittels PDA über die Angebote eines Unternehmens informieren und sich dann durch Betätigung eines „Push-to-Talk Buttons" mit einem Agenten in einem Call Center verbinden lassen, um weitergehende Fragestellungen zu erörtern.

Bezieht man die Umsatzpotenziale, die sich durch derartige sprachbasierte Datenanwendungen ergeben in die Umsatzprognosen der reinen Sprachdienste ein, so steigt die Bedeutung vonSprache weiter an.

Sprache in konvergenten Netzwerken- Technische Aspekte

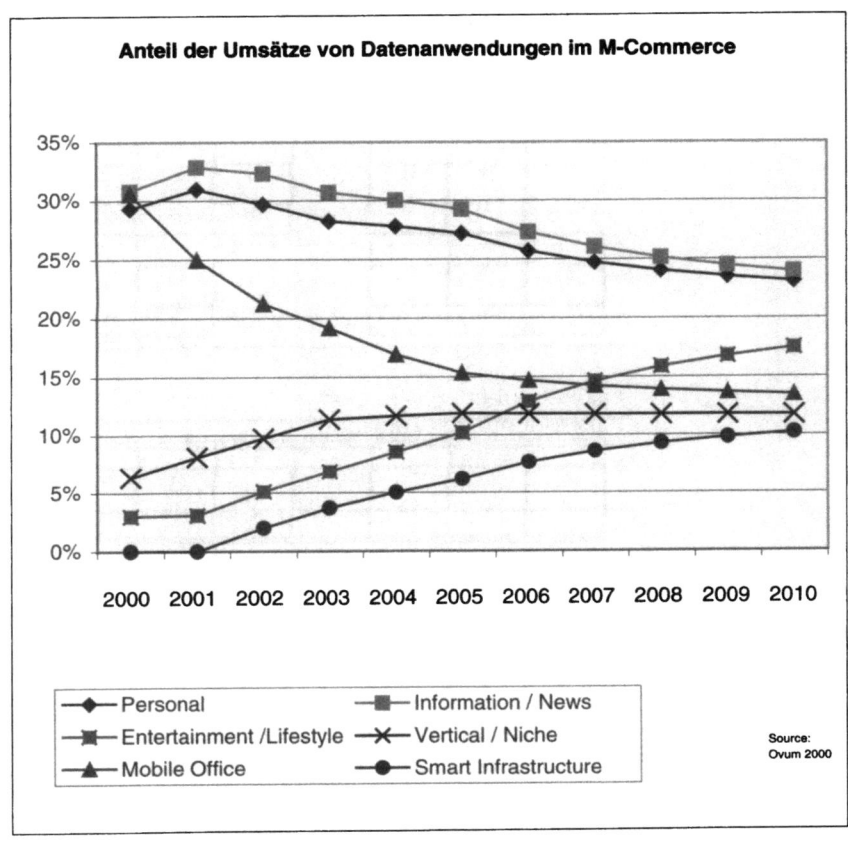

Abbildung 3: Revenues by Data Application – Global Mobile Markets

Sprache in konvergenten Netzwerken- Technische Aspekte

Bereits heute wird Sprache nicht mehr nur in herkömmlichen leitungsvermittelten Netzen sondern bereits in konvergenten, paketorientierten Netzen übertragen. Durch diesen Schritt wird die Sprachinformation selbst zu einem Teil des Datenverkehrs. Diese neue Technik erlaubt es, vorhandene Bandbreiten wesentlich effizienter zu nutzen und alle zukünftigen Dienste, sei es nun Internet, reine Sprachübertragung oder andere Datendienste wie E-Mail über ein einziges Netzwerk zu übertragen.

4. M-Commerce - Wir werden das Sprechen nicht verlernen

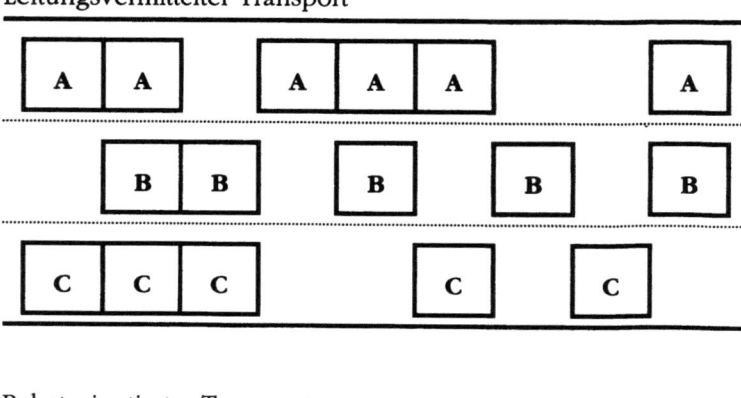

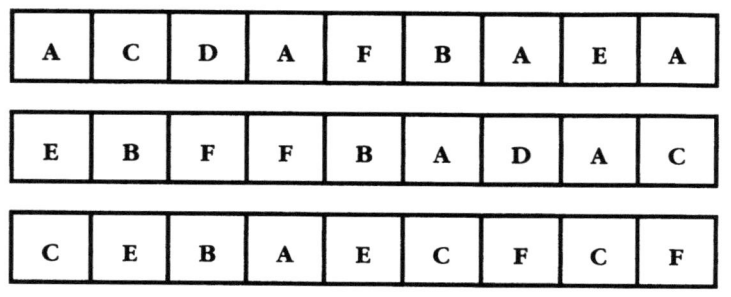

Abbildung 4: Sprache in leitungsvermittelten und paketorientierten Netzen

Sprachübertragung

Im Gegensatz zum herkömmlichen Telefonsystem (Abb.5), das für jedes Gespräch eine eigene physikalische Leitungsverbindung zur Verfügung stellt, wird bei Voice-over-IP (VoIP) die Sprache in Datenpakete umgewandelt und dann gemeinsam mit anderen (Daten-) Paketen übertragen (Abb.6). Hierfür ist es nicht mehr notwendig, dezidiert eine exklusive Verbindung zwischen den Gesprächspartnern herzustellen.

Abbildung 5: Herkömmliches Telefonsystem im Public-Switched-Telephone-Network (PSTN)

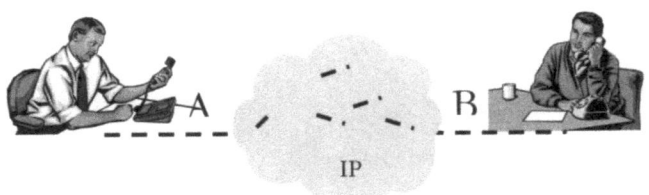

Abbildung 6: Telephonie in IP-Netzwerken

Der Übergang zur neuen Technik hat bereits eingesetzt. Die „Revolution" beginnt einerseits im Backbone-Bereich der großen Carrier, wo vor allem im Fernverkehr heutzutage bereits IP-Technik in großem Ausmaß genutzt wird. Aber auch in kleinen, meist firmeninternen Netzen hält die paketbasierte Sprachübertragung (VoIP) Einzug.

Im Mobilfunk erfolgt mit GPRS erstmals die Einführung IP-basierter Netze. Aufbauend auf dem GSM-Standard werden durch Kanalbündelung höhere Bandbreiten erzielt. GPRS stellt jedoch nur einen Zwischenschritt zu den Mobilfunksystemen der dritten Generation (UMTS) dar, in denen durch die entsprechende Geschwindigkeit und die Konvergenz zwischen Daten und Sprache mobile Multimediaanwendungen Wirklichkeit werden sollen.

Bei der Betrachtung des VoIP-Szenarios wird häufig außer Acht gelassen, dass die Behandlung von Sprache als Datendienst besondere Anforderungen an das zugrundeliegende Netzwerk stellt. Dies sind im Einzelnen:

- Priorisierung von Datenpaketen aufgrund ihres Contents
- Definierte Verzögerungszeit beim Transport
- Definierter minimaler Datendurchsatz (min. Bandbreite)

- Definierter durchschnittlicher Datendurchsatz (durchschn. Bandbreite)

Bei reinen Datendiensten wie E-Mail oder SMS ist es ausreichend, die Datenpakete nach dem Prinzip „*Best-effort*" zu übertragen. Eine kurzzeitige Unterbrechung des Transfers fällt ebenso wenig ins Gewicht, wie eine Verzögerung der Zustellung um wenige Sekunden oder sogar Minuten. Sprachtelefonie hingegen erfordert eine möglichst geringe Verzögerungen bei Gesprächsaufbau und Übertragung, sowie einen unterbrechungsfreien Datenstrom mit einer definierten Mindestbandbreite.

Abbildung 7: Quality of Service Klassen

Entscheidend für den Markterfolg der neuen Technologie ist die Garantie einer bestimmten Quality of Service (QoS). Nur wenn es gelingt, innerhalb des Netzwerkes eine QoS (zumindest in Form einer definierten Bandbreite) für die gesamte Dauer der Kommunikation bereitzustellen, wird der Telefonkunde bereit sein, den neuen Service aktiv zu nutzen. Hierbei gibt es starke Unterschiede zwischen mobilen und festen Verbindungen. Während der Kunde beim Mobilfunk durchaus eine schlechtere Qualität und einem hohen Rauschanteil akzeptiert, fordert er im Festnetz eine kristallklare Gesprächsübertragung. Es ist notwendig, die Sprachqualität durch entsprechende Klassifizierung flexibel anpassen zu können.

Ein Weg diese Flexibilität zu erreichen, ist die Kennzeichnung der Datenpakete mit dem sogenannten „Type of Service" *(ToS)*. Hierdurch kann sichergestellt werden, dass die Netzwerkkomponenten Datenpakete mit Sprachinhalt identifizieren können und ihnen bei der Übertragung eine entsprechende Priorität zuzuweisen. So kann beispielsweise zwischen Sprachdaten, Faxnachrichten, E-Mails und anderen Anwendungsdaten unterschieden werden.

Die Priorisierung von Daten anhand ihres Typs alleine reicht jedoch nicht aus, vielmehr muss darüber hinaus die gesamte Netzwerkarchitektur den gesteigerten Anforderungen Rechnung tragen. Eine gewisse Mindestbandbreite ist zwingend. Der Einsatz von Breitbandtechnologien stellt demzufolge ein absolutes Muss dar, genauso wie ein effizientes Netzwerkmanagement.

Um im Netzwerk bestimmte Bandbreiten zu garantieren, werden sog. Ressourcen-Reservierungsprotokolle (RSVP) eingesetzt. Diese erlauben es für bestimmte Dienste ein genau definierte QoS zu erreichen. Voraussetzung ist allerdings der konsequente Einsatz dieser Komponenten im gesamten Netzwerk, da die QoS vom schwächsten Glied in der Kette abhängt. Kann in einem Teilstück des Kommunikationspfades die geforderte Bandbreite nicht garantiert werden, so fällt die Sprachqualität auf das Niveau dieses Abschnitts.

OSS und Netzwerkmanagement

Zur Implementierung von neuen, multimedialen Services sind auch neue Operation Support Systeme (OSS) notwendig, d.h. Systeme die ein entsprechendes Management der Netzwerke ermöglichen.

Hierfür ist wiederum die genaue Kenntnis der aktuellen Netzwerkarchitektur notwendig. Eine große Herausforderung in ständig wachsenden Netzen. Das OSS-System muss sich nahtlos an die Netzwerkstruktur anpassen können und größtmögliche Flexibilität bei einer Erweiterung bzw. Veränderung der Netzwerkarchitektur aufweisen. Gleichzeitig muss die schnelle und einfache Einführung neuer Services gewährleistet sein.

Wenn ein Kunde z.B. zunächst eine internationale Multimediakonferenz durchführen möchte, für die extrem hohe Bandbreiten benötigt werden und anschließend ein lokales Telefongespräch mit niedriger Qualität (wenig Bandbreite erforderlich), muss das OSS-System entsprechende Systemressourcen flexibel akquirieren und zur Verfügung stellen können.

Der derzeitige Automatisierungs- und Integrationsgrad der OSS-Systeme und die Netzwerke der meisten Anbieter sind den Herausforderungen bislang nicht gewachsen. Die Erfüllung der entsprechenden Anforderungen ist jedoch hinsichtlich der Wettbewerbsfähigkeit ein unbedingtes „Muß". Durch ein Re-Engineering der Geschäftsprozesse und den Einsatz von neuen OSS/BSS Systemen in möglichst allen Unternehmensteilen können die Kosten nachhaltig gesenkt und die Leistungen für den Kunden qualitativ und quantitativ gesteigert werden.

Billing

Die Betrachtung von Sprachübertragung als Datendienst liefert auch neue Anforderungen an das Pricing und Billing der Services. Wie bereits oben erörtert, handelt es sich bei Sprache um einen speziellen Datendienst.

Bisher angedachte Billingstrukturen für konvergente Netzwerke gehen von einem einheitlichen Preis in Abhängigkeit von der übertragenen Datenmenge aus. Der höhere technische Aufwand für die Sprachqualität und die geforderte dienstabhängige Abrechnung legen jedoch ein differenziertes Modell nahe.

Dies rechtfertigt es, daß Provider für Sprachdienste auch weiterhin spezielle Tarife zugrunde legen, die sich von denen für reine Datendienste unterscheiden. Daraus ergeben sich aber auch neue Möglichkeit der Differenzierung, z. B. hinsichtlich eines Angebots verschiedener Qualitäten für die Übertragung von Sprachpaketen.

In jedem Fall werden die alten und neuen Billing-Systeme mit einer bedeutend erhöhten Datenmenge konfrontiert. Gesprächsdauer und -inhalt müssen genauso erfasst werden, wie die in Anspruch genommene Übertragungsbandbreite.

Der Kunde möchte in der Regel vorher wissen, was ihm die Nutzung eines Dientes kostet. Das Endprodukt des Billing-Prozesses muss dementsprechend eine für den Kunden einfach lesbare und plausible Rechnung sein.

Sprachgestützte Anwendungen im M-Commerce - Beispiele

Der Erfolg mobiler Anwendungen wird entscheidend durch die Integration von Sprache in Datenanwendungen beeinflusst werden, denn Sprache dient nicht nur der direkten Interaktion mit anderen Menschen, sondern bietet im Zusammenspiel mit reinen Datenanwendungen einen Mehrwert. Der zusätzliche Nutzen besteht darin, dass Sprache auch als reines Transportmedium eingesetzt werden kann; statt einen Text mit den Augen, d. h.

lesend aufzunehmen, besteht auch die Möglichkeit sich diesen vorlesen zu lassen.

Aktuelle Anwendungsbeispiele, bei denen Sprache ein wichtiger Faktor ist, sind:

- Voice Portale
- Call Center (Call-Me-Back- und Push-to-Talk-Button)
- Unified Messaging Service
- Smart Home Anwendungen

Der Einsatz von Sprache innerhalb mobiler Anwendungen bezieht sich nicht nur auf die direkte Kommunikation zwischen zwei Menschen, sondern auch auf automatisierte Sprachdialoge. Systeme, auf deren Basis automatisierte, sprachbasierte Dialoge ablaufen, werden als IVR-Systeme (Interactive Voice Response) bezeichnet. Wesentliche Bestandteile eines IVR-Systems sind Spracherkennung- und Sprachsynthese-Komponenten, die Sprache in Text (Speech to Text) und umgekehrt Texte in Sprache (Text to Speech) umwandeln können. Sprache wird in diesem Fall sowohl für die Steuerung des Sprachdialogs, als auch für die Ein- und Ausgabe von Informationen bzw. Nachrichten genutzt. Auch als Schnittstelle zu nachgelagerten Systemen, die sprachbasiert gesteuert werden sollen, z.B. Börseninformationssysteme, werden IVR-Systeme eingesetzt.

Voice Portale

Voice Portale sind Systeme, über die man sprachgesteuert im Internet surfen, E-Mails versenden und z.B. Reisen buchen oder Konzertkarten bestellen kann. Der Komfort solcher Portale besteht darin, dass die Sprache einerseits dazu genutzt wird sich von Website zu Website zu bewegen und andererseits dazu, den Inhalt der jeweiligen Website in einer audio-visuellen Form zu präsentieren. Der Nutzer gibt dabei mittels Sprache entweder einen Suchbegriff oder eine bestimmte Internet-Adresse ein. Nach Auffinden der gewünschten Seite, wird der Inhalt der Website von einer synthetischen Stimme vorgelesen.

Weitere Anwendungen, die sprachbasiert umgesetzt werden können, sind Buchungen oder Bestellungen. Hierbei erfolgt die Navigation und die Eingabe in die entsprechenden Felder der Daten sprachbasiert. Bei modernen IVR-Systemen, z.B. bei der Bahnauskunft, kann der Nutzer frei sein Anliegen sprachlich äußern und das System erkennt automatisch die Zusammenhänge zwischen Abfahrts- bzw. Ankunftszeit, Reiseziel, Reisedatum und Zugverbindung. Der Nutzer sagt ganz einfach: „Ich möchte am kommenden Montag um 8:00 Uhr von Düsseldorf mit dem ICE 592 nach München fahren". Bei fehlenden Angaben fragt das System dann gezielt nach bzw. wiederholt dem Nutzer die Anfrage nochmals und der Nutzer kann diese anschließend bestätigen oder ablehnen. Die per Sprache eingegebenen Daten werden anschließend von der Spracherkennung erfasst und können an die ausführenden Buchungssysteme übergeben werden.

Ziel von Voice Portalen ist es, jene Mehrheit der Bevölkerung zu erreichen, die das Internet vor allem deshalb meidet, weil ihr der Umgang mit der Technik zu kompliziert ist. Mit dem sprachbasierten Internetzugang soll der Zugriff auf Web-Inhalte und die Kommunikation über E-Mail weiter vereinfacht werden.

Call Center

Der Kunde beschafft sich heute über seinen PC und zukünftig verstärkt über seine mobilen Endgeräte Informationen im Internet. Oftmals reichen die von den Unternehmen dargestellten Sachverhalte aber nicht aus, um den Informationsbedarf des Kunden zu decken. In vielen Fällen wünscht sich der Kunde vor einer Kaufentscheidung auch einfach nur eine Bestätigung dafür, dass er die Angaben richtig verstanden bzw. interpretiert hat und das Produkt seine Vorstellungen erfüllen wird.

In diesem Zusammenhang erleben Call Center ein starkes Wachstum. Noch vor einigen Jahren waren Call Center mehr oder weniger nur Telefonzentralen, bei denen der Anrufer an einen zuständigen Mitarbeiter vermittelt wurde. Heute entwickeln sich diese immer mehr zu Service Centern, die dem Anrufenden schon fast „den Wunsch von den Lippen ablesen".

In der dargestellten Situation an den Anbieter des gewünschten Produktes eine E-Mail zu versenden, um weitere Informationen zu erhalten, ist in der Regel für beide Seiten, Käufer und Verkäufer, nicht befriedigend. Zum Einen kann aus Sicht des Käufers bis zum Erhalt einer Rückantwort das Kaufinteresse schwinden, zum Anderen gibt es Produkte die ausgesprochen kommunikationsbedürftig sind. Bei komplexeren Fragestellungen z.B. zu Versicherungspolicen oder Fahrzeugen, ist die Kommunikation per E-Mail ungeeignet. Alle Zusammenhänge und Fragestellungen in einer Mail zu formulieren ist zeitaufwendig und auch oft mit Missverständnissen verbunden, da beide Seiten nicht das gleiche

Verständnis von Begriffen und Formulierungen haben. Nur die direkte Kommunikation bietet hier die Möglichkeit, schnell und problemlos alle Verständnisprobleme zu lösen.

Hier kann der Einsatz von Call Centern den Prozess für beide Seiten vereinfachen. Um erfolgreich im E- bzw. M-Commerce zu sein, müssen die Unternehmen auf ihre Kunden eingehen, d.h. deren Unsicherheiten beseitigen und sie zu einer Kaufentscheidung bewegen. Diese Aufgabe übernehmen immer mehr Call Center Agenten, aus Unternehmenssicht sind sie Berater und Vertriebsmitarbeiter, deren Handwerkszeug die Sprache ist. Die Call Center Mitarbeiter sind hochqualifiziert und können fast alle Anfragen von Kundenseite durch Zugriffsmöglichkeit auf umfassende Datenbanken direkt beantworten.

Viele Firmen haben die Zeichen der Zeit erkannt und binden zunehmend sprachbasierte Angebote in ihre Web-Sites ein. Realisiert wird dies durch sog. „Call-Me-Back Buttons" und „Click-to-Talk Buttons".

Beim „Call-Me-Back Button" hinterlässt der Nutzer auf der Web-Site seine Telefonnummer und den Zeitraum, in dem er zu einem bestimmten Thema zurückgerufen werden möchte. Die Anfrage des Kunden gelangt ins Call Center und ein geeigneter Agent wird dann zur angegebenen Zeit den Interessenten zurückrufen.

Im Falle eines Click-to-Talk-Buttons wird der Nutzer direkt über sein mobiles Endgerät mit einem Agenten im Call Center verbunden. Die Sprachverbindung wird dabei nicht über ein spezielles Telefonnetz aufgebaut, sondern direkt über das Internet. Moderne Web-Sites bieten zusätzlich noch die Möglichkeit, dass Nutzer und Call Center Agent sich gemeinsam durch das Web-Angebot bewegen und die entsprechenden Bestellformulare ausfüllen (Collaborative Working /Surfing).

Unified Messaging Service

Ein weiteres Anwendungsfeld für Sprache im M-Commerce liegt in den sog. Unified Messaging Services (UMS). UMS bietet dem Nutzer eine einzigartige Plattform in der alle Dienste, wie E-Mail, Fax, Voice-Mail und SMS integriert sind (Abb. 8). Der Nutzer kann diese Plattform unabhängig von Zeit und Ort auf unterschiedlichen Wegen ansteuern. Befindet sich der User auf Reisen und steht ihm nur sein Mobiltelefon zur Verfügung, bietet ihm UMS die Möglichkeit, sich eingegangene E-Mail, Faxe oder SMS am Mobiltelefon vorlesen zu lassen. Die Beantwortung oder Weiterleitung der Nachrichten kann in diesem Fall ebenfalls sprachbasiert erfolgen.

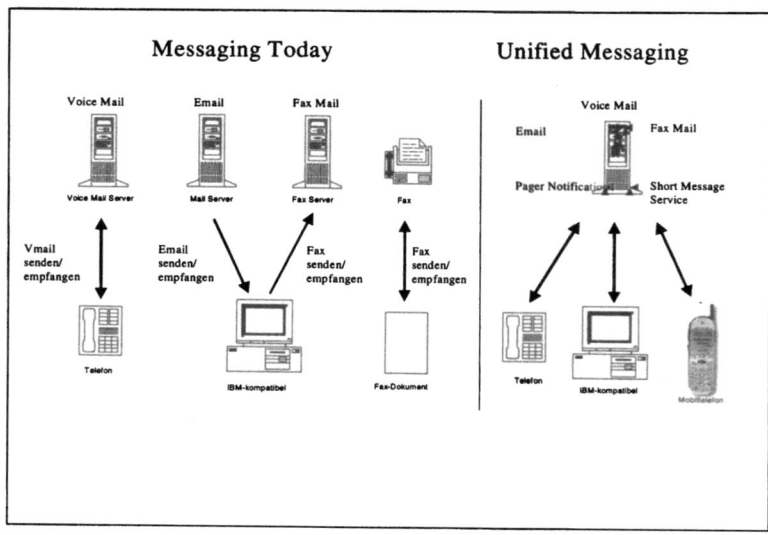

Abbildung 8: Messaging Today versus Unified Messaging

Die weitverbreitetste Anwendung im Umfeld des Internet, die E-Mail Kommunikation, d.h. das Schreiben, Senden, Empfangen und Lesen von E-Mails ist heutzutage auch sprachbasiert realisierbar. Die Steuerung der E-Mail-Anwendung, das Verfassen von Nachrichten und das „Lesen" von E-Mails erfolgt durch den Einsatz von Sprache. Der Nutzer diktiert eine Nachricht, die von der Spracherkennung bzw. dem IVR-System in einen lesbaren Text umgewandelt und versandt wird.

Smart-Home-Anwendungen

Smart-Home-Anwendungen sind ein weiterer Bereich, der M-Commerce zum Durchbruch verhelfen wird. Hierbei liefern intelligente Haushaltsgeräte Informationen an den mobilen Nutzer, der auf diese direkt reagieren kann. Dies kann soweit gehen, dass die Heizungsanlage der eigenen Wohnung einen Defekt meldet, woraufhin ein Anwendungsprogramm dem Nutzer anbietet, direkt eine Sprachverbindung zu dem entsprechenden Heizungsmonteur herzustellen.

Sprachgestützte Anwendungen im M-Commerce - Beispiele

Zusammengefasst bietet Sprache eine Vielzahl von Anwendungsmöglichkeiten im M-Commerce, sowohl Stand-alone, als auch in Kombination mit Datenanwendungen.

Die Möglichkeiten scheinen unbegrenzt zu sein. In der nahen Zukunft werden wir Services nutzen, die wir uns heute noch gar nicht vorstellen können. Bestandteil jedes sinnvoll nutzbaren Dienstes wird jedoch immer die Sprache bleiben.

- Wir werden das Sprechen nicht verlernen -

3 Geschäftsprozesse und wissenschaftliche Betrachtungen

Mit der Verfügbarkeit von mobilen Endgeräten können Geschäftprozesse in allen Unternehmen modifiziert, teilweise sogar völlig neu gestaltet werden. Z.B. werden Freigabeprozeduren drastisch beschleunigt, da die Entscheider immer und überall erreichbar sein werden. Durch die Kopplung der Anwendungssysteme mit mobilen Frontends und die heute schon gegebene digitale Signatur können Freigaben für die Beschaffung, für einen Rechnungsauslauf oder einen Ausbildungsantrag wesentlich in ihrem Ablauf beschleunigt werden. Dies wird dadurch ermöglicht, daß Entscheider zwar losgelöst von Ihrem Schreibtisch, aber trotzdem mit elektronischem Zugriff versorgt, auf alle entscheidungsrelevanten Informationen von außerhalb des Unternehmens zugreifen und den weiteren Ablauf eines Vorganges steuern können. Und gesparte Zeit ist gespartes Geld, dies ist nicht neu.

Der Schwerpunkt der erwarteten Anwendungen wird in den Bereichen Kundenberatung/Kundeninformation, mobiler Bezahlung und Logistik liegen, also Anwendungen, bei denen es auf zeitnahe Entscheidungen ankommt, die von oft reisenden Personen zu treffen sind. Die Bereiche Vertrieb/Endkunden werden schon heute von mehr als einem Drittel der Unternehmen im deutschsprachigen Raum mobil bedient, ein Trend, der sich auch künftig fortsetzen wird.

Wann ist ein Geschäftsprozeß überhaupt mobiltauglich? Inwiefern korreliert die Anforderung an einen Geschäftsprozeß mit den Restriktionen von mobilen Übertragungstechnologien? Kai Koster arbeitet in seinem Beitrag „Gestaltung von Geschäftsprozessen im mBusiness" zunächst einige Unterscheidungsmerkmale bei Endgeräten und Übertragungsstandards heraus. Anschließend wird ein umfangreiches Klassifikationsschema zur Mobiltauglichkeit von Geschäftsprozessen dargestellt.

Der Beitrag „Travel-&-Expense-System" zeigt eine mobile Lösung für das Reise(kosten)management auf. Dietmar Böker beschreibt die Kosten- und Zeiteinsparungen vor, während und nach einer

Einleitung

Reise bei der Integration eines T&E-Systems. Dabei werden insbesondere die Vorteile und Möglichkeiten eines permanenten mobilen Geräteeinsatzes hervorgehoben.

Franz Lehner gibt in seinem Beitrag zum „Mobile Knowledgemanagement" einen Einblick in die Voraussetzungen und Möglichkeiten für ein mobiles Wissensmanagement. Schlüsseltechnologien wie Server- und Datenbankanschlüsse werden praxisnah umschrieben. Des Weiteren werden Anwendungen und Werkzeuge skizziert und die Schnittstelle zu mobilen Übertragungstechnologien dargestellt.

Der evolutionäre Fortschritt des eBusiness wird im Artikel „mBusiness als Teil der Internet-Evolution" dargestellt. Norman Stürtz erläutert dabei explizit die Evolutionsstufe des mBusiness und untermalt die Bedeutung und Möglichkeiten an Hand der Finanzdienstleistungsbranche. Des Weiteren wird eine Verknüpfung zu anderen mobilen Services wie z.B. „mobile Payments" aufgezeigt.

Im Beitrag von Heinrich Mayr und Claudia Steinberger von der Universität Klagenfurt werden Rahmenbedingungen und einzelne Prozeßphasen des computergestützten Lernens, verschiedene Paradigmen systematisch analysiert und Lösungswege aufgezeigt. Die kritische Gegenüberstellung von Vor- und Nachteilen des mobilen Lernens rundet den Beitrag ab.

1. Die Gestaltung von Geschäftsprozessen im Mobile Business

Kai Koster, KPMG Consulting AG

Einleitung

In diesem Kapitel soll aufgezeigt werden, welche Auswirkungen die neuen Technologien des mBusiness auf bestehende Geschäftsprozesse haben und wie sie zu deren effizienteren Gestaltung beitragen können.

Zunächst wird der Begriff des Geschäftsprozesses definiert. Anschließend wird eine allgemeingültige Definition des Begriffs Mobile Business hergeleitet, die als Basis für die weiteren Ausführungen dient. Die zur mobilen Abwicklung von Geschäftsprozessen notwendigen Technologien (Hardware, Software, Netze)

1. *Die Gestaltung von Geschäftsprozessen im Mobile Business*

werden vorgestellt und hinsichtlich ihrer Einsatzgebiete voneinander abgegrenzt. Die Darstellung der Besonderheiten des mBusiness gegenüber dem eBusiness rundet diesen Einstieg ab.

Aufbauend auf diesen Erkenntnissen wird versucht, die technologischen Möglichkeiten des mBusiness mit den Erfordernissen moderner Geschäftsprozesse zu kombinieren. Ziel ist die Erarbeitung einer allgemeingültigen Aussage, welche Geschäftsprozesse sich mit den Möglichkeiten des mBusiness abbilden lassen und in welchem Maße dies Sinn macht.

Aktuelle Umfrageergebnisse belegen die getroffenen Aussagen.

Begriffliche Grundlagen

In diesem Abschnitt werden die für das weitere Verständnis grundlegenden Begriffe definiert und zueinander in Bezug gesetzt.

Geschäftsprozess

Geschäftsprozesse finden in allen Bereichen unternehmerischen Handelns statt. Sie sind vom Gedanken der Wertschöpfung und der Unternehmensstrategie geprägt und durch die Unternehmensphilosophie motiviert. Generell lassen sich rein interne Geschäftsprozesse von solchen unterscheiden, die Geschäftspartnern und Kunden gegenüber in Erscheinung treten. Beispiele für Geschäftsprozesse sind Auftragsbearbeitung, Controlling, Informationsmanagement, Marketing, usw.

Definition:

Ein Geschäftsprozess ist eine zielgerichtete, zeitlich-logische Anordnung von Funktionen (Vorgängen / Tätigkeiten), die zur Wertschöpfung in der Unternehmung einen wesentlichen Beitrag leisten und von modernen Informations- und Kommunikationstechnologien unterstützt werden können.

Mit der Einführung von eBusiness, kam es vermehrt zu einer Auslagerung von Geschäftsprozessen zum Kunden. Ermöglicht wurde diese, durch die direkte Interaktion der einzelnen Geschäftspartner[20]. Beispielhaft sei hier auf den Computerhersteller Dell verwiesen, dessen Produkte vom Kunden online konfigu-

---

[20] Hinderer; Henning (2000). Electronic Customer Care - Service im E-Business. Präsentationsunterlagen des Fraunhofer IAO, Stuttgart. Seite 3.

Begriffliche Grundlagen

riert und bestellt werden können. Der Fachhandel als Verkaufsstätte wurde somit überflüssig.

Durch die neuen Technologien des Mobile Business, eröffnen sich jetzt auch neue Möglichkeiten hinsichtlich der Gestaltung von Geschäftsprozessen: Bestehende Geschäftsprozesse müssen umgestaltet und teilweise vollständig neu definiert werden, um effizient und wettbewerbstauglich zu bleiben. Zusätzlich werden gänzlich neue Möglichkeiten der Wertschöpfung erschlossen.

Mobile Business

Neben dem Begriff Mobile Business trifft man häufig auf die Bezeichnungen „Wireless Commerce, Wireless Business, Mobile Commerce". Während Wireless Business und Mobile Business als synonym zu verstehen sind und verallgemeinert die Nutzung mobiler Endgeräte und drahtloser Übertragungsmechanismen zum ortsunabhängigen Datenaustausch bezeichnen, ist die Unterscheidung zwischen mBusiness und mCommerce essentiell. Mobile Commerce (mCommerce) bezeichnet das eigentliche Generieren von Umsätzen unter Einbeziehung mobiler Technologien, also den Einkauf bzw. Verkauf. Mobile Business (mBusiness) hingegen ist weiter gefasst. Neben dem Absatz von Waren und Dienstleistungen bezeichnet Mobile Business auch innerbetriebliche Vorgänge und Prozesse entlang der gesamten Wertschöpfungskette eines Unternehmens. Potentielle Einsatzgebiete sind somit in den Bereichen BtC, BtB, BtE und BtA zu sehen. Beispielhaft sei hier auf Supply Chain Management, Procurement, Workforce Optimization, Customer Relationship Management, Product Lifecycle Management und Marketplaces & Communities verwiesen. Abbildung 1 gibt diese Abgrenzung und die potentiellen Einsatzbereiche von Mobile Business wieder.

1. Die Gestaltung von Geschäftsprozessen im Mobile Business

Abbildung 1: Potentielle Einsatzgebiete von mBusiness innerhalb einer Wertschöpfungskette[21]

Abbildung 2 zeigt die Nutzung des mobilen Datenaustauschs entlang der Wertschöpfungskette durch Unternehmen in Deutschland, Österreich und der Schweiz zu Beginn des Jahres 2001.

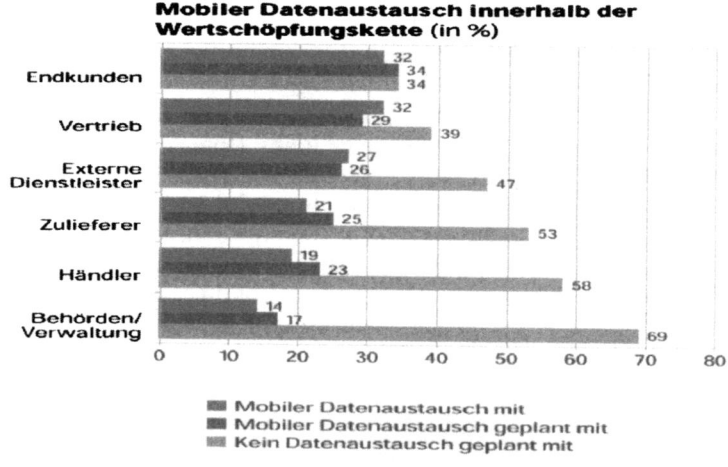

Abbildung 2: Mobiler Datenaustausch innerhalb der Wertschöpfungskette[22]

---

[21] In Anlehnung an KPMG Consulting AG (2001). eBusiness Lösungen von KPMG. Seite 5.

[22] KPMG Consulting AG (2001). Studie "e- goes m- Starting the Mobile

Begriffliche Grundlagen

Während Electronic Business (eBusiness) die auf dem Einsatz von Internettechnologien beruhende Abwicklung von Geschäftsprozessen entlang der unternehmerischen Wertschöpfungskette – von der Beschaffung bis zum Absatz bezeichnet[23], ergänzt Mobile Business (mBusiness) dieses Vorgehen um den Einsatz mobiler Plattformen. Im Gegensatz zu eBusiness, steht hier also die mobile Verfügbarkeit von Applikationen und den zugehörigen Datensätzen im Vordergrund.

Definition:

Mobile Business (mBusiness) beschreibt die im Rahmen der Abwicklung von Geschäftsprozessen anfallende Nutzung von mobilen Endgeräten, geeigneten Datenübertragungstechnologien sowie den modernen Informations- und Kommunikationstechnologien zur standortunabhängigen Kommunikation und Datenverarbeitung.

Zur Nutzung von mBusiness-Anwendungen, werden spezielle Hardware und kabelungebundene Übertragungstechnologien benötigt. Auf diese beiden Komponenten wird in den folgenden Abschnitten eingegangen.

Mobile Endgeräte

Hinsichtlich der Hardwareausstattung kann man mobile Endgeräte in vier große Gruppen einteilen:

- Handy
- PDA
  Personal Digital Assistants. Elektronische Organizer, die u.a. Applikationen zur Terminplanung und Kontaktverwaltung bieten.
- Smartphone
  Kombinationsgeräte, welche die Funkzelle eines Handys mit den Bedienelementen und dem Display eines PDA verbinden.
- Notebook (stellvertretend für weitere tragbare Computer wie Webtabletts).

Future 2001". Seite 23.

[23] KPMG Consulting AG (2000). eBusiness in der deutschen Wirtschaft. Seite 3.

1. Die Gestaltung von Geschäftsprozessen im Mobile Business

Während moderne Notebooks nahezu identische technische Daten wie ihre stationären Pendants haben, unterliegen Handys, PDAs und Smartphones aufgrund ihrer besonders kleinen und leichten Bauweise einigen Einschränkungen hinsichtlich Hardware- und Software. Dass diese Geräte trotzdem für ernsthafte mBusiness-Anwendungen geeignet sind und auch für solche eingesetzt werden, belegt die folgende Abbildung 3. Diese zeigt die Nutzung mobiler Endgeräte durch Führungskräfte in Deutschland, Österreich und der Schweiz zu Beginn des Jahres 2001.

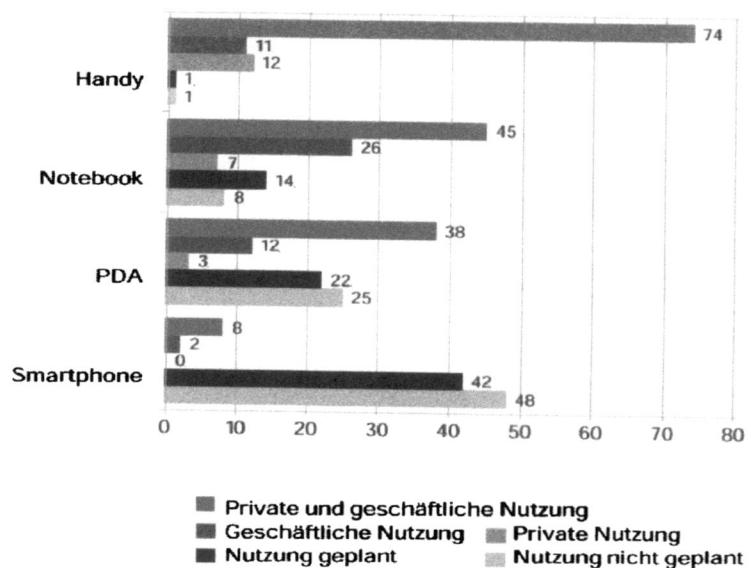

Abbildung 3: Nutzung mobiler Endgeräte[24]

Pager werden hier bewusst nicht angeführt, da diese nur über ein sehr begrenztes Einsatzspektrum verfügen, das auch über die oben aufgeführten Endgeräte abgedeckt werden kann.

Im folgenden werden die wichtigsten Restriktionen mobiler Endgeräte aufgeführt. Diese dienen als Maß für die Beurteilung der Mobilfähigkeit von Geschäftsprozessen.

---

[24] KPMG Consulting AG (2001). Studie "e- goes m- Starting the Mobile Future 2001". Seite 17.

Begriffliche Grundlagen

- **Speicherkapazität**
  Daten werden i.d.R. im Gerätespeicher abgelegt und können alternativ auch auf austauschbaren Datenträgern ausgelagert werden. Hierzu kommen vornehmlich Flash-Speicherchips zum Einsatz. Diese haben den Vorteil sehr geringer Zugriffszeiten, verfügen jedoch nur über eine im Gegensatz zu Festplatten sehr begrenzte Speicherkapazität. Speicherintensive Anwendungen sind somit nur sehr bedingt auf mobile Endgeräte zu übertragen.

- **Akkulaufzeit**
  Mobile Endgeräte sind auf die Verwendung von Akkus angewiesen und verfügen daher nur über ein zeitlich begrenzte Laufzeit. Mit zunehmender Leistungsfähigkeit der Hardware (Prozessorleistung, Farbdisplay, Speicherkapazität), geht auch die maximale Betriebsdauer zurück. Geschäftsprozesse, die eine permanente Interaktion eines Benutzers erfordern, lassen sich daher kaum auf mobile Endgeräte übertragen. Hinzu kommt, dass eine permanente Interaktion praktisch nur von einem festen Standort aus möglich ist. Diese Aussage steht im Widerspruch zu Sinn und Zweck mobiler Kommunikationsausstattungen.

- **Bedienelemente**
  Entsprechend der Gehäusebaugröße, sind auch die Bedienelemente stark miniaturisiert. Während Handys ausschließlich über einen alphanumerischen Zahlenblock und Funktionstasten gesteuert werden, verfügen PDAs entweder über Touchscreendisplays mit emulierter Tastatur oder über kleine Hardwaretastaturen. Diese Faktoren kommen insbesondere bei solchen Geschäftsprozessen zum Tragen, bei denen komplexe und häufig anfallende Benutzereingriffe durchgeführt werden müssen. Unter ergonomischen Gesichtspunkten ist die Abwicklung solcher Tätigkeiten auf mobilen Endgeräten nicht empfehlenswert, da diese zu einer starken Beanspruchung des Bearbeiters und zu frühzeitig einsetzenden Ermüdungserscheinungen führen.

- **Displaygröße**
  Insbesondere bei Handys stehen dem Benutzer nur sehr kleine, meist alphanumerische Displays zur Verfügung. Diese können nur wenige Textzeilen darstellen und reservieren eine Zeile für Navigationssymbole. Aktuelle Farbdisplays von PDAs und Smartphones stellen Inhalte maximal im ¼-VGA-Format dar (240 x 320 Punkte). Unter Ergonomiegesichts-

punkten sollten daher solche Geschäftsprozesse für die mobile Anwendung ausgewählt werden, die weitgehend textbasiert sind und auf aufwendige grafische Darstellungen verzichten. Auf die mobile Bearbeitung umfangreicher Datenmengen (z.B. Tabellen) sollte ebenfalls verzichtet werden.

- **Erweiterbarkeit**
  Handys lassen sich prinzipbedingt nur sehr begrenzt erweitern. PDAs und Smartphones bieten zumindest teilweise die Option, PCMCIA- oder Compact-Flash-Karten einzusetzen, so dass z.B. Wireless LAN Karten, Netzwerkkarten oder Kameras angeschlossen werden können. Allerdings ist solches Zubehör derzeit nur in geringem Umfang verfügbar und nicht plattformübergreifend zu verwenden.

- **Übertragungsrate**
  Je nach verwendetem Übertragungsstandard werden derzeit Bandbreiten zwischen 9,6 Kbit/s und 11 Mbit/s erreicht. Vergleich: Die entsprechenden kabelgebundenen Anschlüsse haben Datenübertragungsraten bis maximal 2,5 Gbit/s (Standleitung). Während diese Werte zur Übermittlung alphanumerischer Daten vollkommen ausreichend sind, erlauben sie nur eine stark eingeschränkte bzw. keine Übertragung kompletter Applikationen bzw. qualitativ hochwertiger multimedialer Inhalte.

- **Kostenfaktor**
  Hinsichtlich der Abrechnung mobiler Anwendungen unterscheidet man im WAN-Bereich (vgl. Übertragungsstandards) momentan zwischen leitungsorientierten Diensten (GSM, HSCSD) und paketorientierten Diensten (GPRS, EDGE, UMTS). Leitungsorientiert bedeutet, dass der Benutzer für die Dauer der Verbindung Gebühren an seinen Telekommunikationsdienstleister entrichtet – unabhängig davon, ob Daten übertragen werden. Bei einem paketorientierten Dienst erfolgt die Abrechnung nach der Anzahl der übertragenen Daten. Für mobile Applikationen bedeutet dies, dass der Benutzer aufgrund der im Vergleich zu Festnetzverbindungen hohen Gebühren eine Kostenminimierung anstreben wird. Somit sollte bei Anwendungen mit synchroner Benutzerinteraktion auf eine zeitaufwendige Navigation und auf ladezeitintensive „Füllgrafiken" verzichtet werden. Auch die asynchrone Übertragung von umfangreichen Dokumenten verursacht hohe Übertragungskosten und ist auch aufgrund

Begriffliche Grundlagen

der bereits erwähnten Restriktionen der Displays nicht zu empfehlen.

Neben diesen hardwarebedingten Restriktionen, zeigt Abbildung 4 weitere von Führungskräften in Deutschland, Österreich und der Schweiz zu Beginn des Jahres 2001 genannte Hinderungsfaktoren für die Ausbreitung von mBusiness-Anwendungen.

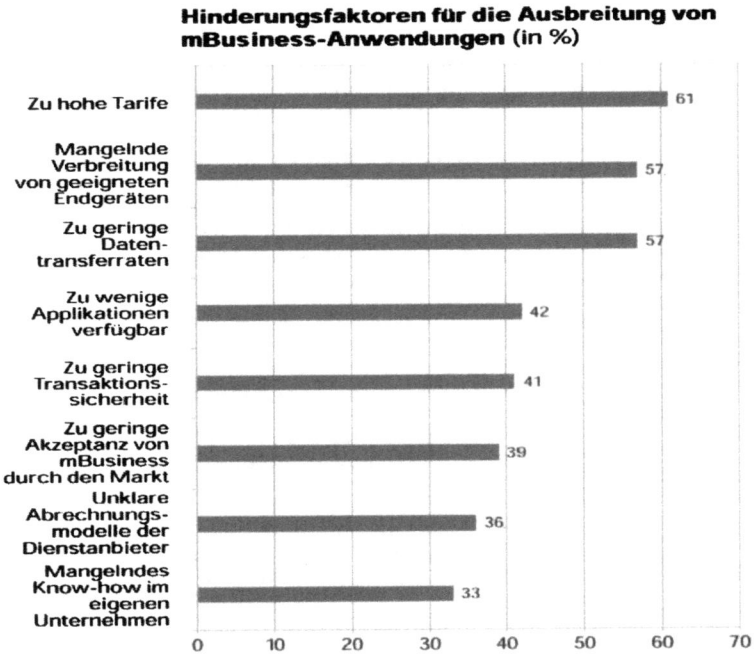

Abbildung 4: Hinderungsfaktoren für die Ausbreitung von mBusiness-Anwendungen[25]

Übertragungsstandards

Neben den eigentlichen Kommunikationsendgeräten, erfordert die mobile Anwendung auch die Nutzung kabelunabhängiger Übertragungstechnologien. Bezüglich der zur Verfügung stehenden Übertragungsstandards, bietet sich die reichweitenabhängige Unterteilung in drei verschiedene Klassen an (vgl. Abbildung 5).

---

[25] KPMG Consulting AG (2001). Studie "e- goes m- Starting the Mobile Future 2001". Seite 21.

1.   Die Gestaltung von Geschäftsprozessen im Mobile Business

Je nach verwendeter Klasse ergeben sich weitere Restriktionen, die sich vorwiegend in hohen Kosten für die Übertragung (vgl. Mobile Endgeräte) oder Kosten für die Ausstattung mit der notwendigen Kommunikationsinfrastruktur (z.B. Anschaffung von Wireless LAN Komponenten) niederschlagen. Auch deren Reichweite und Verfügbarkeit sowie ihre maximale Übertragungsrate stellen einschränkende Faktoren dar.

- **WAN** (Wide Area Network)

    Hierunter fallen in erster Linie die Mobilfunkstandards GSM, HSCSD, GPRS, EDGE, UMTS. Richtfunk ist ebenfalls eine Technologie zur drahtlosen Überbrückung großer Entfernungen, eignet sich aufgrund der auf einen festen Punkt fokussierten Übertragung jedoch nicht für mobile Anwendungen. Allen Mobilfunkstandards ist gemein, dass deren Nutzung den Abschluss eines Dienstleistungsvertrages mit einem Service Provider und die Entrichtung einer monatlichen Grundgebühr sowie weiteren Gebühren für anfallende Gesprächskosten erfordert.

- **LAN** (Local Area Network)

    Hierbei handelt es sich um Übertragungstechnologien zur Überbrückung mittlerer Reichweiten. Zudem ist die Übertragung auf ein bestimmtes Gebiet (z. B. Unternehmen) beschränkt. Zu den bekanntesten Standards gehören Wireless LAN (WLAN gemäß IEEE 802.11b-Spezifikation) und DECT. Die zur Kommunikation erforderliche Hardware ist selbst anzuschaffen und zu konfigurieren. Hierbei ist zu beachten, dass neben einer (oder mehreren) zentralen Sende- und Empfangsstationen, auch für jedes einzelne mobile Endgerät entsprechende Hardware in Form von Erweiterungskarten hinzugekauft werden muss. Innerhalb des Nutzungsbereiches fallen jedoch weder Grundgebühren noch Verbindungskosten an. Auch die Datenübertragungsrate ist wesentlich höher als bei den Standards der WAN-Klasse.

- **PAN** (Personal Area Network)

    Dieser Bereich, der häufig auch als Wireless Body Communication bezeichnet wird, dient zur Abdeckung des Personennahbereichs, also des Bereichs unmittelbarer Anwendernähe. Einsatzgebiet ist vorwiegend die direkte Kommunikation einzelner Endgeräte und derer Komponenten. Hierzu eignen sich insbesondere der Funkstandard Bluetooth und die Infrarotübertragung (IrDA). Wegen der geradlinigen Ausbreitung des Infrarotlichts, eignet sich IrDA nur für direkte Sichtverbindung zwischen einzelnen Endgeräten und nicht für die Kommunikation in verschiedenen Räumen. Hinsichtlich der Anschaffungskosten gilt das gleiche wie für die LAN-Klasse, allerdings fallen im PAN-Bereich die Übertragungsraten geringer aus.

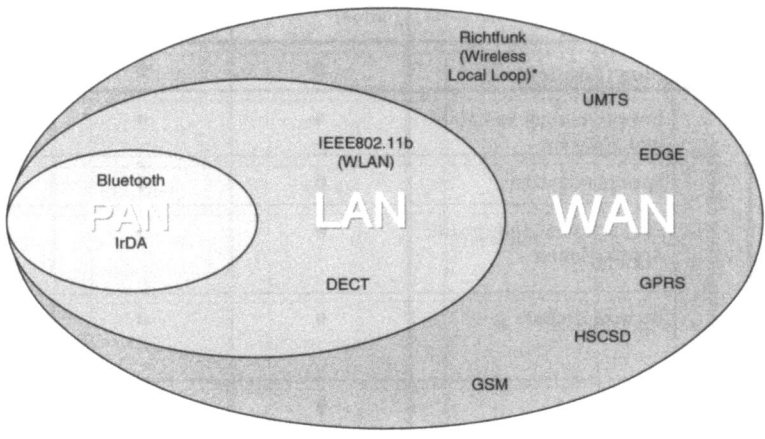

Abbildung 5: Übertragungstechnologien in Abhängigkeit von ihrer Reichweite

Anforderungen an mobiltaugliche Geschäftsprozesse

Electronic Business Anwendungen haben den Vorteil der zeitlich unabhängigen, schnellen Verfügbarkeit von Information an jedem, mit der notwendigen technischen Infrastruktur ausgestatteten Ort zu minimalen Übertragungskosten. Wie oben erwähnt, stellt Mobile Business in erster Linie die Nutzung von Electronic Business Anwendungen auf mobilen Endgeräten, unter Zuhilfenahme entsprechender Übertragungsmechanismen dar. Die gravierendsten Unterschiede sind die sich aus mobiler Hardware und Übertragungstechnologie ergebenden Restriktionen sowie die weitgehende räumliche Unabhängigkeit von einer technischen Infrastruktur.

Vor der Einführung von Mobile Business Applikationen müssen die dahinter liegenden Geschäftsprozesse daher auf Ihre Anforderungen hinsichtlich menschlicher Interaktion, Technik, Daten-

1. Die Gestaltung von Geschäftsprozessen im Mobile Business

Tabelle 1: Klassifikationsschema zur Beurteilung der

Zusammenhang zwischen der Akzeptanz der technischen Restriktionen und den Anforderungen des Geschäftsprozesses	Anforderungen des			
	Räumliche Entfernung der Kommunikationspartner	Standortabhängigkeit der Information	Bedarf an aktueller Information	Nutzung von Spezial-Hardware, z.B. Messtechnik
Ausprägung (Empfohlen)	⇧	⇧	⇧	⇩
Erweiterbarkeit von Hard- und Software	0	0	0	3 (Modularität)
Speicherkapazität	0	0	0	0
Funktionalität verfügbarer Applikationen	0	0	1 (Channels)	3 (Eigenentwicklung)
Bedienelemente	0	0	0	2 (Steuerung)
Displaygröße	0	0	0	0
Übertragungsrate	0	1 (Netzkapazität)	1 (Verbindungsdauer)	0
Akkulaufzeit	0	1 (Sendestrom)	3 (Verfügbarkeit)	2 (Zusatzverbraucher)
Stabilität der Übertragung	0	2 (Netzlast)	3 (Verfügbarkeit)	2 (Paketverlust)
Kostenfaktor der Übertragung (auf WAN bezogen)	3 (Tarifzone)	3 (WAN)	3 (Tarifzeit)	0
Mobiltauglichkeit der Prozesse (abnehmend)	3	7	11	12
Grad des Zusammenhangs	1 = gering		2 = mittel	

(Zeilenbeschriftung links: Restriktionen mobiler Endgeräte bzw. mobiltauglicher Übertragungstechnologien)

Mobiltauglichkeit von Geschäftsprozessen

Geschäftsprozesses				Akzeptanz-bereitschaft gegenüber Restriktionen (abnehmend)
Komplexität des Benutzereingriffs	Zahl der gleichzeitigen Kommunikationspartner	Zu übertragendes Datenvolumen	Notwendigkeit permanenter Interaktion	
⇩	⇩	⇩	⇩	
0	0	0	0	3
0	0	3 (Cache)	1 (Cache)	4
3 (Unterstützungsfunktionen)	2 (Sessionmanagement)	0	0	8
3 (Ergonomie)	2 (Sessionhandling)	0	3 (Ergonomie)	8
3 (Ergonomie)	3 (Sessionhandling)	1 (Scrolling)	3 (Ergonomie)	10
	3 (Synchronität)	3 (Verbindungsdauer)	2 (Verfügbarkeit)	11
1 (Eingriffsdauer)	1 (parallele Verbindungen)	3 (Übertragungsdauer)	3 (Dauerbetrieb)	12
0	2 (Abbrüche)	3 (Abbrüche)	3 (Zugriff)	15
3 (Online-Eingriff)	3 (Verbindungszahl)	3 (Volumentarif)	3 (Verbindungsdauer)	21
13	16	16	18	@

3 = hoch   0 = kein Zusammenhang

1. Die Gestaltung von Geschäftsprozessen im Mobile Business

modell, Aktualität und Flexibilität hin untersucht werden. Anschließend ist zu überprüfen, in wie weit diese Anforderungen mit den Restriktionen mobiler Kommunikationskomponenten in Zusammenhang stehen.

Klassifizierung von Geschäftsprozessen nach ihrer Mobiltauglichkeit

Kombiniert man die technologischen Rahmenbedingungen des Mobile Business mit den in Abschnitt „mobile Endgeräte" genannten Restriktionen und setzt diese in Bezug zu der obigen Definition des Geschäftsprozesses (Abschnitt Geschäftsprozess), erhält man ein Klassifikationsschema zur Beurteilung der Mobiltauglichkeit von Geschäftsprozessen. (vgl. Tabelle 1 auf den Seiten 138/139).

In diesem Schema gibt Zeile 2 verschiedene Anforderungen an Geschäftsprozesse wieder. In Zeile 3 (Ausprägung Empfohlen) werden die Anforderungen hinsichtlich ihres zu erwartenden Zusatznutzens bei mobiler Umsetzung klassifiziert. Ein Pfeil nach oben bedeutet, dass sich z.B. ein hoher Bedarf an aktueller Information gut durch einen mobil abgewickelten Geschäftsprozess befriedigen lässt.

Stellt man jeder Restriktion von Mobile Business Technologien (linke Spalte), die Anforderungen eines Geschäftsprozesses gegenüber und wertet den Grad des Zusammenhangs auf einer Skala von 1-3, wobei ein großer Wert auf einen starken Zusammenhang hindeutet, und bildet anschließend in Achsenrichtung die Summe über die Skalenwerte, so lassen sich sowohl Restriktionen als auch Anforderungen entsprechend ihres Entscheidungsgewichts klassifizieren.

Die Summe der Werte für einen existierenden Zusammenhang sowohl in horizontaler als auch in vertikaler Richtung, dienen der Ermittlung des Entscheidungsgewichtes. Beispiel: Die Notwendigkeit permanenter Interaktion erfordert also die gleichzeitige, wenn auch unterschiedlich stark ausgeprägte, Akzeptanz mehrerer Restriktionen (Akkulaufzeit, Displaygröße, Kosten, etc.) und wird daher nur in geringem Maße als mobiltauglich erachtet.

Eine Killerapplikation hätte in dieser Klassifikation die Ausprägung einer hohen Mobiltauglichkeit des zugrundeliegenden Geschäftsprozesses und somit einer hohen Akzeptanzbereitschaft des Anwenders gegenüber den genannten Restriktionen.

Definition:

Ein mobiltauglicher Geschäftsprozesses zeichnet sich durch einen möglichst geringen Zusammenhang zwischen den Restriktionen mobiler Endgeräte bzw. denen mobiler Übertragungstechnologien und den prozesstypischen Anforderungen an diese aus.

Die Höhe der Akzeptanzbereitschaft des Anwenders gegenüber Restriktionen mobiler Endgeräte und Übertragungstechnologien, sind ein Maß für die Realisierungswahrscheinlichkeit eines Mobile Business Vorhabens.

Beispiel:

Eine Nachrichtenagentur hat einen hohen Bedarf an aktuellen Informationen, die von ihren Außendienstmitarbeitern (Journalisten) vor Ort erfasst werden. Die Wertschöpfung der Nachrichten-

1. Die Gestaltung von Geschäftsprozessen im Mobile Business

agentur steht in engem Zusammenhang mit der Zeit, die zwischen der Wahrnehmung durch den Journalisten, die Übermittlung der wahrgenommenen Information und deren anschließender Verbreitung über die Agenturmeldungen verstreicht. In diesem Fall wird die Nachrichtenagentur ihrem Journalisten den Auftrag geben, Informationen auf dem schnellsten Wege an den Agenturstandort zu übermitteln. Dieser Auftrag lässt sich am einfachsten durch die Verarbeitung der Information mit einem mobilen Endgerät (Handy, Notebook) und die Weiterleitung unter Nutzung mobiler Übertragungstechnologien (GSM- bzw. GPRS-Netz) bewerkstelligen. Durch einen späteren Versand der Information könnten zwar Kosten gespart werden (Festnetzanschluss in Hotel), durch die geringere Aktualität würde die Information jedoch an Wert verlieren. Die Nachrichtenagentur wird also zwischen Aktualität und Kosten abwägen und vermutlich einer aktuellen Mitteilung den Vorzug gegenüber niedrigen Übertragungskosten geben.

Beispiele für mobiltaugliche Geschäftsprozesse

Anfang 2001 führte die KPMG Consulting AG in Zusammenarbeit mit Compaq, Microsoft, Infonova und dem Industriestiftungsinstitut eBusiness an der Universität Klagenfurt eine Studie zum Thema Mobile Business durch. Im Rahmen der Studie „e- goes m- Starting the Mobile Future 2001", wurde auch nach Potenzialen mobiler Anwendungen gefragt. Mit 55 % rangierte hier die mobile Kundenberatung / Kundeninformation auf Position 1, gefolgt von mobiler Bezahlung (49 %) und Logistik (42 %).

Beispiele für mobiltaugliche Geschäftsprozesse

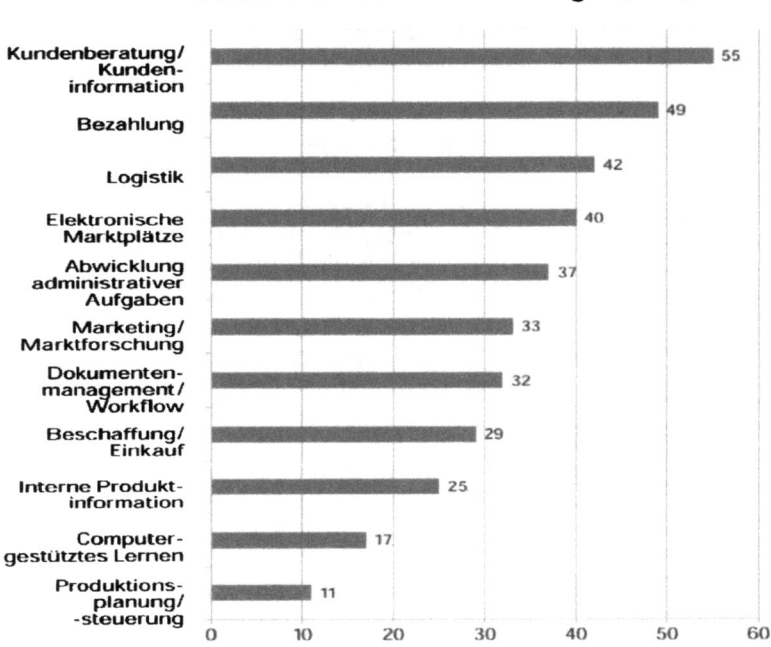

Abbildung 5: Potenziale mobiler Anwendungen[26]

Insbesondere in den Bereichen Kundeninformation, Logistik und Marketing, werden künftig verstärkt Anwendungen auf Basis von Location Based Services, also standortabhängiger Information, zum Einsatz kommen. Diese Technologie ermöglicht es dem Unternehmen, seinen Kunden gezielt Informationen, in Abhängigkeit von deren Standort zu übermitteln. Denkbar sind hier z.B. das Erstellen von individuellen Angeboten („…in den nächsten 15 min. erhalten Sie in dem Geschäft zu Ihrer Linken das Kilo Kaffee zum halben Preis…") oder die standortabhängige Bereitstellung von Informationen („…Sie erreichen die Abflughalle, indem Sie in 25 m rechts abbiegen und dann den weiteren Anweisungen auf dem Display folgen…").

Auch im Bereich Logistik finden solche Dienste künftig Anwendung wenn es darum geht, den aktuellen Standort eines Fahrzeuges über die Funkzelle eines Handys zu bestimmen und des-

---

[26] KPMG Consulting AG (2001). Studie "e- goes m- Starting the Mobile Future 2001". Seite 21.

sen Eintreffen am Produktionsstandort in Abhängigkeit von den Meldungen eines Verkehrsinformationssystems und der aktuellen Fahrzeuggeschwindigkeit möglichst genau zu ermitteln.

Kundenbefragungen können ebenfalls sehr elegant durchgeführt werden, indem man dem Kunden z.B. eine SMS mit einer Frage zusendet, die dieser durch Drücken einer Zifferntaste beantwortet. Statt selbst eine kostenpflichtige SMS zurück zu senden, wird auf Tastendruck automatisch die Rufnummer eines Sprachcomputers gewählt: Endziffer 1 für „Ja", Endziffer 2 für „Nein". Durch die bei Handys standardmäßig integrierte Rufnummernübermittlung, kann das Ergebnis auch ohne Annehmen des Telefonats ausgewertet werden. Als Dankeschön erhält der Teilnehmer den Gegenwert einer SMS auf sein Guthabenkonto gutgeschrieben.

Zusammenfassung

Die Beurteilung, ob ein Geschäftsprozess mobiltauglich ist, muss stets unter Berücksichtigung von dessen Anforderungen an Technik, Mensch und unter Aspekten der Wirtschaftlichkeit getroffen werden. In Abhängigkeit von den Restriktionen mobiler Endgeräte und Übertragungstechnologien sowie deren Zusammenhang zu den humanen, technischen und wirtschaftlichen Anforderungen des Geschäftsprozesses, muss eine Entscheidung getroffen werden, die mit der Unternehmensstrategie und den wirtschaftlichen Zielen des Unternehmens in Einklang steht.

Literatur und Referenzen

- [1] Hinderer; Henning (2000). Electronic Customer Care - Service im E-Business. Präsentationsunterlagen des Fraunhofer IAO, Stuttgart. Seite 3.
- [2] In Anlehnung an KPMG Consulting AG (2001). eBusiness Lösungen von KPMG. Seite 5.
- [3] KPMG Consulting AG (2001). Studie "e- goes m- Starting the Mobile Future 2001". Seite 23.
- [4] KPMG Consulting AG (2000). eBusiness in der deutschen Wirtschaft. Seite 3.
- [5] KPMG Consulting AG (2001). Studie "e- goes m- Starting the Mobile Future 2001". Seite 17.
- [6] KPMG Consulting AG (2001). Studie "e- goes m- Starting the Mobile Future 2001". Seite 21.

- [7] KPMG Consulting AG (2001). Studie "e- goes m- Starting the Mobile Future 2001". Seite 21.

2. Travel- und Expense-Systeme

Mobile Technologien im Geschäftsreisenalltag
Dietmar Böker, KPMG Consulting AG

Einleitung

Im wahrsten Sinne 'mobil' sind Mitarbeiter, wenn sie auf Geschäftsreise sind. Telefonkonferenzen, Internet und andere Technologien machen zwar einzelne Reisen unnötig, trotzdem reisen die Mitarbeiter deutscher Unternehmen viel. So summierte sich das Geschäftsreiseaufkommen der deutschen Top 500 Unternehmen laut der Studie Geschäftsreiseklima 2000 auf ein Volumen von DM 24 Mrd. [1]. Die durchschnittliche nationale Reise kostet DM 661,- und eine Auslandsreise fast dreimal so viel. Doch nicht nur direkte Reisekosten beschäftigen die Unternehmen. Darüber hinaus wird jede Geschäftsreise von einem erheblichen administrativen Aufwand - und den damit verbundenen indirekten Reisekosten - begleitet.

Vor dem Hintergrund eines signifikanten Einsparungspotentials sowohl bei den Prozess- wie auch den direkten Reisekosten, entscheiden sich immer mehr Unternehmen für die Einführung einer Travel-&-Expense (T-&-E) Lösung.

Solche T-&-E-Systeme unterstützen idealerweise die gesamte Prozesskette der Geschäftsreise, d. h. den Ablauf von der Reiseplanung und -buchung über die Reisekostenabrechnung bis hin zur Prüfung und Rückerstattung. Es entfallen redundante, ineffiziente oder gar überflüssige Tätigkeiten wie Rückfragen, Wege und Hauspost. Der Aufwand für die Prüfung der Reisekostenabrechnung wird stark verringert, ohne dass die Prüfsicherheit darunter leidet. Mit einer T-&-E-Lösung können die Prozesskosten um 75% reduziert werden [2].

Bei den direkten Reisekosten bietet die von T-&-E-Systemen bereitgestellte Kostentransparenz ein noch größeres Einsparungspotential. Bisher unbekannte Kostentreiber können identifiziert werden, die Informationen zur optimalen Ausnutzung der Verhandlungsmacht genutzt werden.

2. Travel- und Expense-Systeme

Aber auch der Mitarbeiter profitiert von der neuen Prozesstransparenz. So kennt er immer den Status seiner Dokumente. Durch die intuitive Benutzerführung webbasierter T-&-E-Systeme kann er seine Abrechnung einfacher und schneller erstellen. Diese Systeme stehen „rund um die Uhr" zur Verfügung und unterstützen den Mitarbeiter zunehmend auch während der Reise. Dies wird hauptsächlich durch den zunehmenden Einsatz mobiler Services und Features möglich.

Bis zum Ende des letzten Jahres nutzten "rund 48 Millionen Menschen in Deutschland ein Mobiltelefon" [3], deren technische Entwicklung sich stark beschleunigt hat. Die neueste Gerätegeneration wird aufgrund ihrer weit über den Sprachbetrieb hinaus gehenden Funktionalitäten auch 'smart phones' genannt. Sie werden als Universalgeräte angesehen, die neben der verbalen Kommunikation, email, Wetterberichten, Nachrichten auch Raum für Business Applikationen bieten werden. Kritiker bezweifeln, dass Geschäftskunden das Mobiltelefon wirklich für mehr nutzen wollen, als für die verbale Kommunikation. Begrenzte Display-Grösse und -Auflösung sowie umständliche Dateneingabe werden kritisiert.

Trotzdem eröffnen sich mit der Technologie Möglichkeiten, erfolgreiche Services anzubieten oder bestehende Lösungen mit mobilen Komponenten sinnvoll anzureichern. Gerade im Reisebereich ergeben sich vielfältige Möglichkeiten, die Technologie nutzbringend einzusetzen. Ist ein normaler Zugang zu den Unternehmenssystemen nicht möglich, so können die benötigten Informationen auch in mobilen Geräten 'mitgenommen' werden. Sobald der Netzzugang wieder möglich ist, können die Daten wieder über (leitungsgebundene oder Mobilnetze) mit dem Unternehmensdatenbestand synchronisiert werden. WAP ermöglicht den Zugriff auf Systeme über das mobile Endgerät, auch wenn diese Technologie derzeit nur begrenzt leistungsfähig ist.

Eine weitere mobile Technologie sind sprachgesteuerte Systeme. Diese 'Voice Recognition' Systeme ermöglichen es, mittels ihrer akustischen Benutzerschnittstelle in EDV-Systemen zu navigieren. Solche Systeme sind bereits in zahlreichen Sprachen erhältlich und sie genügen den Anforderungen zahlreicher Business Applikationen. [Evans Research Inc. hat im Auftrag von Nuance, einem Anbieter von sprachgesteuerten Systemen, eine hohe Benutzerzufriedenheit ermittelt (87%) [4]=>wohin?.]

Der typische Travel-&-Expense-Prozess

Der typische Travel-&-Expense-Prozess ist gekennzeichnet durch drei Phasen: Die Vorbereitung der Reise, die Geschäftsreise selbst sowie deren Nachbereitung (s. Abbildung 1).

Nicht immer umfasst die Reisevorbereitung ein Genehmigungsverfahren. Teilweise können Mitarbeiter Ihre Geschäftsreisen selbständig buchen, anderswo ist die Nutzung eines bestimmten Reisebüros vorgeschrieben.

Während der Reise werden typischerweise keine administrativen Arbeitsschritte durchgeführt. Mobile Applikationen erlauben es jedoch zunehmend, auch in dieser Phase die Vorteile eines T-&-E-Systems nutzbar zu machen.

Die Nachbereitung der Geschäftsreise besteht i. d. R. aus der Erstellung einer Reisekostenabrechnung und ihrer Überprüfung. Unternehmen mit vorgelagertem Genehmigungsschritt verzichten oft auf eine nachträgliche Überprüfung (abgesehen von Stichproben). In Unternehmen, bei denen eine Genehmigung vor der Reise nicht nötig ist, wird meist intensiver geprüft. Mit der Rückerstattung wird der T-&-E-Prozess abgeschlossen.

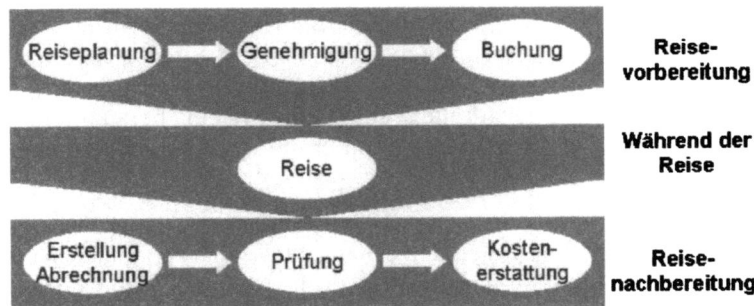

Abbildung 1: Der typische T-&-E-Prozess

Mobile Möglichkeiten im Travel-&-Expense Prozess

Reisevorbereitung

In der Regel wird der Mitarbeiter seine Reise vom Arbeitsplatz aus planen. Sofern es einen Genehmigungsprozess gibt, erzeugt er zunächst seinen Reiseantrag. Setzt das Unternehmen ein webbasiertes Travel-&-Expense-System ein, so wird das Dokument im Webbrowser erstellt. Falls dieses System an einen Online-Flugplan angeschlossen ist, können Daten (z. B. Preise) automatisch in das Dokument übernommen werden. Ist der Reiseantrag erstellt, so wird er dem Vorgesetzten übermittelt, der ihn seinerseits prüft. Oft hat der genehmigende Vorgesetzte keinen Kontakt zum Firmennetzwerk, da er selbst geschäftlich unterwegs ist. Insbesondere Flugpreise sind jedoch zeitkritisch. Dies haben die Anbieter von Best-of-Breed T-&-E-Lösungen erkannt. So beschränkt sich z. B. das System von Extensity [11] nicht nur auf die Möglichkeit der Email-Benachrichtigung bei Eingang eines zu genehmigenden Dokumentes. Ist der Vorgesetzte auf Reisen, so sendet ihm das System eine SMS-Nachricht mit den Daten des zu genehmigenden Vorganges. Mit seinem WAP-fähigen Endgerät kann er sich mit dem Extensity-Server verbinden, weitere Details abrufen und gegebenenfalls die Reise genehmigen. Falls erwünscht, so kann er das Dokument vom mobilen Gerät aus an eine beliebige Faxnummer senden. Jedes Faxgerät der Welt wird so zum potentiellen Netzwerkdrucker.

In Zukunft ist im Genehmigungsprozess die Anwendung von sprachgesteuerten (Voice Recognition) mobilen Applikationen denkbar. Automatisch kann dann der im Zug oder Auto sitzende Vorgesetzte angerufen werden. Vom System bekommt er das zu genehmigende Dokument vorgelesen. Sprachgesteuert kann er durch Menüs navigieren, weitere Details anfordern oder den Mitarbeiter aus dem System heraus telefonisch kontaktieren. Schließlich kann er die Reise sprachgesteuert genehmigen.

Unabhängig davon, auf welchem Weg ein Reiseantrag genehmigt wurde, wird das Dokument an die Reisestelle bzw. das Reisebüro geleitet. Diese Stelle hat ebenfalls Zugriff auf das T-&-E-System und bucht die Reise aufgrund der vorliegenden Informationen. Der Mitarbeiter kann sich jederzeit über den Status informieren - über den Web-Client oder mobil per WAP-Zugriff.

Oft kann der Mitarbeiter seine Reise jedoch nicht vom Arbeitsplatz aus planen. Die Infrastruktur des Unternehmens kann nicht genutzt werden, auch Internetzugang ist nicht gegeben. Von Vorteil ist es dann, wenn die entsprechenden Services mobil verfügbar sind. Um diese Lücke zu schließen stellen einige Online-Reisebüros entsprechende mobile Services bereit. Diese basieren häufig auf WAP-Technologie, aber auch ein sprachbasiertes Buchungssystem existiert bereits in einer Demonstrationsversion [6]. Einige Funktionalitäten sollten mobile Reiseplanungs und

-buchungssysteme bieten, wenn Geschäftskunden gebunden werden sollen:

- Aktuelle Informationen zu Preisen, Verfügbarkeiten etc. Im europäischen Umfeld ist hier eine Anbindung an den zentralen Flugcomputer im Amadeus-Rechenzentrum von zentraler Bedeutung. Dort stehen Informationen über mehr als 3 Millionen Flüge zur Verfügung.
- End-to-End-Prozesse: Vom System sollten nicht nur Reservierung und Buchung, sondern der gesamte Prozess inklusive Stornierung, Umbuchung etc. automatisiert sein. Elektronische Tickets (z. B. Etix) sollten unterstützt werden, denn nur so ist eine Buchung ohne Logistik möglich. Electronic Ticketing wird bereits von 80% der deutschen Unternehmen genutzt [7].
- Das mobile System sollte firmenindividuell konfigurierbar sein, d. h.
- Berücksichtigung von individuellem Pricing gemäß Rahmenverträgen.
- Hinterlegung der Reiserichtlinien des Unternehmens.
- Das mobile System sollte personalisierbar sein (Daten für Vielfliegerprogramme, Mahlzeiten, Sitzplatzpräferenzen, Zahlungsmittel etc.). Die Akzeptanz schwindet schnell, wenn der Benutzer redundante Dateneingaben über eine kleine Handy-Tastatur tätigen muß.

während der Reise

Wenn der Mitarbeiter unterwegs ist, machen 'mobile' Travel-&-Expense Funktionalitäten am meisten Sinn. Da kann es sehr hilfreich sein, wenn der Reisende alle Daten seines Reiseplanes auf dem mobilem Gerät selbst oder im Online-Zugriff jederzeit verfügbar hat.

Am weitesten entwickelt sind derzeit die mobilen Services rund um Geschäftsflugreisen. Für Fluggäste, die nur mit Handgepäck unterwegs sind gibt es bereits Möglichkeiten für den Check-In mit WAP-fähigem Endgerät. Weitere Informationen werden geboten, wie z. B. Gate, Sitzplatz, Abflugzeiten, Verspätungen und Wartelisteninformation. National Airlines bietet den Kunden Zugang zu radarbasierten Flugdaten, um z. B. Verspätungen anzuzeigen [8], [9].

2. Travel- und Expense-Systeme

Neu sind Funktionalitäten, die den Reisenden aktiv unterstützen. Das T-&-E-System kennt den Reiseplan des Mitarbeiters. Kommt es nun zu exogenen Änderungen (z. B. aufgrund von Verspätung oder Streichung des Fluges, Änderung des Gates), so benachrichtigt das System den Reisenden zukünftig in Echtzeit per email, SMS oder Anruf. Sehr früh hat die Fluggesellschaft United diese Funktionalität realisiert [10]. Eine Benachrichtigung kann hier ebenfalls an andere Empfänger gehen, wie z. B. Hotels, anschließende Verkehrsmittel (z. B. Autovermietung) oder den abholenden Ehepartner.

Zukünftig wird der Reisende noch stärker unterstützt, wenn das System ein automatisches Änderungsmanagement durchführt. Entsprechend den persönlichen Präferenzen und der Reiseverordnung sucht das System im Falle von Änderungen nach Alternativen. Dann wird der Flug ab einer bestimmten Verspätung automatisch umgebucht. Eine menschliche Intervention ist nicht nötig und der Reisende wird von der Umbuchung per SMS in Kenntnis gesetzt.

Auch in anderen Bereichen bieten mobile Services dem Reisenden Vorteile, so z. B. im Auto. Online-Routenplaner haben sich noch nicht durchsetzen können. Häufig genutzt werden hingegen Offline-Lösungen, die z. B. auf dem Handheld installiert werden. Eine zukunftsweisende Lösung ist ein mobiler Routenplaner mit Voice Recognition Technologie über das Mobilfunknetz. Hier besteht die Möglichkeit, standortspezifische Services ohne die Nutzung teurer GPS-Systeme anzubieten. Die Mobilfunk-Netzbetreiber sind in der Lage, dem Servicedienstleister die Standortinformationen des Benutzers weiterzugeben. Mit einer Genauigkeit von bis zu 100 m sind diese Angaben für viele mobile Anwendungen (wie z. B. Routenplaner) hinreichend genau [5].

Mit welchem Verkehrsmittel der Mitarbeiter auch unterwegs ist, ein modernes T-&-E-System wird ihm zukünftig zusätzliche mobile Informations- und Servicedienste bieten: Wetter- und Stadtinformationen (z. B. Restaurant-Tips, Stadtpläne), Ticketservice (Konzerte, Theater, Sportveranstaltungen), Wechselkursinformationen, Währungsrechner, Zoll- und Einreisebestimmungen sowie eine Bezahlfunktion.

Bisher ist es den Mitarbeitern oft nicht möglich, bereits während der Reise an ihrer Reisekostenabrechnung zu arbeiten. Viele T-&-E-Tools bieten noch keine Möglichkeit der Offlinearbeit mit späterer Synchronisierung. Unternehmen, die sich für ein solches

Produkt entschieden haben, können dieses Manko zumindest teilweise durch den Einsatz von mobilen Technologien wettmachen. Allerdings erfordert dies oft die aufwendige Anpassung des existierenden Systems.

Es gibt verschiedene Möglichkeiten, die Ausgaben unterwegs (d.h. ohne stationären Netzzugang) zu erfassen.

- Mit dem Laptop unter Nutzung eines offline verfügbaren Clients
- Mit dem Handheld (offline) und der Datenübernahme in das T-&-E-System bei der nächsten Synchronisierung.
- Mobil über jedes WAP-fähige Endgerät.
- Voice-gesteuert (z.Zt. noch nicht verfügbar)

Ein Vorteil solcher Systeme ist die weltweite Verfügbarkeit rund um die Uhr. Der Mitarbeiter kann kurze Reiseabschnitte, typische 'Totzeiten' (wie z. B. im Taxi) zur Erfassung seiner Kosten nutzen - Zeit die bisher nicht produktiv genutzt wird. So spart er kostbare 'Bürozeit' und kann diese seinen eigentlichen, interessanteren Aufgaben widmen. Da dem Unternehmen die Informationen schneller zur Verfügung stehen, ist es möglich dem Mitarbeiter seine Kosten schneller zu erstatten.

nach der Reise

Nach erfolgter Reise wird der Mitarbeiter in der Regel seine Reisekostenabrechnung erstellen. Dieser Arbeitsschritt besteht im Wesentlichen im Zusammenführen von

- mobil erfassten Ausgaben
- mit der Bezahlfunktion eines mobilen Gerätes bezahlten Ausgaben
- Kreditkarteninformationen (vom Kartenausgebenden Institut in elektronischer Form bereitgestellte Kartenumsätze).

Nach der Eingabe der bar bezahlten Beträge und der Zuordnung der Reise zu Kostenstelle bzw. Projekt müssen die Originale der Quittungen abgelegt werden. Das System übergibt die entsprechenden Daten an das Finanzsystem. Die Reisekostenabrechnung ist für den Mitarbeiter abgeschlossen.

2. Travel- und Expense-Systeme

Zusammenfassung

Es ist gezeigt worden, dass mobile Applikationen und Funktionalitäten während des Travel-&-Expense Prozesses sinnvoll eingesetzt werden können. Insbesondere während der Reise können mobile Anwendungen den Geschäftsreisenden wirkungsvoll unterstützen.

Vor dem Hintergrund der immer noch starken technologischen Weiterentwicklung im mBusiness kann ein großes Potential ausgemacht werden. Die Angebotssituation ist noch gekennzeichnet durch Insellösungen von Nischen-Anbietern (z. B. Änderungsmanagement). Nur teilweise haben mobile Funktionalitäten Eingang in etablierte T-&-E-Lösungen gefunden (Offline-Client, Genehmigung einer Reise über mobile Endgeräte). Sprachgesteuerte mobile Lösungen für den T-&-E-Bereich haben sich in Europa bisher noch nicht etabliert.

Zukünftig werden vor allem ganzheitliche, integrierte Lösungen die meisten Vorteile bieten. Dies kann z. B. ein webbasiertes T-&-E-System mit online-Verbindung zu Buchungsmaschinen sein, welches alle relevanten Daten für den mobilen und sprachgesteuerten Zugriff bereithält sowie weitere Informationen anbietet. Das personalisierte System informiert Autovermietung und Hotel über eine verspätete Ankunft, leitet den Mitarbeiter im Mietwagen über das Mobiltelefon sprachgesteuert zum gebuchten Hotel und reserviert ihm einen Tisch im gewünschten Restaurant. Die während der Reise angesammelten Daten werden dem Mitarbeiter nach der Reise zur Verfügung gestellt, dieser fasst sie lediglich per drag-and-drop zusammen - fertig ist die Reisekostenabrechnung.

Literatur und Referenzen

- Geschäftsreiseklimastudie 2000, GfK/WirtschaftsWoche (angegebener Wert bezieht sich auf das Jahr 1999)
- The American Express T&E Management Process Study, American Express Company, 1997
- Rene Obermann, T- Mobil Deutsche Telekom MobilNet GmbH, Fachkongress UMTS - Kommunikation der Zukunft, 8. März 2001, Berlin.
- http://www.nuance.com/pdf/2000Scorecard.pdf
- "Global Wireless Industry Report: Part 2" Sam u. a., http://www.mbusiness-insight.net/english/download.html

- Demo-System unter 001-650-847-7656
- http://www.heise.de/newsticker/data/jk-11.08.00-003/
- http://www.flightview.com/website/fv.htm
- http://www.nationalairlines.com/flifo/index.asp
- http://www.unitedairlines.com/site/primary/0,10017,1127,00.html
- http://www.extensity.com

3. Mobile Knowledge Management

Mobile Informations und Kommunikationstechnologien im Wissensmanagement

Prof. Dr. Franz Lehner,

Institut für Wirtschaftsinformatik Universität Regensburg

Einleitung

Mobile Knowledge Management (kurz MKM) bzw. mobiles Wissensmanagement ist ein völlig neues Gebiet und zugleich eine enorme Herausforderung für Unternehmen. Die Relevanz eines mobilen Wissensmanagements leitet sich zum einen aus der inzwischen allgemein anerkannten Bedeutung des Wissensmanagements (vgl. Lehner 2000) und zum anderen aus den vielfältigen Einsatzmöglichkeiten mobiler Technologien im Rahmen von Geschäftsprozessen ab.

Die Bedeutung des *Wissensmanagements* ergibt sich aus der Tatsache, dass Informationen und Informationsflüssen in der Unternehmenspraxis eine zentrale Rolle zukommt. Die Geschäftsprozesse werden zunehmend wissensintensiver, was sich im steigenden Wissensanteil bei den wertschöpfenden Aktivitäten in den Geschäftsprozessen zeigt. Wissensmanagement verknüpft prozessrelevantes oder in der Beratung benötigtes Wissen mit operativen Abläufen - und unterstützt so Steuerung und Koordination im Unternehmen.

3. Mobile Knowledge Management

Die vielfältigen Einsatzmöglichkeiten *mobiler Technologien* im Rahmen von Geschäftsprozessen lassen sich durch zahlreiche Beispiele belegen:

- Erfassung von Kundenaufträgen und Überprüfung der Lieferfähigkeit direkt vor Ort
- Abruf von anstehenden Terminen oder Unterlagen durch Wartungsteams
- Flug- und Zugreservierungen mittels WAP-Handys
- Anwendungen im Bereich von Nachrichten- und Informationsdiensten
- Ortsunabhängiger Zugriff auf Supply-Chain-Management-Systeme
- Außendienstunterstützung z.B. Kundeninformationen, mobiles CRM
- Remote Control, Fernwartung, Telemetrie: Unterstützung von Instandhaltung, Überwachung von Statusinformationen - insbesondere wenn es sich um Softwarekomponenten handelt, ist auch eine automatisierte Wartung vorstellbar.

Die angeführten Beispiele zeigen, dass die meisten mobilen Systeme derzeit noch im B-2-C-Bereich oder unternehmensintern anzutreffen sind (vgl. z.B. Wiedmann et al. 2000). Aber auch im B-2-B-Bereich ergeben sich zunehmend Anwendungsmöglichkeiten mobiler IuK-Technologien. Da B-2-B auf einen automatisierten, interventionsfreien Austausch von Geschäftsdaten zwischen Firmen und Branchen abzielt, entsteht dadurch zwangsläufig die Notwendigkeit zur Kopplung heterogener betrieblicher Anwendungssysteme der beteiligten Partner. Mobile Technologien können zur Unterstützung dieser Kopplung eingesetzt werden.

- Bei Just-in-Time-Materiallieferungen können Speditionen mit Hilfe von mobilen Endgeräten den Gütertransport überwachen. Verzögerungen können automatisiert an die Systeme der Kunden weitergemeldet werden, welche gegebenenfalls Änderungen im Produktionsablauf veranlassen. Mobile IuK-Technologien ermöglichen in diesem Fall eine Integration der Anwendungssysteme von Transportunternehmen und beliefertem Betrieb.
- Spezieller Unterstützungsbedarf ergibt sich für temporär bestehende Unternehmensnetzwerke (sog. virtuelle Unternehmen). Als entscheidender Erfolgsfaktor der Zusammenar-

Einleitung

beit wird eine hochentwickelte Informationsinfrastruktur der Mitgliedsunternehmen gesehen. Auch in diesem Fall können mobile Geräte die Effizienz der Kopplung der Anwendungssysteme erhöhen: Mitarbeitern kann unabhängig von deren Standort Zugriff auf benötigte Anwendungen von Partnerunternehmen gewährt werden. Vorteile ergeben sich dadurch zum Beispiel, wenn bei Entwicklungs- oder Bauprojekten Änderungen direkt an die Systeme der Partner weitergegeben werden. Eine Kopplung der Anwendungssysteme über mobile Technologien ist in diesem Fall flexibler realisierbar als über eine stationäre Informatikinfrastruktur. Dies kann die Bildung von virtuellen Unternehmensverbünden beschleunigen.

- Ein weiteres Anwendungsfeld für mobile IuK-Technologie im B-2-B-Bereich ergibt sich durch die wachsende Bedeutung von Application Service Providern (sog. ASP). ASP stellen für mehrere Unternehmen identische oder zumindest ähnliche Applikationen auf einer einheitlichen Anwendungsarchitektur zur Verfügung oder koppeln diese im Rahmen neuer Dienste. Application Service Provider stellen dabei mobile Infrastrukturen bereit, die den Kunden sowohl Zugriff auf interne Anwendungen als auch auf externe Dienste (z.B. Reiseservices, B-2-B-Marktplätze, Informationsdienste) anbieten.

Wissensmanagement und mobile Technologien existierten bisher weitgehend isoliert voneinander. Seit kurzem allerdings finden sich Überlegungen und Ansätze, die eine Integration der beiden Gebiete diskutieren (siehe z.B. Fagrell et. al. 1999 und 2000). Einige weitere Quellen finden sich in elektronischer Form im Internet und belegen die wachsende fachliche Auseinandersetzung mit diesem Thema. Substanzielle Veröffentlichungen, auf die man aufbauen könnte, sind aber noch nicht bekannt.

Mobile Knowledge Management ist vor dem Hintergrund dieser Entwicklungen ein neuer Ansatz, dessen Entstehung sowohl aus technologischen Möglichkeiten als auch aus organisatorischen Erfordernissen erklärt werden kann. Im anglo-amerikanischen Raum ist in diesem Zusammenhang auch der Begriff „wireless knowledge management" in Verwendung. Auf die feinen Unterschiede zwischen „wireless applications" und „mobile applications" soll aber an dieser Stelle nicht weiter eingegangen werden und im weiteren ausschließlich der etwas weiter gefasste „mobile"-Begriff verwendet werden, der „wireless" nach unserem Verständnis mit einschließt. In diesem Beitrag soll der Versuch unternommen werden, zu einer inhaltlichen Klärung des neu entstehenden Themas beizutragen sowie erste Beispiele und Entwicklungsdirektiven aufzuzeigen.

Begriffsverständnis – was bedeutet Mobile Knowledge Management?

Der zentrale Begriff ist zunächst der Wissensbegriff, der durch den Zusatz „mobil" zwar keine neue (Be)Deutung, aber eine neue Gestaltungsdimension im Kontext von Informationssystemen erhält.

Die Bezeichnung als *mobiles Wissen* kann in verschiedenen Zusammenhängen gesehen werden: die mobile (technische) Zugriffsmöglichkeit auf Informationen, die Mobilität der Wissensträger (z.B. Reisender) oder die Mobilität des Entstehungsortes des Wissens (z.B. Verkehrsinformationen). Möglich ist darüber hinaus, daß der Prozess der Wissenseinbindung an unterschiedlichen Orten stattfindet (z.B. im Beratungsgeschäft).

Aufgrund der generellen Bedeutung des Wissens für die Unternehmensführung lassen Lösungen, die beim Management von Wissen auch den Aspekt „Mobilität" in seinen aufgezeigten Gestaltungsdimensionen hinreichend berücksichtigen, große wirtschaftliche Potenziale vermuten. Als erfolgreiches Beispiel kann das Voicemail-System von *Wildfire* erwähnt werden, das genau mit dieser Motivation entwickelt wurde (vgl. Zobel 2001, 195).

Die Rolle des Wissens*managements* in einem mobilen Kontext kann ebenso mehrfach interpretiert werden:

Der interessanteste Aspekt liegt dabei in der Nutzung mobiler Technologien für die *Kernaktivitäten* des Wissensmanagements (z.B. Wissensdistribution, Lokalisation von Experten, Wissenssuche, Wissensabruf). Hier wird ein besonderes Potenzial für die Weiterentwicklung des traditionellen Wissensmanagements gesehen. Mobile Informations- und Kommunikationstechnologien (IuK) können die Durchgängigkeit der resultierenden Wissensprozesse sicherstellen und die bisherigen Bruchstellen im Informationsfluss reduzieren.

In diesem Sinne können unter einem Mobile Knowledge Management (MKM) im folgenden alle Konzepte verstanden werden, die Mitarbeitern über verschiedene mobile Endgeräte den ortsunabhängigen Zugriff auf alle Informationen, die sie zur Erfüllung ihrer Aufgaben und für Entscheidungen benötigen, gestatten.

Schlüsseltechnologien für die Implementierung von MKM-Lösungen

Für die Umsetzung von MKM-Lösungen spielen einige Schlüsseltechnologien eine wichtige Rolle, auf die hier kurz eingegangen wird. Die Grundlage bilden zunächst verschiedene Technologien im Bereich der Clients und Server sowie die Verbindung mobiler Geräte untereinander. Barrieren bei ihrer praktischen Nutzung stellen - neben den unterschiedlichen Standards der einzelnen Funknetze und den meist noch ungenügenden Bandbreiten - vor allem die Kosten dar, die bei der Entwicklung und beim Betrieb solcher Systeme anfallen. Es ist aber davon auszugehen, dass diese Restriktionen nur temporär bestehen bleiben bzw. überwunden werden können.

Die einzelnen Technologien, denen speziell für das mobile Wissensmanagement eine zentrale Bedeutung beigemessen wird und die natürlich viele Bezüge und Überschneidungen untereinander aufweisen, werden anschließend kurz beschrieben. Dies sind WAP-Gateways und WAP-Server, mobile Informationsportale, Datenbanklösungen auf mobilen Endgeräten und mobiler Datenbankzugriff, Voice-Technologien, XML und VoiceXML, und schließlich auch Unified Messaging Systeme (UMS).

- **WAP-Gateways und WAP-Server**

Über WAP-Gateways ist der Zugriff auf unternehmensinterne Daten von Mobiltelefonen aus möglich. Außendienstmitarbeiter können so in Echtzeit Informationen zu Kunden, Arbeitsaufträgen Produkten usw. erhalten. Das WAP-Gateway wandelt Abfragen in HTTP-Abfragen um, welche an einen HTTP-Server verschlüsselt weitergeleitet, dort bearbeitet, an das WAP-Gateway und von dort aus an das Mobiltelefon zurückgegeben werden können. Auf bestehende unternehmensinterne Datenbanken kann auf diese Weise direkt zugegriffen werden.

3. Mobile Knowledge Management

 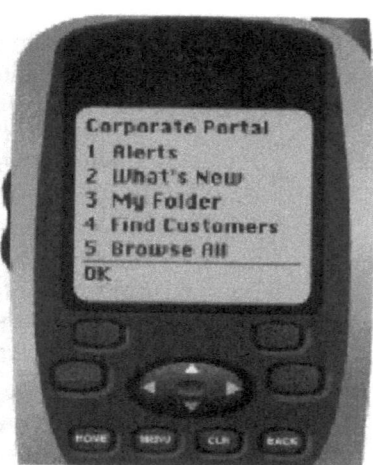

Abbildung 1: Beispiel für ein mobiles Informationsportal (PDA und Handy) von DataChannel

- **Mobile Informationsportale**

Mobile Informationsportale stellen eine weitere Möglichkeit dar, unternehmenskritische Daten mobil verfügbar zu machen. Informationsportale sollen dem Benutzer einen personalisierten und strukturierten Zugang zu relevanten Informationen bieten. Sie sind besonders gut für die Präsentation von zeitkritischen Informationen geeignet, wobei jedoch aufgrund der oftmals kleinen Displays mobiler Endgeräte von einer übermäßig grafischen Aufbereitung abgesehen werden muss.

Zwei unterschiedliche Strategien sind denkbar. Zum einen ist die Nutzung oder Erweiterung eines mobilen Portals um spezielle Funktionen für das Wissensmanagement denkbar bzw. auch die Erweiterung bestehender Systeme um einen mobilen Zugang. Der zweite Weg ist der Einsatz spezieller Wissensmanagement-Tools und die Erweiterung um mobile Komponenten. Die SAP AG bietet mit dem *Mobile Workplace* die Möglichkeit zum mobilen Zugang zu Informationen im R/3-System und fällt damit unter die Gruppe eins. Ein Beispiel für die zweite Lösung ist das Informationsportal von *Hyperwave*, das den Zugriff über eine WAP-Schnittstelle bereits jetzt ermöglicht und bei Wissensmanagementanwendungen eine weite Verbreitung aufweist. Auf Hyperwave soll noch kurz etwas näher eingegangen werden.

Das *Hyperwave Information Portal* unterstützt den mobilen Zugriff auf Daten im Unternehmen, die über Intranet oder Extranet verfügbar sind. Alle zentralen Funktionen des Portals können über WAP-fähige Mobiltelefone abgerufen werden. Dazu gehören die Navigation durch das Inhaltsverzeichnis auf dem Hyperwave-Server, der Zugriff auf WML-Seiten und das Lesen von Mails, Adress- und Telefondaten. Der Benutzer erhält also einen persönlichen und personalisierten Zugriff zu den Datenbeständen, wobei die automatische Aktualisierung der Hyperlinks hilft, den Zugriff so ökonomisch wie möglich zu gestalten. Die individuelle Gestaltung der Benutzerschnittstelle trägt zu einer zusätzlichen Optimierung bei. Die Web-Inhalte werden in verschiedene Kategorien eingeteilt, wobei die WAP-fähigen Inhalte besonders gekennzeichnet und vorbereitet werden. Auf diese Weise kann der mobile Zugriff sehr effizient erfolgen. Eine Abstimmung bzw. Vorkonfiguration ist auch im Hinblick auf die verfügbare Bandbreite möglich, indem spezielle „Tracks" erstellt werden, auf die ausschließlich über WAP zugegriffen wird. Hyperwave versucht als offizielles Mitglied des WAP-Forums die weitere Entwicklung auch aktiv mit zu beeinflussen.

- **Datenbanklösungen auf mobilen Endgeräten und mobiler Datenbankzugriff**

Sowohl WAP Gateways als auch mobile Informationsportale integrieren mobile Clients in bereits bestehende stationäre Lösungen. Es ist daher u.a. zweckmäßig, Datenbank-Anwendungen (und damit den Zugriff auf Informationen) direkt auf mobilen Endgeräten wie PDAs verfügbar zu machen. Beispielsweise stellt IBM mit DB2 Everywhere (DB2e) ein relationales Datenbanksystem speziell für Palm OS und Windows CE Plattformen zur Verfügung. Auch das Oracle9*i* Lite Datenbanksystem ist für die Benutzung auf PDAs und sogenannten Smartphones wie dem Nokia Communicator entwickelt worden.

Ein besonderes Problem in diesem Zusammenhang ist noch die Datensynchronisation. Hierbei geht es darum, dass zwei oder mehrere Datenbestände aufeinander abgestimmt werden und damit übereinstimmende Inhalte aufweisen. Bei mobilen Geräten handelt es sich dabei meist um die Abstimmung der lokal in den Geräten gespeicherten Daten mit zentralen Beständen auf einem Server oder mit anderen mobilen Geräten. Inzwischen sind auch konkrete Systeme bekannt, welche die Datensynchronisation unterstützen. SyncML lehnt sich an den Standard XML an und erweitert ihn um genormte Funktionen für den Datenabgleich. Dadurch können Adressen, Termine, Emails usw. leicht zwischen Office-Anwendungen wie Microsoft Outlook, Handhelds sowie Internet-Datenspeichern (z.B. Yahoo Calendar und space2go Pro) synchronisiert werden. Über WAP-Dienste wie space2go WAP lassen sich sogar Internet-Handys in den Datenabgleich zwischen den Geräten und Anwendungen einbeziehen. Nicht näher eingegangen wird an dieser Stelle auf den mobilen Zugriff auf (konventionelle) Datenbanken oder Wissensbanken, welche im wesentlichen auf dem Einsatz von WAP-Servern und ähnlichen Systemen basieren.

Auf Basis derartiger Systeme ist ebenfalls die Entwicklung von Wissensmanagement-Architekturen denkbar, die es Benutzern nach dem Pull-Prinzip ermöglichen, auf unternehmensinterne Daten zuzugreifen und diese mobil zu bearbeiten. Denkbar ist aber auch die Anwendung von Push-Modellen, welche z.B. auf der Basis von SMS realisierbar sind.

- **Voiceportal-Technologien**

Die Integration von Sprachanwendungen im Internet ist eine logische Weiterentwicklung der Desktopanwendungen, wobei diese Entwicklung aber vor allem auf die besonderen Nutzungsbedingungen beim mobilen Internetzugriff zurückzuführen ist. Ein Voiceportal kann man sich wie die Schnittstelle zu einem Call-Center vorstellen, wobei aber keine Wartezeiten existieren und alle Sprachbefehle sofort und automatisch durchgeführt werden. Aufgrund der geringen Abmessungen der Geräte und der damit verbundenen kleinen und somit schlecht nutzbaren Displays, der Nicht-Verfügbarkeit der Hände zur Eingabe über die Tastatur in bestimmten Situationen (z.B. während einer Autofahrt), drängt sich die Nutzung der Sprache zur Anwendungssteuerung geradezu auf.

Mit den inzwischen verfügbaren Technologien sind vielfältige und neue Anwendungen möglich. Bereits zum jetzigen Zeitpunkt läßt sich ein enorm hohes Entwicklungs- und Marktpotential für Voiceportale absehen.

Inzwischen sind die ersten Voiceportale im Internet verbreitet, die verschiedene Dienste auf Basis sprachgesteuerter Anwendungen anbieten. Die wichtigsten Technologien zur Realisierung von Voice-Lösungen sind Technologien zur Spracheingabe und Speech-Recognition, VoiceXML, sowie die Technologien zur

Sprachausgabe und Text-to-Speech-Systeme. Da sowohl die Wissenspräsentation als auch der komfortable Zugriff und die Vernetzung von Wissensträgern auf der Basis von Sprache bzw. sprachlicher Kommunikation eine Verbesserung gegenüber dem bisherigen Zustand darstellen, leitet sich die Wichtigkeit von Voice-Technologien für das mobile Wissensmanagement unmittelbar ab.

- **XML und VoiceXML**

Die Extensible Markup Language (XML) ähnelt in Anwendung und Herkunft der HTML-Sprache. XML ist eine Programmiersprache, die dazu genutzt wird, Inhalte und die Struktur der beinhalteten Daten zu definieren. Die Bedeutung der Daten wird durch einen selbsterklärenden Mechanismus beschrieben. Die Daten können zwischen XML-kompatiblen Informationssystemen direkt ausgetauscht werden, auch wenn diese über unterschiedliche Betriebssysteme oder Datenmodelle verfügen. Mit XML kann man außerdem leicht Zugang zu HTML-basierenden Anwendungen erhalten. Der Nachteil von XML liegt allerdings darin, daß sie keine Sprache für die Beschreibung von Daten ist, sondern eine Spezifikation für die Entwicklung von Sprachen zur Datenbeschreibung, also eine Metasprache. Die Marktdurchdringung von auf XML basierenden Mikrobrowsern wird vor allem von einer Gruppe von Firmen unter der Führung von Microsoft vorangetrieben. In Verbindung mit dem mobilen Wissensmanagement ergibt sich die Bedeutung vor allem in der Schaffung einer einheitlichen Datenschnittstelle bzw. in der Integration auf der Datenebene, die auch bei UMS (Unified Messaging Systeme) eine zentrale Rolle spielt.

VoiceXML (VXML) ist ein Erweiterung von XML, die - kombiniert mit Spracherkennung - die Möglichkeit bietet, über sprachgestützte Kommunikationsgeräte auf Inhalte im Internet zuzugreifen. Die Version 1.0 entstand in einer Kooperation von AT&T, IBM, Lucent Technologies und Motorola. Die Nutzung erfolgt durch einige einfache zusätzliche XML-Tags. VXML ermöglicht z.B. das Abhören von Emails auf dem Mobiltelefon.

- **Unified Messaging Systeme (UMS)**

Unified Messaging Systeme bieten die Möglichkeit, Nachrichten, die der Nutzer über verschiedene Kanäle empfangen hat (z.B. Nachrichten auf Anrufbeantwortern, SMS, e-mails, Faxnachrichten) über ein einziges Empfangsgerät, sei es PC, PDA, Handy oder Fax abzurufen. Neben der einheitlichen Verwaltung aller eingegangenen Nachrichten ist zunehmend auch die Möglichkeit einer kompletten Call-Center-Lösung vorgesehen. Da zur vollständigen Nutzung Technologien notwendig sind, die Text-zu-Sprache (Text-to-Voice) und Sprache-zu-Text (Voice-to-Text) umwandeln können, kann UMS bisher aber in den meisten Fällen nur eingeschränkt genutzt werden.

Anwendungen, Anbieter und Werkzeuge für das MKM

In der Praxis finden sich inzwischen erste Pilotversuche zur Anwendung der genannten Technologien im Kontext des Wissensmanagements. Bei der Boston Consulting Group wurden z.B. Anwendungen entwickelt, um allen Beratern auf dem Palm-Pilot das gesamte Telefonbuch, Teile der Wissensbank sowie Formulare zur Reisekostenabrechnung zur Verfügung zu stellen. Dies zeigt, dass in der Praxis bereits erste Schritte in Richtung MKM gesetzt werden. Im Prinzip handelt es sich um klassische Komponenten eines Intranets, die für mobile Geräte verfügbar gemacht werden. Man muss in diesem Zusammenhang jedoch noch von einer Lern- oder Pilotphase sprechen.

Künftige Anwendungen dürften wesentlich umfassender sein und auf die speziellen Bedürfnisse des Wissensmanagements abgestimmt sein. Zobel (vgl. Zobel 2001) gibt dazu ein Beispiel:

„Der Mitarbeiter muß vor Ort ein spezielles Problem lösen, zu dem er keine Erfahrung hat. Innerhalb von wenigen Minuten kann er mobil auf das Wissensmanagement der Firma zugreifen und findet einen Kollegen, der genau zu diesem Thema über einschlägiges Know-how verfügt. Diesem kann er nun eine entsprechende Bitte um Hilfe schicken."

Dieses Beispiel zeigt, dass Vernetzung von Wissen und ad-hoc-Problemlösungen im Vordergrund für MKM-Systeme stehen könnten.

Weitaus am stärksten werden die Entwicklungen im Bereich des MKM derzeit durch Softwarehersteller voran getrieben - und zwar sowohl durch Anbieter konventioneller Standardsoftware wie SAP, die ihre Software um einen mobilen Zugang erweitern, als auch durch Entwickler spezialisierter Wissensmanagementlösungen wie „Hyperwave". Es gibt demnach sehr unterschiedliche Möglichkeiten zur technischen Realisierung von MKM-Lösungen. Dabei zeigt sich aber auch, dass der Begriff Mobile Knowledge Management von Herstellerseite noch sehr weit gefasst bzw. konzeptionell noch kaum geklärt ist. Die bereits angesprochenen

Berührungspunkte mit anderen mobilen Anwendungen ergeben sich z.B. mit Enterprise Resource Planning (ERP), Supply Chain Management (SCM) oder Customer Relationship Management (CRM).

Besondere Chancen bieten sich darüber hinaus für Application Service Provider, die MKM-Lösungen für Kunden zur Verfügung stellen und betreiben. Ein Beispiel für einen derartigen Service ist der „Fleet Manager" des skandinavischen Unternehmens Aspiro (www.aspiro.com). Hierbei handelt es sich um ein System, über welches von einer Zentrale via WAP-Handy Transportdispositionen, Statusreports, Liefer- und Rechnungsinformationen direkt an die Fahrer weitergeleitet werden können. Das Transportunternehmen muss lediglich über einen Internetanschluss verfügen und seine Fahrer mit WAP-fähigen Handys ausstatten. Aspiro übernimmt das Hosting des „Fleet Managers" auf eigenen Systemen und stellt das benötigte WAP-Gateway zur Verfügung. Die genannten firmeninternen Informationen könnten in Zukunft noch durch externe Informationen, wie etwa Verkehrsinformationen, ergänzt werden. Application Service Provider übernehmen dadurch neben dem Anbieten von infrastrukturellen Dienstleistungen auch Aufgaben eines Content-Providers, der Inhalte erstellt und an die jeweiligen mobilen Endgeräte anpasst.

Bei den bisher bekannten Systemen oder Lösungen, die einen mobilen Zugriff auf unternehmensinterne Daten ermöglichen, handelt es sich überwiegend um Erweiterungen zu bestehenden und gewöhnlich stationär eingesetzten Systemen. Außerdem ist im Vergleich zum Marktangebot an Wissensmanagement-Tools (siehe dazu den Überblick unter http://www-wi.uni-regensburg.de) das Angebot an solchen mobilen Lösungen bzw. Erweiterungen noch sehr gering. Die Angebote jener Firmen, die in Zusammenhang mit ihren Wissensmanagement-Produkten bereits jetzt explizit den Einsatz mobiler Technologien vorsehen, werden nachfolgend noch kurz dargestellt. Es handelt sich dabei um Autonomy, Lotus, SAP, Hummingbird, Backweb und Data-Channel.

- **Autonomy** (www.autonomy.com)
  - Produkt: i-Wap™ (WAP-Zugang) für das Autonomy Enterprise Information Portal (EIP)
  - Funktionalität:Content-Aggregation, Personalisierung von Funktionen, Hyperlink-Management, Bildung von virtuellen Communities durch Vergleich von Benutzerprofilen.

Ericsson hat beispielsweise bereits mit der Implementierung von Autonomy's 'Portal in a Box' begonnen (vgl. http://www.bromley.ac.uk/barry/shortcourse/wapwml.htm).

- **Lotus** (www.lotus.com)
  - Produkt: Lotus Mobile and Wireless Solutions, Lotus Domino Everywhere
  - Funktionalität: Zugriff auf firmeninterne Yellow Pages, Abrufen von Emails, Gruppenkalender, Personal Information Managment (PIM) Services
- **SAP AG** (www.sap-ag.de)
  - Produkt: SAP Mobile Business Intelligence
  - Funktionalität: mobiler Zugriff auf mySAP Business Intelligence (u. a. mit Data Warehousing, Reporting and Analysis-Funktionalität)
- **Hummingbird** (www.hummingbird.com)
  - Produkt: Hummingbird EIP mit mobilen Zugang
  - Funktionalität: Integration von Informationen aus verschieden Quellen, Dokumenten- und Content Management
- **Backweb** (www.backweb.com)
  - Produkt: Backweb Push Application Server
  - Funktionalität: Proaktive Bereitstellung von Informationen aus verschiedenen Quellen (Push-Funktionalität).
- **DataChannel** (www.datachannel.com)
  - Produkt: Data Channel Server (DCS) für das Data Channel EIP
  - Funktionalität: Integration von Informationen aus verschieden Quellen, Personalisierung, proaktive Informationsübermittlung (Push-Funktionalität)

Zusammenfassend ist festzustellen, dass erste Ansätze und Angebote zwar zu beobachten sind, umfassende und speziell auf ein mobiles Wissensmanagement abgestimmte Softwarelösungen oder Werkzeuge existieren bisher jedoch nicht. Durch die Bedeutung des Wissensmanagements und die besonderen Anforderungen hinsichtlich Kommunikation und Vernetzung wird jedoch in den mobilen Technologien ein enormes qualitatives und wirtschaftliches Potenzial gesehen. Die Herausforderung besteht darin, die technologisch vorhandenen Möglichkeiten zu nutzen und durch die Kombination mit traditionellen Wissensmanagementlösungen einen Mehrwert für die Unternehmen zu schaffen. Im nächsten Kapitel wird versucht, hier eine Richtung für die weitere Entwicklung aufzuzeigen.

Verbindung von Wissensmanagement und Mobile Computing

Die Grundlagen für das neue Thema „Mobile Knowledge Management" bilden zum einen die Erkenntnisse aus dem Bereich des Wissensmanagements und zum anderen die Konzepte, Standards und Anwendungserfahrungen der mobilen Technologien. Das Wissensmanagement stellt sich dabei als äußerst komplexes und auch schwer greifbares Aufgabengebiet dar, da die Aktivitäten des Wissensmanagements auf sehr unterschiedliche Bereiche und Ziele ausgerichtet sein können. Schüppel (1996) schlägt z.B. folgende Unterscheidung vor:

- die zielgerichtete und geplante Wissensversorgung einer Organisation
- der Umgang mit der Ressource Wissen als knappem Gut
- das Management der Kosten- und Leistungspotentiale von Wissen
- das Management der Wissensquellen
- die unterstützenden Systeme (technisch und nicht-technisch) der Wissensproduktion, -reproduktion, -distribution, -verwertung und des Wissensflusses

Ein direkter Bezug in Form der Unterstützung durch mobile Technologien ist beim Modell von Schüppel nur beim letzten Punkt gegeben. Trotzdem ist auch bei den übrigen Aktivitäten zumindest ein starker indirekter Bezug erkennbar, weil auf diese Weise herkömmliche Abläufe bei wissensintensiven Prozessen zumindest deutlich vereinfacht werden können.

Differenziert man die Objekte des Wissensmanagements in die primäre Ressource „Wissen" und in die beiden sekundären Ressourcen „Mensch" und „Wissenstechnik", dann lassen sich nach Albrecht (1993) folgende drei Dimensionen unterscheiden, wobei mobile Technologien auf jeder der drei genannten Ebenen einsetzbar sind:

3. Mobile Knowledge Management

- *Wissensressourcen*-Management (im Mittelpunkt stehen das Wissen eines Unternehmens und das Wissenspotential)
- *Human-Ressource*-Management (Mensch als Wissensarbeiter sowie Wissensträger, einschließlich der sich daraus ergebenden Anforderungen an Führung und Personalpolitik)
- *Wissenstechnik*-Management (betriebliche Hard- und Softwarestruktur des Unternehmens, sowie die eingesetzten Methoden, Instrumente und Systeme der Wissensverarbeitung)

In der Unternehmenspraxis erfahren diese Konzepte als Reaktion auf neue Anforderungen wie etwa Flexibilität, Dezentralisierung und Prozessorientierung bei der Gestaltung von Geschäftsprozessen eine zunehmende Verbreitung. Informationen und Informationsflüssen kommen angesichts der genannten Kriterien eine zentrale Rolle zu (vgl. Lehner 2000).

Beispiele für die technische Unterstützung und praktische Anwendungen zum Wissensmanagement finden sich in Lehner (2000). Ansatzpunkte für mobile Erweiterungen sind dabei in vielfältiger Weise denkbar. Die heute für das Mobile Computing verwendete Technologie setzt noch auf dem GSM-Netz auf. Telekommunikation-Standards wie GPRS (General Packet Radio Service) oder UMTS (Universal Mobile Telecommunications System) werden in absehbarer Zukunft durch höhere Datenübertragungsraten eine neue Dimension von mobilen Diensten eröffnen (vgl. Hansmann 2001). Dies wird zwangsläufig auch zu Innovationen bei den Diensten und Angeboten führen. Zur Zeit dominieren (zumindest in Europa) SMS-Dienste und das WAP-Protokoll.

Wie bereits mehrfach erwähnt wurde, existieren Wissensmanagement und Mobile Computing bisher weitgehend isoliert voneinander. Es sind allerdings seit kurzem Überlegungen und auch erste Implementierungen zu finden, die eine Integration in ausgewählten Anwendungsbereichen diskutieren. Bekannt sind z.B. MobiNews und das NewsMate-Projekt, wobei es um die Unterstützung journalistischer Tätigkeiten im Fernsehjournalismus geht (Fagrell et al. 1999 und 2000). Abbildung 2 und 3 geben einen Einblick in die Funktionalität, die als Vorbild und Modell für Wissensmanagementanwendungen in anderen Bereichen dienen können. Im Beispiel geht es um die Suche nach einer geeigneten Person, eine To-Do-Liste, den Zugriff auf externe Informationen, und schließlich um die Aufgabenzuteilung an die ausgewählte Person.

Verbindung von Wissensmanagement und Mobile Computing

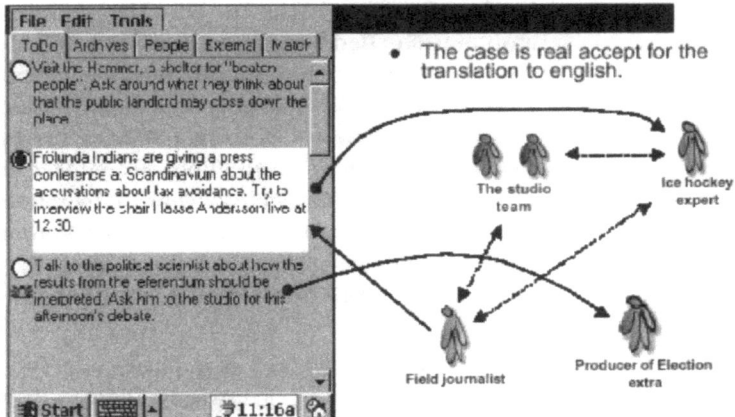

Abbildung 2: MobiNews (Quelle: http://www.viktoria.informatik.gu.se/groups/mi3/semseries/)

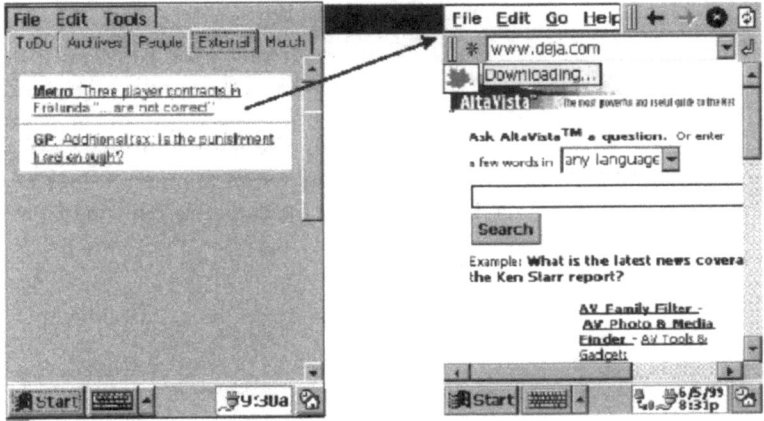

Abb. 3: Mobiler Zugriff auf das Internet (MobiNews)

3. Mobile Knowledge Management

Auch wenn die Entwicklungen auf diesem Gebiet insgesamt noch am Anfang stehen, so wird den mobilen Technologien aber in praktisch allen Bereichen der Wirtschaft und des Alltagslebens eine enorme Bedeutungszunahme beigemessen. Hier gilt es seitens der Wirtschaftsinformatik, entsprechende Modelle und Konzepte zu entwickeln und an Musteranwendungen zu erproben. Die Basis könnten sogenannte *Wissensmanagement Architekturen* bzw. *Knowledge Architectures* bilden, welche zunehmend bei der Implementierung von Wissensmanagementsystemen herangezogen werden. Zwei Modelle werden nachfolgend beispielhaft herausgegriffen und kurz erläutert. Weitere Überlegungen zum Thema Knowledge Architecture finden sich bei Lehner (2000).

Die Architektur des Knowledge-Servers von KNOWNET setzt sich aus drei Ebenen zusammen, nämlich aus a) der Daten- und Informationsschicht, b) der Business-Knowledge-Schicht sowie c) einer Schicht für die Präsentation und das persönliche Wissen. Die drei Ebenen sind in einem kontinuierlichen Informationsfluß miteinander verbunden. Besonders hervorzuheben ist, daß es sich um einen *ganzheitlichen* Ansatz handelt, der neben der technischen Lösung auch eine Strategie sowie eine Organisations- und Management-Architektur (d.h. also auch personelle Zuständigkeiten) vorsieht (vgl. Apostolou/Mentzas 1998). Diese Architektur bietet auch für ein mobiles Wissensmanagement unmittelbare Anknüpfungspunkte sowie einen Ansatz für die Planung der technischen Umsetzung.

Ebenfalls ganzheitlich und als Grundlage für Überlegungen zum mobilen Knowledgemanagement geeignet ist die Wissensmanagement-Architektur, die in Abbildung 4 exemplarisch aufgezeigt wird. Die vier dargestellten Komponenten ergeben zusammen das sogenannte „Corporate Memory" einer Organisation. Jede der vier Komponenten ist zugleich ein eigenständiges Entwicklungsfeld.

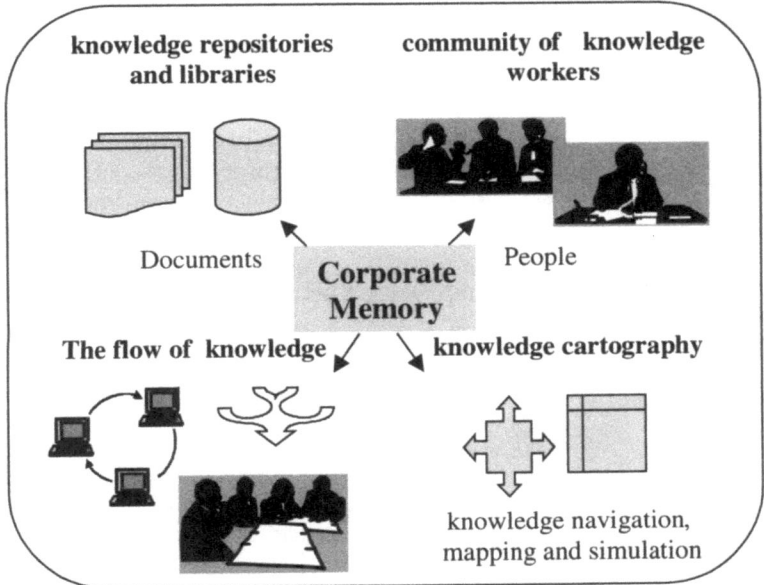

Abbildung 4: Knowledge Management Architecture (Borghoff/Pareschi 1998)

Zusammenfassend läßt sich feststellen, dass auch für das Wissensmanagement inzwischen verschiedene Möglichkeiten existieren, um auf unternehmensinterne Daten ortsunabhängig zuzugreifen. Hierbei handelt es sich jedoch überwiegend um Erweiterungen bestehender Systeme. Wirklich umfassende und eigenständige Lösungen für ein MKM existieren bisher aber nicht. Durch die Bedeutung des Wissensmanagements generell und die besonderen Anforderungen hinsichtlich Kommunikation und Vernetzung wird jedoch in den mobilen Technologien ein besonderes Potenzial gesehen. Es gilt die technologisch bereits vorhandenen Möglichkeiten zu nutzen und einen Mehrwert durch die Erweiterung traditioneller Wissensmanagementlösungen für Unternehmen zu schaffen. Mit den abschließend vorgestellten Überlegungen wurde ein erster Versuch in diese Richtung unternommen, der in weiteren Arbeiten zu einem umfassenden Konzept für ein mobiles Wissensmanagement ausgebaut werden soll.

Literatur und Referenzen

- ALBRECHT, F.: Strategisches Management der Unternehmensressource Wissen. Verlag Peter Lang, Berlin 1993
- APOSTOLOU, D., MENTZAS, G.: Towards a Holistic Knowledge Leveraging Infrastructure: The KNOWNET Approach. In: Reimer, U. (Hrsg.): Proceedings of the Second International Conference on Practical Aspects of Knowledge Management. Basel, October 29-30, 1998 (http://sunsite.informatik.rwth-aachen.de/Publications/CEUR-WS/, 3-1 – 3-8
- BORGHOFF, U. M., PARESCHI, R. (Hrsg.): Information Technology for Knowledge Management. Berlin et al 1998
- FAGRELL, H, LJUNGBERG, F.: Empirically Informed Knowledge Management Systems in Mobile Domains, Accepted for publication in Proceedings of the Sixth Biennial Participatory Design Conference, 2000
- FAGRELL, H., KRISTOFFERSSEN, S., LJUNGBERG, F.: How Journalists decide which Questions to Ask: Implications for Mobile Knowledge Management," Technical report VRR-99-16, The Viktoria Institute, Gothenburg, Sweden, 1999
- HANSMANN, U. et al.: Pervasive Computing Handbook, Berlin et al., 2001
- HITZENBERGER, L., Spracherkennung: Grundlagen und Perspektiven. In: Multimedia - Informationssysteme zwischen Bild und Sprache, Lehner, F. et. al. 1999
- HYPERWAVE: Hyperwave makes knowledge management mobile with WAP, München, Februar 2000, http://www.hyperwave.com/e/news_events/news_pr_11.html
- IGL, G., LEHNER, F.: Wissensmanagement in der Beratungsbranche, Forschungsbericht Nr. 39 der Schriftenreihe des Lehrstuhls für Wirtschaftsinformatik III der Universität Regensburg, Regensburg, 2000
- KÜHN, O., ABECKER, A.: Corporate Memories for Knowledge Management in Industrial Practice. In: Borghoff, U. M., Pareschi, R. (Hrsg.): Information Technology for Knowledge Management. Berlin et al 1998, 183-206
- LEHNER, F.: Organisational Memory, München, 2000

- LEHNER, F.: MobiLex - Glossar zu Mobile Business und Mobile Computing. Abkürzungen und Begriffsklärungen. Forschungsbericht, Lehrstuhl für Wrtschaftsinformatik, Universität Regensburg 2001
- LEHNER, F.: Mobile Business und Mobile Services - Eine Positionsbestimmung. Forschungsbericht, Lehrstuhl für Wrtschaftsinformatik, Universität Regensburg, Mai 2001
- LEHNER, F., WATSON, R.: Mobile Commerce – Research Directions, Forschungspapier, Institut für Wirtschaftsinformatik, Universität Regensburg, Februar, 2001
- LEONG, HONG VA, LEE, WANG-CHIEN, LI YIN, BO LI (Eds.): Mobile Data Access. Proceedings of the First International Conference MDA´99, Springer, Berlin et al. 1999
- MULLER-VEERSE, N. J.: IP Convergence: The Next Revolution in Telecommunications. Artech House, Boston/London, 2000
- NOKIA, SAP AG: SAP and Nokia Team Up Globally to Extend mySAP.com™ Workplace To Mobile Workforce via Wireless Application Protocol, Walldorf, 2000
- NÖSEKABEL, H., LEHNER, F.: Bewertung von WAP-Anwendungen. Entwicklung von Kriterien und Erfahrung bei der Qualitätsbewertung in der Praxis, Institut für Wirtschaftsinformatik, Universität Regensburg, Dezember 2000
- PRASAD, R, MOHR, W., KONHÄUSER, W. (Hrsg.): Third Generation Mobile Communication Systems. Artech House, Boston/London, 2000
- SAP AG: CRM-Lösungen auf Handhelds - Szenarien für Field Sales und Service, Düsseldorf, 2000
- SAP AG: Pervasive Computing – mySAP.com mobile – anytime and anyplace, Walldorf, 2000
- SCHÜPPEL, J.: Wissensmanagement. Organisatorisches Lernen im Spannungsfeld von Wissens- und Lernbarrieren. DUV Verlag, Wiesbaden 1996
- SEIDEL, S., LEHNER, F.: Wissensmanagement: Begriffsauffassung und Umsetzung in der Praxis. Analyse auf der Basis von Literaturberichten. Forschungsbericht Nr. 40, Schriftenreihe des Lehrstuhls für Wirtschaftsinformatik III, Universität Regensburg, Februar 2000

- WEBB, W.: The Complete Wireless Communications Professional. Artech House, Boston/London, 1999
- WIEDMANN, K.-P., BUCKLER, F., BUXEL, H.: Chancenpotentiale und Gestaltungsperspektiven des M-Commerce. in: der Markt, 39. Jg., Nr. 153, 2/2000, S. 84-96
- ZOBEL, J.: Mobile Business und M-Commerce. München 2001

4. mBusiness als Teil der Internet-Evolution

Eine Betrachtung am Beispiel des Finanzdienstleistungssektors

Norman Stürtz, KPMG Consulting AG

Einleitung

Jeder Markt für wirtschaftliche Transaktionen wird zum einen über die Teilnehmer als auch über die vorhandenen Rahmenbedingungen beeinflusst, seien es Intensität des Wettbewerbes, gesetzliche Anforderungen oder Imperfektionen wie mangelnde Transparenz oder langsame Reaktionen der Marktteilnehmer, bedingt durch mangelnde Kommunikationsmöglichkeiten. Die technologischen Entwicklungen der letzten Jahre haben zu einer Veränderung der Rahmenbedingungen geführt, insbesondere hinsichtlich Reaktionsgeschwindigkeit der Marktteilnehmer und Transparenz des Marktgeschehens. Dies gilt sowohl für Investitions- und Konsumgüter als auch in beschränktem Maße für Dienstleistungen. Der Markt für Finanzdienstleistung konnte sich dieser Entwicklung ebenfalls nicht entziehen und unterlag einer hohen Veränderung durch den eBusiness „Hype" am Ende der neunziger Jahre. Am Anfang des neuen Jahrtausends ist der nächste, gleichwohl bereits weniger euphorisch betrachtete Trend, der des „mobile Business" (mBusiness). Inwieweit dieser Markt für Finanzdienstleister interessant ist oder sein muss, und wie sich dieser Markt weiter entwickeln könnte, soll Gegenstand der weiteren Abhandlung sein.

Um die bisherige Entwicklung zu analysieren und Aussagen zu treffen, wie sich der eBusiness-Markt inklusive mBusiness entwickeln könnte, soll anhand der evolutionären Betrachtung des KPMG-Vier-Phasen-Modells, das die Entwicklung der Internet-

Einleitung

bzw. IP[27]-Technologie als Grundlage nimmt, vorgegangen werden (siehe Abbildung). Dies ist für eine Konsistenz der weiteren Betrachtung notwendig, in der wir mBusiness ebenfalls als eine IP-Technologie verstehen. Vor allem vor dem Hintergrund des kommenden UMTS-Markt ist diese Betrachtungsweise wichtig, denn bei dieser Technologie wird es möglich sein, alle Geräte über das IP-Protokoll anzusprechen.

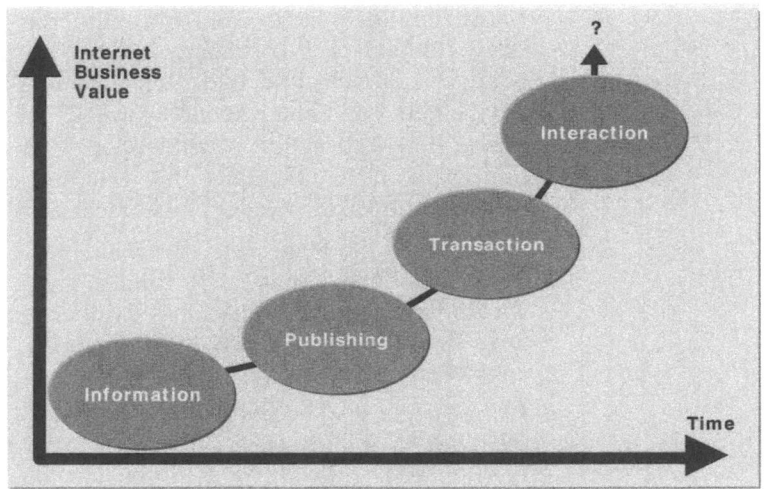

Abbildung 1: Die Evolution des eBusiness und der IP-Technologie

In der ersten Phase der Internet-Entwicklung wurden statische Informationen bereitgestellt. Bestenfalls konnte durch einige HTML-Seiten geblättert werden. Während der zweiten Phase gab es bereits erste Möglichkeiten der aktiven Abfragevon Informationen. Dazu gehörten u.a. eMail-Newsletter, Push-Technologien oder einfach nur selektive Download-Möglichkeiten für bestimmte Kundengruppen. Auf der nächsten Stufe wurden Transaktionen ermöglicht, die sich jedoch nur in eine Richtung realisieren ließen, also vom Konsumenten zum Anbieter. Im Finanzdienstleistungsbereich ist das beste Beispiel dafür eine Wertpapierorder oder eine Überweisung. Beide Transaktionen gehen vom Kunden zur Bank, es erfolgen aber keine unmittelbaren, in Zusammenhang stehenden Aktionen in Rückrichtung zum Kunden.

---

[27] Internet Protocol

4. mBusiness als Teil der Internet-Evolution

Über die Phase der Transaktion kommt man zum Endglied dieses Vier-Phasen-Modells, dem Bereich der Interaktion. Diese Phase zeichnet sich dadurch aus, dass Aktionen/ Transaktionen vom Anbieter zum Kunden möglich sind. In diese Definition fallen zum Beispiel Co-Browsing, Nutzung der Chat-Funktionalität oder Vereinbarung von unmittelbaren Telefonterminen. Technisch bereits möglich, aber aufgrund der derzeit noch beschränkten Datenübertragungsinfrastruktur der privaten Haushalte noch nicht verbreitet, sind die sogenannten Voice- oder Video-Over-IP-Lösungen, welche das Internet zur Übertragung von Sprach- und Bilddaten nutzen. Denkbar wäre hierbei z.B., einen Call-Center-Agenten zwecks Beratung per Bild und Ton in den Web-Auftritt einzublenden.[28] So kann eine interaktive und persönliche Beratung im Internet ermöglicht und der menschliche Faktor wieder eingebracht werden.

Es stellt sich die Frage, wie eine weitere Evolutionsstufe im eBusiness aussehen könnte? Die Untersuchung der bisherigen Entwicklung könnte uns Aufschluss darüber geben, in welche Richtung sich eBusiness – bzw. mBusiness als Teil davon – künftig entwickeln könnte.

Kennzeichen aller bisherigen Phasen war es, dass in der virtuellen – im Gegensatz zur reellen Welt – die Bindung an zeitliche Restriktionen aufgehoben wurden. Produkt-, Zins-, Kontoinformationen, Überweisungen etc. wurden durch eBusiness von der zeitlichen Bindung an das Filialgeschäft befreit. Oftmals wird heute dabei auch in einem Atemzug die Loslösung vom Ort der Transaktion genannt. Das ist nur teilweise richtig, da der Ort der bisherigen Transaktion (z.B. Filiale) nur mit einem anderen Ort (Büro oder zu Hause) getauscht wird. Eine Unabhängigkeit von Zeit **und** Ort ist nicht gegeben. Dies ändert sich mit der Einführung der mobilen Technologie, die es erlaubt, Funktionalität unabhängig vom Standort aufzurufen und zu verwenden. Ergebnis ist die theoretische Möglichkeit, jederzeit an jedem Ort Informationen zu beschaffen oder Transaktionen abzuwickeln (Anywhere, Anytime). Im Hinblick auf die stattfindende Diskussion um 3G- und 4G-Technologien kommt ein weiterer Faktor hinzu. Die Vielfalt der mobilen Endgeräte erlaubt mehrere Zugangsmöglichkeiten (PDA, Handy, Smartphone, Spielekonsolen, Fernseher etc.). Eine wichtige Rolle spielt dabei die Möglichkeit,

---

[28] KPMG Consulting hat eine solche Technologie als eAdvice-Solution bereits realisiert.

Einleitung

dass all diese Endgeräte z.B. über Bluetooth[29] miteinander kommunizieren können. Diese Möglichkeit, auf jede mögliche Art und Weise Informationen zu sammeln oder Transaktionen zu tätigen, resultiert in einer allgegenwärtigen Fähigkeit, mit elektronischen Medien in Kontakt zu treten. Aufgrund dieser Allgegenwärtigkeit spricht man auch von ubiquitous[30] Commerce, kurz uCommerce[31].

Den bisherigen Gedankengang kann man auch in einen „formelhaften" Zusammenhang bringen:

e + m = u

Das bedeutet, eBusiness plus mBusiness ergibt uBusiness, wobei uBusiness an sich keine neue Technologie ist, sondern ein aus beiden Technologien kombiniertes Geschäftsmodell, das verschiedene Nischenaktivitäten umfaßt (siehe Abbildung).

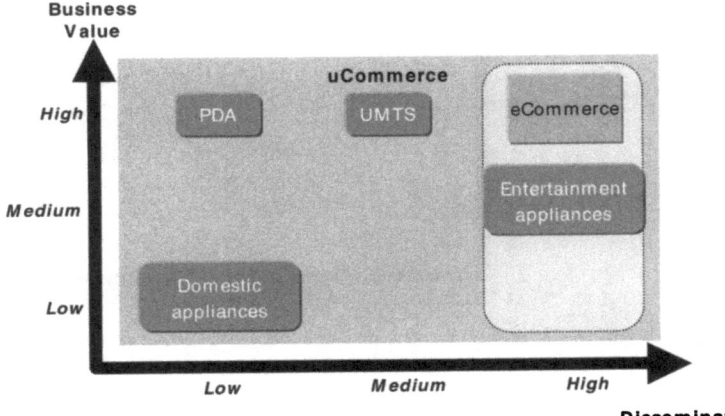

Quelle: KPMG Consulting

Abbildung 2: Das uBusiness-Geschäftsmodell

Aus dem Vorgenannten ergibt sich die AAA-Konvention des „Anytime, Anywhere, Anyhow". Der Nutzer kann also jederzeit

---

[29] Bluetooth ist eine neue kabellose, funkbasierte Technologie zur Datenübertragung auf kurze und mittlere Entfernungen

[30] Ubiquitous (engl.), bedeutet "allgegenwärtig"

[31] Ubiquitous Commerce s. Studie von Fydrich, AC

4. mBusiness als Teil der Internet-Evolution

an jedem Ort auf der von ihm gewählten Weise Zugang zu Diensten und Informationen erlangen. Die bisherige Evolution des eBusiness im Allgemeinen wäre also logisch fortgesetzt.

Zu klären bliebe, in welchem Maße sich dieser Evolutionsschritt fortsetzt. Anders ausgedrückt: Befindet sich die eBusiness-Evolution am Scheideweg? Dazu ist es nützlich, den Wert/Nutzen der neuen Evolutionsstufe analytisch zu betrachten. Dies soll anhand einer systematischen Vorgehensweise aus der Innovationswissenschaft beleuchtet werden.

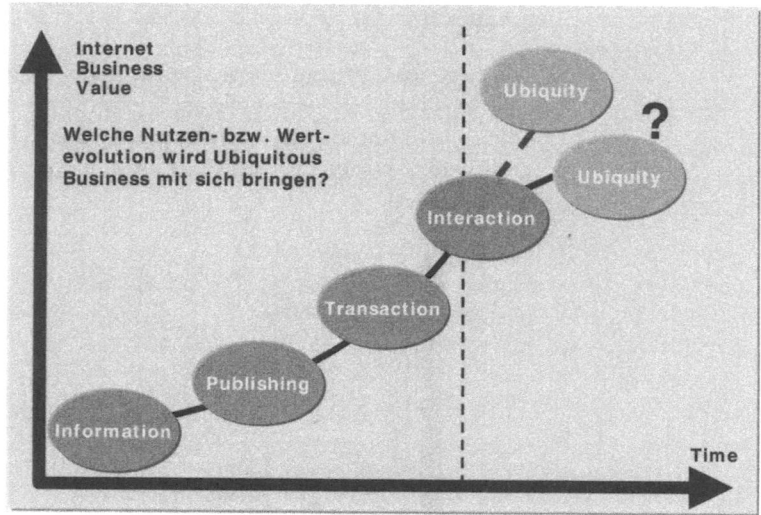

Abbildung 3: Nutzen des mBusiness: Evolution am Scheideweg?

Evolutionärer Fortschritt durch Business Value

In der bisherigen Analyse der Internetevolution haben wir einen Punkt vernachlässigt, nämlich der mit der Evolution verbundene Nutzen für die Anbieter als auch die Abnehmer von Internet Service Leistungen. Dies wollen wir nun im folgenden betrachten.

Während der ersten Phase lag ein Großteil des Nutzens darin, Informationen zur Verfügung zu haben. Man musste zwar die gewünschten Informationen zusammensuchen, aber man war nicht mehr abhängig von Geschäftszeiten oder dem Terminkalender eines Kundenberaters. Der nächste Schritt brachte dann den Vorteil, Informationen gemäß vorher definierten Anforderungen an Informationsnehmer zu verteilen. Hier war der Nutzen für Konsumenten, der sogenannte „Business Value"[32], die selektive Informationsverteilung bzw. -aufnahme.

Ein großer Schritt zur Erhöhung des Business Value kam durch die Einführung der Transaktionen. Die Möglichkeit, konventionelle Dienstleistungen wie z.B. Zahlungsverkehr und Wertpapiergeschäfte auf Web-Technologien zu transferieren, brachte Nutzen für Anbieter und Abnehmer von Dienstleistungen. Zu diesen konventionellen Dienstleistungen gehörte

- Kontoumsatzanzeige
- Dauerauftrag
- Scheckbestellung
- Inland- und Europaüberweisungen
- Depotübersicht über Wertpapierbestand und Kurswert
- Wertpapierorder (Kauf und Verkauf)

Ein Zusatznutzen/-wert entstand durch die Bereitstellung von

- Überweisungsvorlagen
- Near-time-/Real-time-Marktinformationen
- Fundamentale und technische Wertpapieranalysen
- Konsolidierte Vermögensübersicht über Konten und Depots zu aktuellen Kursen

Das heißt, hier konnte die eBusiness-Evolution aufgrund der technischen Möglichkeiten einen Nutzen schaffen, der vorher nicht (Überweisungsvorlagen) oder nur umständlich verfügbar war (aktuelle, konsolidierte Vermögensübersicht).

Sowohl Anbieter als auch Abnehmer/ Konsumenten profitieren aus dieser Entwicklung. Beide sparen nicht nur Zeit, sondern verringern auch Kosten für die Erfassung der Transaktion. In der Regel entfällt die zusätzliche Erfassung der Transaktiosndaten für das Finanzinstitut sogar ganz. So stehen der Zusatzdienstleistung, der Bereitstellung von Online-Diensten, zwar keine Mehrerträge bzw- steigenden Grenzerträge gegenüber, dafür aber die Mög-

---

[32] Vgl. Kim/Mauborgne, Harvard Business Review 1996, S. 105 ff.

lichkeit zur Kostenreduktion bzw. sinkende Grenzkosten durch Nutzung von Straight Through Processing (STP).

Die derzeit letzte, noch nicht abgeschlossene Phase bringt den Vorteil der persönlichen Beziehung zurück in die elektronische Dienstleistung. Interaktion ermöglicht das individuelle Eingehen auf Kundenfragen und -wünsche. Der Grad an Komplexität der Dienstleistung und somit das Eingehen auf individuelle Kundenbedürfnisse kann gesteigert werden. Hinzu kommt das Verarbeiten und Speichern von kundenspezifischen Daten zur gezielten Ansprache von Kundenbedürfnissen (Customer Relaionship Management, CRM).

Diese Bedürfnisse sind in den Bereichen der Privat-[33] und Geschäftskunden von Banken verschieden. Im Privatkundengeschäft werden Finanzdienstleistungen, wie z.B. Mobile Banking, Mobile Brokerage, Kurs- und Depotinformationen, Kontostandsabfrage etc. für eine breite Masse zur Verfügung gestellt. Für den Geschäftskundenbereich bieten sich theoretisch ähnliche Anwendungsfelder wie im Privatkundenbereich, jedoch spielen hier beratungsintensive Produkte mit einem relativ hohem Transaktionsvolumen, die speziell auf den Geschäftskunden zugeschnitten sind, eine große Rolle. Weiterhin beinhalten Geschäftsvorfälle oft komplexe Finanzierungsinstrumente, die eine hohe Beratungsintensität benötigen; deshalb ist der Einsatz von mBusiness-Applikationen nicht für alle Produktbereiche zielführend. Im Außendienstbereich, sei es bei Versicherungen oder Firmenkundenberatern von Banken, können mobile Applikationen den Prozess durch Zugriff auf zentrale und aktuelle Daten sehr sinnvoll unterstützen (z.B. mit Bestandsinformationen, Stammdaten, Übersichten, einfachen Tools etc.).

Wie der vorherige Abschnitt über den Zusatznutzen der eBusiness-Dienstleistungen gezeigt hat, ist ein deutlich zunehmender Nutzen, also ein steigender Grenznutzen, für Anbieter und Abnehmer der eBusiness-Finanzdienstleistungen erkennbar gewesen. Wir stellen also die These auf, dass mit der Evolution des Internet auch immer ein Grenznutzenwachstum für den Konsumenten einhergeht. Daraus leitet sich ab, dass die nächste Stufe, nämlich die des uCommerce, eine ähnliche Entwicklung für das Business Value nehmen sollte. Tatsächlich kann man einen wei-

---

[33] Privatkunden im Sinne dieses Beitrags fallen unter die Marktsegmentierungen des gehobenen Kunden- und des Massenkundengeschäfts.

Evolutionärer Fortschritt durch Business Value

terhin zunehmenden Nutzen bzw. Business Value als Erfolgskriterium für die weitere Entwicklung definieren. Betrachtet man den Nutzen bzw. Business Value als Summe aller der ein Produkt (oder eine Branche) ausmachenden Merkmale, so kann man daraus eine Teilmenge zur Erstellung einer Wertekurve definieren.[34] Anhand dieser Wertekurve lässt sich ein Geschäftsmodell analysieren. Nehmen wir zum Beispiel „offline"-Finanzdienstleistungen, wie sie bis vor 5 Jahren noch am häufigsten vorkamen.

Die entsprechende Wertekette könnte zum Beispiel wie folgt aussehen:

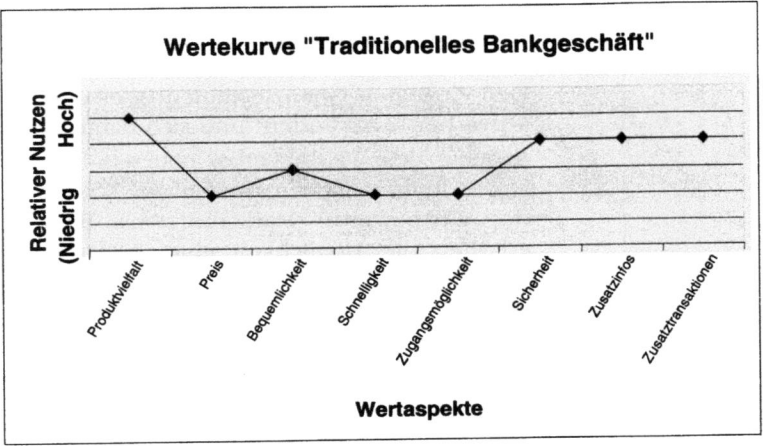

Abbildung 4: Wertekurve „Traditionelles Bankgeschäft"

Nach Einführung der ersten Online-Banking-Applikationen hatte sich die Wertekurve verändert und zwar hinsichtlich der Ausprägung der Werte als auch durch das Hinzukommen einiger Marktfaktoren, nämlich die Faktoren „zeitliche Verfügbarkeit" und „örtliche Unabhängigkeit", die zuvor nicht Element der Wertekette waren.

---

[34] Vgl. Kim/Mauborgne, Harvard Business Review 1996, S. 108

4. mBusiness als Teil der Internet-Evolution

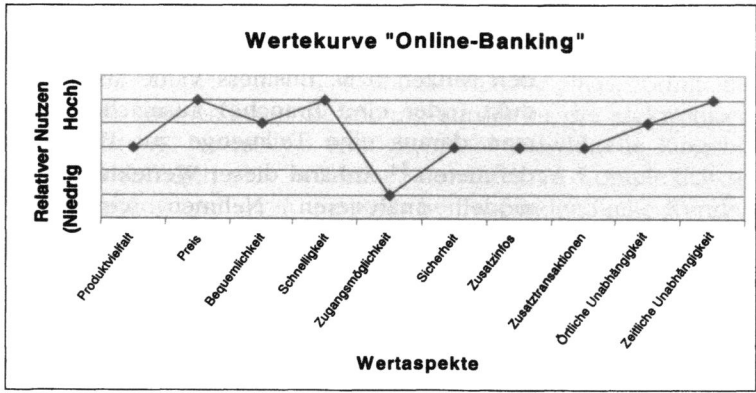

Abbildung 5: Wertekurve „Online-Banking"

Den einzelnen Finanzinstituten ist es damit gelungen, die Wertekurve per se zu ändern und sich damit einen neuen Markt, neue Aspekte des Wettbewerbs, neuen „Marketspace" zu schaffen[35]. Hinzu kommt die Ergänzung der Wertekette um neue Aspekte des Wettbewerbs/ Marktauftretens. Beide Einflüsse kombiniert erhöhen die Möglichkeit eines Unternehmens, sich ein neues Wettbewerbsfeld bzw. Nische zu schaffen, die noch von keinem anderen Marktteilnehmer besetzt wird.

Der andere und ebenfalls wichtige Aspekt ist der, dass die geschaffenen Veränderungen auf der Wertekurve dem Konsumenten einen Zusatznutzen verschafften, der zu einer weitgehenden Akzeptanz und Verbreitung führte. Gemeint ist die Entwicklung des Online-Banking-Marktes.

Anhand der Wertekurve lässt sich auch unsere zuvor getroffene These, dass die Evolution des Internet immer auch mit Nutzenwachstum für Konsumenten einhergeht, belegen.

Inwieweit dies nun für mBusiness/uBusiness tatsächlich der Fall ist, soll im folgenden Abschnitt untersucht werden.

---

[35] Vgl. Kim/Mauborgne, Harvard Business Review 1999, S. 83 ff.

Die Evolutionsstufe mBusiness

„Gewichen ist die anfängliche Begeisterung für das mobile Internet. Die meisten Lizenzbesitzer haben keine Ahnung von künftigen Diensten und deren Geschäftsmodellen."[36]

Wie das obige Zitat verdeutlicht, lässt die gegenwärtige Diskussion um die Mobilfunktechnik der dritten Generation erkennen, dass keine Klarheit darüber herrscht, mit welchen technischen Anwendungen und Geschäftsmodellen im mBusiness Erträge generiert werden sollen / können. Dies gilt für viele Branchen, aber nicht für alle. mBusiness-Applikationen haben z.B. in der Logistik-Branche bereits Einzug gehalten und sind dort von großem Nutzen.

Einschätzung der gegenwärtigen Entwicklung

Für die Finanzdienstleistungsbranche ist das Thema mBusiness von einigen Marktteilnehmern bereits realisiert worden. Dies erfolgte durch die Einführung von Banking- und Broking-Applikationen auf Basis des WAP-Standards, bei der sich jedoch zwei Handicaps herausgestellt haben. Zum einen ist ähnlich wie im eBusiness-Bereich kein Konsument dazu bereit, für diesen Service extra zu zahlen, zum anderen ist die Performance der WAP-Applikationen aufgrund der geringen Übertragungsgeschwindigkeit nicht zufriedenstellend. Der Zusatznutzen wird also nicht honoriert und es bestehen technologische Restriktionen. Dies könnte durch neuere Übertragungsstandards wie GPRS[37] oder HSCD[38] überwunden werden (EDGE[39] ist aufgrund der in Europa verfügbaren Bandbreite keine Alternatice). Da die

---

[36] Financial Times Deutschland, 19. April 2001

[37] **GPRS**-Technologie unterstützt drahtlose Übertragungsgeschwindigkeiten und verwendet mehrere Funkzeitschlitze gleichzeitig (Multislot-Technik); dabei werden Übertragungsgeschwindigkeiten von bis zu 171 kbit/s erreicht.

[38] **HSCSD** verwendet mehrere Funkzeitschlitze gleichzeitig (Multislot-Technik) und erreicht so Übertragungsgeschwindigkeiten von bis zu 171 kbit/s.

[39] **EDGE** ist eine Technik der dritten Mobilfunkgeneration. Erweiterung des GPRS-Standards durch höhere Durchsatzraten pro Slot bis zu einer maximalen Leistung von 384 kbit/s.

4. mBusiness als Teil der Internet-Evolution

nächste Generation, nämlich UMTS in absehbarer Zeit (in Europa vermutlich nicht vor Q3 2002) eingeführt werden soll, kann es sich nur um Interimstechnologien handeln. Zwar ermöglichen diese Technologien höhere Übertragungsraten, doch muss zur Nutzung zum einen eine neue Netzinfrastruktur geschaffen, zum anderen neue Hardware, sprich ein neues Handy, angeschafft werden. Die gegenwärtige Mobilfunkdurchdringung in Deutschland beträgt etwas mehr als 60%, in Frankreich 50% und in Großbritannien knapp 70%[40].

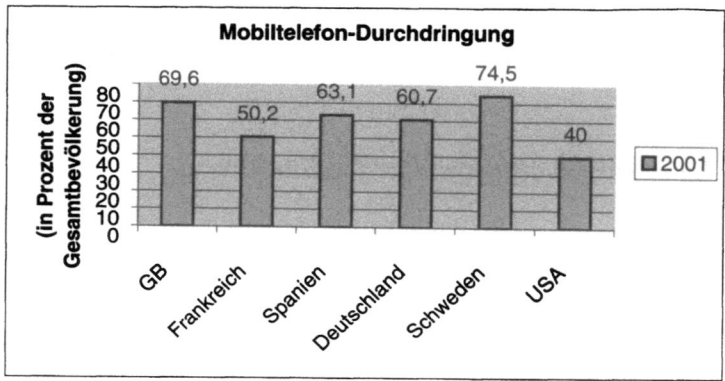

Abbildung 4: Mobiltelefon-Durchdringung

Diese hohe Durchdringung ist das Ergebnis eines jahrelangen Wachstums, welches Mitte der 90er Jahre begann. Um eine vergleichbar hohe Marktdurchdringung für diese neuen Übertragungstechnologien zu erreichen, bräuchte man ebenfalls einige Jahre. Dem steht entgegen, das die 3G-Technologie mittels des Übertragungsstandards UMTS bereits 2003 zum Einsatz kommen soll. Man würde also versuchen einen Markt für eine Technologie und entsprechende Produkte aufzubauen, der nach 1,5 bis 2 Jahren bereits veraltet wäre.

Hinzu kommt, dass die bisherige Durchdringung mit Mobiltelefonen durch Subventionierung der Hardware/ Geräte gefördert wurde. Berücksichtigt man die gegenwärtigen Überlegungen der Netzbetreiber, die Subventionierung der Endgeräte zu reduzieren, bleibt nur der Schluss, dass die Interimstechnologien wenig Chancen haben, sich zu einem Standard und somit zu einer

---

[40] Connectis, Mai 2001, S. 7

technologischen Basis für mBusiness-Anwendungen im großen Stil zu entwickeln. Dieses Bild könnte sich ändern, falls es den Telekommunikationsformen gelänge, Allianzpartner zu finden, die diese Subventionierung übernähmen.

UMTS – das gefallene Wunderkind

Die großen Hoffnungen der Telekommunikationsbranche liegen nun auf dem Übertragungsstandard UMTS. Diese Technik verbindet drei enorme Vorteile. Zum einen ermöglichen die hohen Übertragungsgeschwindigkeiten eine hohe Bandbreite, zum anderen ist UMTS ein international akzeptierter Standard. Der im Sinne einer integrierten Prozeßkette größte Vorteil besteht darin, daß UMTS voll IP-fähig ist, d.h. es lässt sich einfach in bestehende IP-Technologien integrieren.

		Technologie		Bandbreite (Kbps)	Eigenschaften
	First-generation mobil	NMT	Nordic Mobile Telephony	9.6	• Analoger Sprachdienst • Keine Übertragung von Daten
WAP Wireless Application Protocol Protokoll zur mobilen Übertragung Internet-ähnlicher Inhalte	Second-generation mobil	GSM	Global system for Mobil Communication	9.6-14.4	• Digitaler Sprachdienst • Erweitertes Messaging • Globales Roaming • Verbindungsorient. Datenübertr.
		HSCSD	High-Speed Circuit Switched Data	9.6-57.6	• GSM-Erweiterung • Höhere Übertragungsraten
		GPRS	General Packet Radio Service	9.6-115	• GSM-Erweiterung • Permanente Verbindung • Verbindungsorient. Datenübertr.
		EDGE	Enhanced Data Rate for GSM Evolution	64-384	• GSM-Erweiterung • Permanente Verbindung • Schneller als GPRS
	Third-generation mobil	UMTS	Universal Mobile Telecommunication System	64-2.048	• Permanente Verbindung • Globales Roaming • IP-fähig

Quelle: Forrester Research, Inc.

Abbildung 6: Vergleich der Übertragungsgeschwindigkeiten

Mittels Breitband und CDMA-Übertragungsverfahren (Code Division Multiple Access) sollen sich beliebige Inhalte mit Übertragungsraten von bis zu 2 Mbit pro Sekunde übertragen lassen.

Nicht nur die hohe Übertragungskapazität macht UMTS interessant, sondern auch die Unterstützung von verschiedenen Transportprotokollen wie WAP und HTML. Insbesondere in letzterem liegt eine gute Chance für die rasche Akzeptanz und Verbreitung von UMTS. Zwar müssen HTML-Seiten speziell für das Medium der UMTS-Endgeräte angepasst werden, doch ist hier der Aufwand geringer und die bestehende Infrastruktur kann genutzt werden. Neben den herkömmlichen Mobilfunkfunktionen wie

4. mBusiness als Teil der Internet-Evolution

Sprach- und Kurzmitteilungen sind noch weitere Datendienste und Multimedia-Anwendungen geplant, wie z.B.:

- Internetzugang am Mobilfunkgerät
- eMail Austausch
- eBanking, Zahlungsfunktionen an Automaten
- Bildübertragung
- Multimedia-Dokumenten-Transfer (Audio und Video gleichzeitig)
- eCommerce (Einkauf, elektronischer Handel)
- Download von Videos und Filmen
- Videokonferenzen
- Fernseh- und Rundfunk-Nutzung
- Drahtlos-Telefon und –Fax
- Mailbox-Nutzung

Dies ist zumindest die schöne neue Welt, die in Kongressen, Studien und Medien verbreitet wird. Vor dem Hintergrund unseres Einführungsabschnitts und vor dem Hintergrund der Wertekurve ist die Frage zu stellen, inwiefern hier tatsächlich Nutzen generiert wird und wie hoch die Zahlungsbereitschaft für den Zusatznutzen liegt. Gerade letztere Frage ist angesichts der hohen Investitionskosten nicht von der Hand zu weisen. Anhand einer sehr vereinfachten Rechnung kann dies kurz dargelegt werden. Die Lizenzkosten für UMTS belaufen sich in der Branche auf knappe 100 Mrd. DM. Hinzu kommen weitere geschätzte 50 Mrd. DM zum Aufbau der notwendigen Infrastruktur, wenn man von den Netz-Sharing Plänen der Betreiber absieht. Bei geschätzten 80 Mio. Bundesbürgern ergibt das Kosten von 1.875 DM pro Bundesbürger vom Greis bis zum Säugling. Diese Problematik ist in Europa aufgrund der unterschiedlichen Lizenzkosten differenziert zu betrachten. So ist der Kostendruck in Spanien und Italien vergleichsweise niedriger als in Großbritannien oder Deutschland. Da die meisten Telekommunikationsunternehmen jedoch in mehreren Märkten in Europa vertreten sind, ist es nicht auszuschließen, dass eine gewisse Mischkostenkalkulation (wie sie z.B. bereits von Vodafone angewendet wird) für ein gleichmäßiges Preisniveau in Europa sorgen wird.

Die Problematik soll anhand von Abbildung 8 hergeleitet werden. Grundlage bildet die Modellierung der durchschnittlichen

Ertragszahlen pro Kunde für einen europäischen Mobilfunkbetreiber.[41] Die Autoren der zugrunde liegenden Studie gehen davon aus, dass sich bei gleichbleibend hohen Betriebskosten die Erträge kontinuierlich verringern. Der Hauptgrund dafür ist: Sprachübertragung bleibt ein wettbewerbsintensives Feld mit sinkenden Taktpreisen. Der andere Grund ist, dass bei der gegenwärtig hohen Mobilfunkdurchdringung in Europa das Wachstum aus demographischen Gründen an seine Grenze stößt. Hinzu kommt die Erwartung, dass weder Infrastruktur- noch Marketingkosten sinken werden.

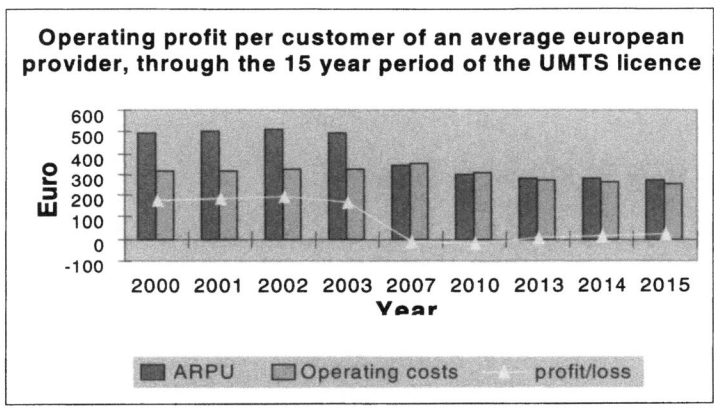

Quelle: Forrester Report, Europe's UMTS Meltdown, Dec 2000

Abbildung 7: Average Revenue per User

Der Druck auf die Telekommunikationsfirmen zur Generierung von Erträgen ist demnach außerordentlich hoch, andererseits besteht hohe Unsicherheit über künftige Services und Geschäftsmodelle. Angesichts der Tatsache, dass um 2010 bereits die vierte Mobilfunkgeneration erwartet wird, ist der Zeitraum zur Erwirtschaftung der „Returns on investment" begrenzt.

Diese Zusammenhänge könnte die Finanzdienstleistungsindustrie zunächst kalt lassen. Aber aufgrund des hohen Ertragsdruckes seitens der Telekommunikationsfirmen ist es unwahrscheinlich, dass „no-pay"-Services wie im Internet weite Verbreitung finden. Eine vollständige oder überwiegende Abwälzung der Kosten auf

---

[41] Europe's UMTS Meltdown, Forrester, December 2000, S. 9 ff.

4. mBusiness als Teil der Internet-Evolution

den Endkunden würde jedoch die Marktdurchdringung zusätzlich blockieren. Eine Aufteilung der Kosten zwischen Konsumenten, Telekommunikationsfirma und Serviceanbieter ist daher absehbar. Das heißt, dass eine hohe Wahrscheinlichkeit besteht, dass Finanzdienstleister, wenn sie ihre Services anbieten wollen, dafür Entgelte an die Mobilfunkbetreiber zahlen müssen. Diesen Kosten müssen daher zwangsläufig Erträge entgegenstehen.

Betrachtet man die bisherige Wertekurve, so ist es von entscheidender Bedeutung für die Finanzdienstleister, Dienstleistungen so zu gestalten, dass bei Kunden die Zahlungsbereitschaft für den Zusatznutzen gesichert ist. Angesichts der Erfahrungen mit dem Internet, in dem Nutzer nur eine geringe Bereitschaft zur Zahlung haben, ist dies keine einfache Aufgabe. Reine Banking- und Broking-Funktionalität dürfte nicht ausreichen.

i-Mode als Beispiel für Europa?

Der Durchbruch, den WAP in Europa bislang nicht schaffte, gelang dem Web-Dienst i-Mode in Japan in kurzer Zeit. i-Mode ist ein japanischer Service, der Inhalte aus dem Internet auf Handys darstellen kann. Technischer Vorteil von i-Mode ist, dass Inhalte auf einem „Dialekt" von HTML basieren[42], also nicht wie bei WAP ein neues, anderes Protokoll verwendet werden muss. Um- und Bereitstellungskosten von Services sind daher von vorneherein günstiger. Im Gegensatz zu WAP in Deutschland erfreute sich i-Mode in Japan sofort größter Beliebtheit. Nur zwölf Monate nach der Einführung hatten etwa vier Millionen Japaner Zugriff. i-Mode basiert, ähnlich wie GPRS, auf einer weiteren unterschiedlichen Übertragungsmethodik. Während man mit den in Deutschland mehr verbreiteten GSM-Handys eine Verbindung aufbauen muss (circuit switched) und für die Übertragungszeit berechnet wird, ist man bei i-Mode ständig in Verbindung mit dem Netz, zahlt aber nur für die übertragenen Daten (packet switched). Der Vorteil bei dieser Technik ist, dass die User nur für die übertragene Datenmenge, nicht für die Zeit, die sie online sind, bezahlen. Die Angebotspalette von i-Mode ist riesig: Flüge reservieren, bequem shoppen, SMS mit Börsenkursen, eMails abrufen und vieles mehr. Hier einige i-Mode-Dienste im Überblick:

---

[42] Das sogenannte cHTML

Tabelle 2: i-Mode-Dienste

Dienst	Angebot
I-Banking	Mobiles Banking (Kontostand, Überweisungen)
I-Trade	Kreditkartenrechnung, Aktienhandel, Versicherungen
I-Travel	Reiseversicherungen, Flugreservierungen, Reisebuchungen
I-Ticket	Konzerte, Veranstaltungstickets, Mietwohnungen, Jobbörse
I-Gourmet	Restauranttips
I-Mode Mail	Elektronische Post
I-News	Nachrichten und aktuelle Informationen
I-Town	City-Informationen
I-Entertainment	Karaoke-Informationen, Spiele
I-Tool	Verzeichnisse, Telefonnummern-Suche
I-Anime	Cartoons zum Download

Quelle: Com! Online 4/2001, Seite 64

i-Modes außergewöhnlicher Erfolg ist einer Reihe von Umständen zu verdanken, die nachfolgend beschrieben werden. Aufgrund dieser besonderen Umstände ist jedoch eine einfache Übertragung oder Kopie des Geschäftsmodells nach Europa nicht notwendigerweise mit demselben Erfolg verbunden. So sind zum Beispiel die Festnetzpreise in Japan höher als die Mobilfunkpreise, was die Nutzung von Handys attraktiv macht. In Europa ist diese Kostenstruktur in der Regel umgekehrt. Hinzu kommt, dass die Durchdringung mit PCs in Japan wesentlich geringer ist als in Europa. Die einfach handhabbare Technologie i-Mode wird durch diese fehlende Konkurrenz begünstigt. Zudem besteht i-Mode hauptsächlich aus gegen Zahlung erhältlichen Abonnementdiensten, obwohl technisch gesehen jede cHTML-Site im Internet aufgerufen werden kann. Mit der Nutzung von cHTML hat NTT-Docomo versucht, den Service mit dem bestehenden Internet soweit wie möglich zu harmonisieren, WAP hingegen ist

4. mBusiness als Teil der Internet-Evolution

eine neue technologische Entwicklung. In Europa bietet WAP in der Regel kostenfreie Dienste, i-Mode, wie erwähnt, möchte Geld für seinen Service sehen. Hinzu kommt, dass man davon ausgehen kann, dass Japaner wesentlich „technikverliebter" und daher für technische „Spielereien" offener sind. Trotz dieser unterschiedlichen Rahmenbedingungen könnten einige Elemente aus dem i-Mode-Geschäftsmodell für den europäischen Markt übernommen werden.

NTT-Docomo betreibt mit i-Mode eine Kommunikationsplattform, die über spezielle i-Mode-fähige Handys nutzbar ist. Der Zugang erfolgt über ein Startportal („official menu"), indem NTT-Docomo Links zu anderen „official" bzw. „recognized sites" bietet. Nutzer zahlen zuerst eine monatliche Grundgebühr für Nutzung der „official sites". Hinzu kommen die Datenübertragungskosten gemäß der übertragenen Datenpakete. Weiteres Element sind die anfallenden Gebühren für Telefongespräche. In einigen Fällen kommen noch Transaktions-, Download und andere Gebühren hinzu.

Die „offiziellen" Contentprovider erhalten die monatliche Grundgebühr abzüglich einer 9% Kommission, die NTT-Docomo für sich einbehält. Die „inoffiziellen" Contentprovider müssen keine Gebühr zahlen. An dem durch sie generierten Datenverkehr verdient NTT Docomo trotzdem.

Die Stärke dieses Business-Modells besteht darin, dass sämtliche Umsätze per Microbilling über die Telefonrechnung abgerechnet werden. Die mit den Contentprovidern getätigten Transaktionen (Ticketkauf etc.) müssen über die bestehenden Internet-Zahlungsmechanismen mit all ihren Vor- und Nachteilen abgewickelt werden.

NTT-Docomo hat es demnach verstanden, eine Wertekurve zu generieren, die vom Markt akzeptiert wurde, und somit den Markt für sich zu gestalten. Dieser Weg wird kontinuierlich weitergegangen. NTT Docomo wird einen neuen Dienst namens FOMA[43] in den Markt bringen, der mittels 3G-Technologien neue Wege und Geschäftsmodelle geht. Nach Erprobung des FOMA-Dienstes in der Tokioter Region bis Ende Oktober 2001 wird

---

[43] FOMA (Freedom Of Mobile multimedia Access) von NTT DoCoMo ist ein mobiler Kommunikationsservice, welcher es den Benutzern ermöglicht, Produkte und Nutzen von i-Mode mit der technischen Vielfalt der 3G-Technik (Video, Sound, Farbe etc.) zu verbinden.

NTT Docomo den kommerziellen Start der 3G-Technologie japanweit einläuten.

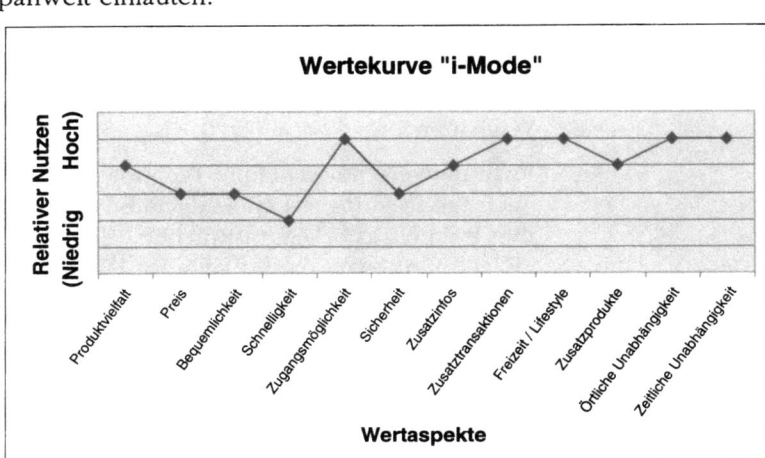

Abbildung 8: Wertekurve „i-Mode"

Die Rolle der Zahlungssysteme

Bei allen Transaktionen oder Dienstleistungen, die nicht per Microbilling erfolgen, besteht die Notwendigkeit, Zahlungen über andere Methoden abzuwickeln. Gegenwärtig hat sich jedoch kein einheitlicher Standard im europäischen Markt verbreitet, es besteht ein „kreatives Chaos" an Zahlungssystemen. Allein in Deutschland konkurrieren an die zwanzig verschiedenen Möglichkeiten, im Internet zu bezahlen.

Aus den vorhergehenden Überlegungen lässt sich ableiten, dass ein erfolgreiches mBusiness Hand in Hand mit einer erfolgreichen Zahlungsmethode gehen muss. Was macht eine erfolgreiche Zahlungsmethode aus? Sie muss einfach zu nutzen sein, über eine hohe Sicherheit verfügen und weit verbreitet sein, um eine weitgehende Akzeptanz zu finden.[44] Würde man diese Aspekte auf einer Wertekurve plotten, so ergäbe sich, dass gegenwärtig keine der vorhanden Zahlungsmethoden diese Kriterien erfüllt. Höchste Bedenken gelten vor allem in Deutschland der Sicherheit. Die Sicherheit für den Kunden entscheidet über den dauerhaften Erfolg, und somit halten Sicherheitsbedenken beim Be-

---

[44] Stürtz/Mohl, Mobile Payment: Success Factor for mCommerce, Börsen-Zeitung, 21.10.2001

4. mBusiness als Teil der Internet-Evolution

zahlen über mobile Geräte viele Verbraucher vom neuen virtuellen Marktplatz fern. Nach einer Umfrage der Boston Consulting Group[45] sind Sicherheitsbedenken neben hohen Kosten und niedrigen Übertragungsraten ein Hauptgrund für Handybesitzer, bisher auf den Gebrauch mobiler Geschäftsmöglichkeiten zu verzichten.

Richtungweisend wäre eine Technologie, die sowohl stationär als auch mobil keine neuen Endgeräte bzw. Hardware benötigt, die den hohen Sicherheitsansprüchen genügt und in der Bedienung einfach und somit massenfähig ist. Diese Technologie wäre theoretisch mit der digitalen Signatur gegeben. Ob sich diese im mPayment durchsetzen wird, hängt von einer Reihe von Faktoren ab, die schwer abschätzbar und identifizierbar sind. Aus einer objektiven Sicht ist ihr eindeutig der Vorzug zu geben.

mBusiness für Finanzdienstleister

Die bisherigen Erkenntnisse

Zusammenfassend konnte man bisher feststellen, dass die bisherige Entwicklung des Internet einer evolutionären Entwicklung, bei dem jede Stufe mit einem Nutzensprung für den Benutzer verbunden war, unterlag. Diesen Nutzen kann man anhand von Wertekurven erfassen und belegen.

Die gegenwärtige Entwicklung des mBusiness ist aus unterschiedlichen Gründen nicht zufriedenstellend. Die nächste Mobilfunkgeneration UMTS erhöht den wirtschaftlichen Druck, doch noch sind keine überzeugenden Geschäftsmodelle vorhanden. Die Entwicklung des i-Mode in Japan hat ein mögliches Geschäftsmodell aufgezeigt. Kritisch für jegliches mBusiness ist jedoch die sichere, handliche und breit akzeptierte Form der Bezahlung. Bislang hat sich jedoch noch kein Standard allgemein durchgesetzt

Folgende Vorgehensweisen ergeben sich nun für Firmen, die im Finanzdienstleistungsbereich tätig sind. Wie das Beispiel i-Mode zeigt, ist es möglich, das Internet und mBusiness zu monetarisieren, unabhängig von der mPayment Problematik. Die strategische Lösung sollte daher sein, die vorhandenen und unproble-

---

[45] Vgl. Thema Sicherheitsbedenken (Probleme der Nutzerakzeptanz durch Mißbrauch), „Digitale Signatur treibt mCommerce voran", Andreas Schaffry, Boston Consulting Group, 22.02.2001

matischen Zahlungsmethoden wie „Microbilling" und „subscription fees" zu verwenden.

Allerdings muss für den Kunden ein Nutzen geboten werden. Ein geeignetes Instrument zur Gestaltung dieses Nutzens bietet die Wertekurve. Durch Hinzufügen oder Weglassen von Werteaspekten kann ein Finanzdienstleistungsunternehmen neue Märkte oder Marktnischen eröffnen.

Mögliche Wege im Finanzdienstleistungsbereich

Um neue Werteaspekte zu finden, kann man anhand einer gewissen Struktur vorgehen, bei der man aktuelle Trends identifiziert und deren Entwicklung zu antizipieren versucht. Es geht dabei nicht darum, möglichst exakt die Zukunft vorherzusagen, sondern heutige Trends und deren Auswirkungen auf das eigene Geschäft zu verstehen. Um eine neue Wertekurve auf Basis dieser Trends zu kreieren, müssen drei Kriterien erfüllt sein. Die Trends müssen entscheidend für das eigene Geschäftsfeld sein, sie müssen unumkehrbar sein, und es muss eine deutliche Richtung erkennbar sein. Sind diese Kriterien gegeben kann, dann sind folgende Strategiefelder unerlässlich, um Ideen für eine Neuausrichtung der Wertekette zu sammeln:

- *Branche:* Ähnliche Branchen identifizieren (Substitut-Branchen)
- *Käufer:* Zielgruppe neu definieren
- *Produkt & Service:* Komplementärprodukte und neue Services die über die Branchengrenzen hinweggehen

Als Branche mit ähnlichen Dienstleistungen käme z.B. die Telekommunikationsindustrie in Frage. Zweifellos eine einfache Idee, da diese das Thema Microbilling bereits beherrscht. Hier ergäbe sich z.B. der Ansatz mittels Internet Billing Payment & Presentment. Als Ansatz für eine neue Wertekurve könnte man z.B. den Fakt nehmen, dass Jugendliche, bevor sie ein Konto besitzen, bereits über ein Handy verfügen. Somit ist die erste „Kontonummer" in ihrem Leben die eines Telefons. Die sich daraus ableitenden Schlussfolgerungen hinsichtlich Marktpotenzial und Möglichkeiten zur langfristigen Kundenbindung geben genug Spielraum für Ideen.

Dies führt zum nächsten Punkt, dem der Zielgruppe. Nehmen wir für Banken den Teil der Privatkunden ins Visier. Im Privatkundenbereich handelt es sich weitgehend um standardisierbare

Produkte, wie z.B. Kontoführung, Überweisung etc. Anhand einer Zielgruppenanalyse können neue Zielgruppen segmentiert und erfasst werden:

Tabelle 3: Zielgruppenanalyse

Mensch	Merkmale	Finanz-DL	Technik
Teenager	Begrenztes Einkommen	Kontoabfrage	WAP-Handy
	Technikinteressiert	Geld verwalten	
	Life-style orientiert	Kleinere Geldtransfers	
Studenten	Begrenztes Einkommen	Kontoabfrage	WAP-Handy
	Bildung	Geld verwalten	evtl. PDA
	Technik-interessiert	Geldtransfer	
	Moderne Kommunikationsmittel als Statussymbol	Kursentwicklung	
		Depotverwaltung	
		Informationen	
„Busy Working Man"	Komfortables Einkommen	Kontoabfrage	WAP-Handy
	Technik-interessiert	Geld verwalten und anlegen	PDA
	Hohe Mobilität	Mobile Shopping	
	Wenig Freizeit	Mobile Brokerage (Depot)	
	Moderne Kommunikationsmittel als Statussymbol	Geldtransfer	
		Kursentwicklung	
		Informationen	
Haufrauen und Rentner	Ausreichendes Einkommen bzw. Rente	Geld verwalten	WAP-Handy
	Viel Freizeit	Kontoabfrage	
	Geringe Mobilität	Geldtransfer	

Quelle: Becker, Alexander, European Business School 2000

Nehmen wir den Bereich der über die Telekommunikationsindustrie eingeleiteten Zielgruppe weiter ins Visier und schauen uns Produkte und Services an. Ergänzen wir diese Tabelle um Zusatzdienstleistungen, die für diese Zielgruppe relevant sind. Das könnten Life-Style-orientierte Services sein wie Spiele/Gadgets (man denke an den Tamagotchi- und Pokémon-„Boom"). Hinzu kommen banktypische Dienstleistungen wie Bezahlung und Überweisung. Kombinieren wir das Ganze nun mit der „subscription base"-Preispolitik, so nimmt eine Marketingstrategie Gesicht an.

In Kooperation mit einer Telekommunikationsfirma könnten z.B. bereits voreingestellte Handys mit GPRS-Technik im Rahmen einer Young-Lifestyle-Kampagne an die Zielgruppe Teenager vermarktet werden. Die Handynummer kann gleichzeitig als Kontonummer und Bankverbindung genutzt werden (vorbehaltlich Zustimmung der Eltern etc.). Bei Einwahl in das WAP-Netz kommt man auf ein Startportal, das zu Lifestyle aber auch Bankdiensten führt. Die aufgeführten Contentprovider müssen eine Servicegebühr zahlen. Zugang zu den Services haben nur die Käufer des pre-configured package oder Teilnehmer, die sich zu den Services anmelden. Die Abrechnung erfolgt über Microbilling. Diese Erträge werden zwischen Bank und Telekommunikationsfirma geteilt, ebenso wie die Telefongrundgebühren.

Als Differenzierungsmerkmal, das die Kernkompetenz der Bank unterstreicht, wird ein „Mobile Bill Payment & Presentment" (MBPP) eingerichtet. Neben der Bildung der technischen Voraussetzungen sind genügend Merchants und Contentprovider für dieses System zu akquirieren. Als Multiplikator dienen Internet Payment Service Provider, die als Insource für Zahlungsabwicklung dienen. Alternativ sollten technische Konzepte zur Verwendung der digitalen Signatur bereits vorbereitet sein. Auch dies kann als Differenzierungsmerkmal am Markt dienen.

Die gewonnenen Kunden werden über ein CRM[46]-System mit steigendem Alter an ein sich änderndes Startportal geführt und dauerhaft an das Unternehmen gebunden.

---

[46] Customer Relationship Management

Die neue Wertekurve des Unternehmens sähe so aus.

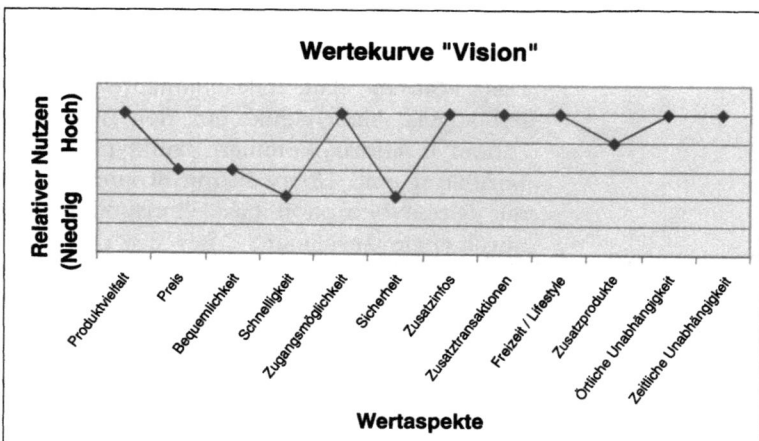

Abbildung 9: Wertekurve „Vision"

Sicherlich ist die Umsetzung der oben beschriebenen Vision nicht so einfach und so schnell wie dargestellt, doch war es an dieser Stelle Ziel, die gestalterische Entwicklung neuer Märkte bzw. Nischen anhand der Wertekurve zu illustrieren. So ist diese Vision als illustrierendes Beispiel zu verstehen und nicht bis ins Detail auch tatsächlich realisierbar.

Weitere Einsatzgebiete können auch im B-2-B- bzw. im B-2-E-Bereich liegen. Innovative Finanzdienstleister werden sich überlegen, in welchen Unternehmensbereichen Mitarbeiter mobil unterwegs sind, aber gelegentlich oder kontinuierlich Informationen zur Unterstützung ihrer Tätigkeit benötigen. Dies könnte z.B. für Mitarbeiter im Außendienst, sei es für Privat- als auch für Firmenkunden gegeben sein. Selbst komplexere Sachverhalte griffbereit zu haben, ohne erst einen Rechner booten zu müssen, könnte sich als Vorteil erweisen. So wäre auch hier denkbar, einen Firmenkundenbetreuer mit mobilen Endgeräten so auszustatten, dass er nicht nur Zugriff auf Transaktionsdaten eines Unternehmens hat, sondern über ein mobiles CRM-System eine sofortige Nachverfolgung von potenziellen Aufträgen vor Ort in Gang setzen kann, ohne zuerst einen Abgleich mit dem Firmensystem per Laptop und RAS herbeiführen zu müssen. Ein weiterer Einsatzbereich könnte z.B. in einer virtuellen Kreditkarte mit Buchungs- und Abrechnungssystemen für Reisespesen liegen.

Die möglichen Einsatzbereiche sind vielfältig und bieten verschiedenartige Chancen zur Ertragsgenerierung, die im mBusiness unumgänglich ist. Wichtig ist, dass Finanzdienstleister das Thema strukturiert angehen und Strategien mit Realitäts- und Realisierungsbezug entwickeln.[47] Dabei müssen Schnelligkeit und Umsetzbarkeit höchste Priorität haben. So können Geschäftsmodelle anhand der Wertschöpfungskette in „Brainstorming-Sessions" entwickelt, durch Workshops klassifiziert, quantifiziert, priorisiert und durch „Approval Meetings" abgenommen werden. Am Ende steht ein Roadmap und ein Grobkonzept zur Durchführung. Die Aufgabe der Finanzdienstleister und ihrer Berater ist es, diese Vorgehensweisen vorzubereiten und durchzuführen. Die Initiative dazu kann allerdings nur aus den Banken, Versicherungen und Vermögensberatungen selber kommen. Gegenwärtig sind einige Banken bereits dabei, mBusiness Geschäftsmodelle umzusetzen. Ob diese sich sich durchsetzen und finanziell tragen, wird sich daran zeigen, ob tatsächlich ein steigender Grenznutzen im Sinne der bisherigen Internetevolution geschaffen wird.

Literatur und Referenzen

- Brunner, Robert, „Multikanalvertrieb durch die Virtual Branch und Lean Branch", Präsentation anlässlich der CeBit März 2001

- Stürtz, Norman und Mohl, Hans-Peter, „Mobile Payment: Success Factor for mCommerce", Börsen-Zeitung, 21.10.2001

- Becker, Alexander, „Möglichkeiten und Grenzen für Produktinnovationen durch den Einsatz neuer Mobilfunktechniken am Beispiel von Finanzdienstleistungen", Diplomarbeit am Lehrstuhl von Prof. Dr. Stefan Baldi, European Business School – Schloß Reichartshausen am Rhein, Jahr 2000

- Kim, Chan und Mauborgne, Renée, „Value Innovation: The Strategic Logic of High Growth", in Harvard Business Review 1996, S. 103-112

---

[47] KPMG Consulting hat seine frühere eBusiness-Strategie-Methode Ready.Set.Go kontinuierlich weiterentwickelt und verfügt somit über ein fünf-phasiges Modell zur Entwicklung einer umsetzungsorientierten Geschäftsstrategie von der Vision über Präzisierung und Ausgestaltung bis zur Umsetzung des Geschäftsmodells.

- Kim, Chan und Mauborgne, Renée, „Creating New Market Space", in: Harvard Business Review 1999, S. 83-93"
- Financial Times Deutschland vom 19. April 2001
- Connectis, Mai 2001, S. 7
- Godell, Lars, „Europe's UMTS Meltdown", Forrester Report, December 2000
- Forrester Research, Inc.
- Thema: Sicherheitsbedenken (Probleme der Nutzerakzeptanz durch Mißbrauch), „Digitale Signatur treibt mCommerce voran", Andreas Schaffry, Boston Consulting Group, 22.02.2001
- Com!Online 4/2001, S. 64
- Studie mCommerce und Ubiquitous Computing als Kanäle des eCommerce, Thomas Fydrich, AC
- Internet-Sseiten www.nokia.at
- Internet-Seiten www.computerwoche.de
- Internet-Seiten www.bluetooth.com
- Internet-Seiten foma.nttdocomo.co.jp/english/englishtop.html

5. Computergestütztes Mobiles Lernen

Claudia Steinberger, Heinrich C. Mayr

Institut für Wirtschaftsinformatik und Anwendungssysteme, Universität Klagenfurt

Einleitung

Die Informations- und Wissensgesellschaft setzt ein kontinuierliches und lebenslanges Lernen ihrer Mitglieder voraus. Dies gilt insbesondere für die im Arbeitsprozess stehenden Berufstätigen, und zwar auf allen Ebenen. Dementsprechend wächst der Bedarf an Angeboten und Werkzeugen für ein zeit- und ortsunabhängiges und damit kostengünstiges „Lernen nach Bedarf". Klarerweise spielt hier die Mobilität eine wichtige Rolle, da erst durch sie die Möglichkeit des ubiquitären Lernens eröffnet wird. Die vorliegende Arbeit behandelt Rahmenbedingungen des Computergestützten Mobilen Lernens, nennt ein dafür geeignetes Lernparadigma, zeigt die Anforderungen an die Lernenden sowie die

Mobilisierbarkeit von typischen Lernprozessen auf und betrachtet aktuelle Technologien in diesem Bereich.

Motivation

Der Übergang in die Informations- und Wissensgesellschaft und die zunehmende Globalisierung aller Wirtschaftsbereiche haben mittlerweile auch den gesamten Bildungssektor erfasst. Die Bildungseinrichtungen aller Ebenen befinden sich im Wandel, wobei insbesondere im tertiären und im berufsbegleitenden Ausbildungsmarkt ein globaler Wettbewerb entstanden ist. Neben der Forderung der Wirtschaft nach einer bedarfsgerechten Ausbildung ihrer künftigen Mitarbeiterinnen und Mitarbeiter wächst die Nachfrage nach gezieltem ‚learning on demand', also der Möglichkeit, punktgenau das für die jeweilige Arbeitssituation benötigte Wissen abrufen und aufnehmen zu können.

In einer Welt von kurzen Innovationszyklen sinkt nämlich die Halbwertszeit des Wissens rasant. Technologien ändern sich sehr rasch, dementsprechend auch das Wissen um ihre Nutzung. Das in einer Organisation vorhandene Wissen und die Möglichkeit, es zu nutzen, entscheiden aber über Erfolg oder Niederlage. Unternehmen fordern daher von ihren Mitarbeitern immer aktuelles Wissen und somit lebenslanges Lernen (vgl. [Fisc99]). Dazu kommt, daß die meisten Personen im Laufe ihrer Berufstätigkeit ihren Arbeitsplatz drei bis vier mal wechseln, was jeweils mit einer Einarbeitungsphase verbunden ist. Daher steigt der Bedarf an arbeitsplatzorientierter ‚just in time' Ausbildung kontinuierlich, in der Wissen in benötigtem Umfang und erforderlicher Tiefe ‚nachgetankt' werden kann.

Darüber hinaus wächst die Anzahl derjenigen, die sich, bereits im Berufsleben stehend oder in einer anderen Lebenssituation befindlich, universitär weiterbilden möchten und entsprechende Abschlüsse anstreben, um in der Wissensgesellschaft bestehen zu können.

In einer derart turbulenten Umwelt kann man die Zeit, in der Wissen erworben wird (Schule, Universität), und die Zeit, in der Wissen angewandt wird, nicht mehr streng sequentiell voneinander trennen. Stetige Ausbildung und ständiges Training sind mit der Anwendung zu verzahnen. Dies ist jedoch mit der traditionellen inhaltlichen, zeitlichen und räumlichen Koordination von Auszubildenden im Klassenraum nahezu unmöglich. Die Antwort darauf heisst Computergestütztes

5. Computergestütztes Mobiles Lernen

darauf heisst ,Computergestütztes Lernen', das es erlaubt, sich unabhängig von Ort und Zeit weiterzubilden.

E-Learning, Distance Education, Distance Learning, Learning Technologies oder Web Based Training sind im Moment in aller Munde. Mobilität wird bei den meisten Ansätzen als räumliche und zeitliche Unabhängigkeit vom physischen Klassenzimmer und dem dort stattfindenden Präsenzunterricht gesehen. Die Mobilität der Lernenden endet meist am Arbeitsplatz-Desktop bzw. im Home-Office. Technologien und Anwendungen für kabelloses Lernen über spezielle tragbare Endgeräte wie Mobiltelefone, PDA's, hybride Geräte oder spezielle ,wearable' Computer, welche Lernen künftig ubiquitär machen könnten, entwickeln sich erst langsam.

Andererseits wird dem mobilen Business und somit auch dem mobilen Lernen aufgrund der hohen Gerätepenetration von Mobiltelefonen und des hohen Aus- und Weiterbildungsbedarfs ein bedeutender Wirtschaftsfaktor eingeräumt (vgl. [Zo01, 11f]). Diese Arbeit behandelt im ersten Teil die allgemeinen Rahmenbedingungen und Schlüsselfaktoren für effektives computergestütztes Lernen, ein geeignetes Lernparadigma, Kostenfaktoren, typische Lernprozesse sowie aktuelle Technologien. Im zweiten Teil geht sie auf spezielle Rahmenbedingungen für mobiles Lernen ein, beurteilt die Mobilisierbarkeit typischer Lernprozesse und den Mehrwert, den mobiles Lernen in diesem Zusammenhang bewirken kann.

Computergestütztes Lernen

Der Einsatz des Computers zur Unterstützung von Lernenden ist grundsätzlich nichts Neues sondern wird schon seit mehr als 30 Jahren erforscht und betrieben. Der heute zu beobachtende Boom ist allerdings erst durch die Leistungsfähigkeit des PC und des Internet möglich geworden, die einen effizienten und individuellen Zugriff auf umfangreiche Wissensbasen sowie den umfassenden Einsatz von Multimediatechnologien erlauben. Computergestütztes Lernen hat sich dabei von der Anwendung einfacher Lern- und Demonstrationsprogramme zum Lernen im verteilten, virtuellen Klassenzimmer entwickelt. Wissenstransfer und Kommunikation erfolgen über ein Computernetz oder das Internet, ggf. kombiniert mit Daten- und Wissensbasen auf lokalen Speichern (CD).

Computerunterstützung ändert aber grundsätzlich nicht die Art und Weise, wie Lernen beim Menschen erfolgt. Es gibt ihm nur ein Mittel zur Hand, räumlich und zeitlich unabhängig vom physischen Unterricht auf Lerninhalte zugreifen sowie mit einer Lern-Community' kommunizieren zu können.

Traditionell wird computergestütztes Lernen als Ergänzung oder Ersatz des physischen Unterrichtes gesehen, in dem es ein bestimmtes Lehr-Pensum zu bewältigen gilt. Doch darüber hinaus ist es gerade im Zusammenhang mit unternehmensinterner Aus- und Weiterbildung notwendig, jederzeit bedarfsgesteuert und arbeitsplatzbezogen notwendiges Wissen nachschlagen bzw. erwerben zu können, oder Experten für ein bestimmtes Problemgebiet zu finden und mit anderen Interessierten Wissen auszutauschen (vgl. [MaSa01]). Computergestütztes Lernen in dieser Form ist somit ein wichtiger Aspekt des Wissenstransfers und dadurch ein Teil der immer wichtiger werdenden Disziplin des Knowledge Managements. Betriebliche Informationen, wie die aktuellen Umsatzzahlen oder Projektberichte auf der einen Seite verzahnen sich dabei mit Kursen und Lektionen im eigentlichen Sinne auf der anderen Seite.

Lernparadigmen

Wissenstransfer kann nach unterschiedlichen Lern-Paradigmen erfolgen (vgl. [HuFr00, 4f]). Im klassischen Unterricht herrscht hauptsächlich das Teacher Centered Paradigm' vor, welches den Lehrenden in den Mittelpunkt stellt und den Lernenden eine eher passive Rolle einräumt. Dieses Paradigma eignet sich für das computergestützte Lernen wegen der vorgenannten räumlichen und zeitlichen Rahmenbedingungen nur sehr schlecht. Prominente Pädagogen empfehlen daher das Lerner Centered Paradgim' als das, welches Lernen im virtuellen Klassenzimmer überhaupt erst effizient macht. Dieses stellt die Lernenden in einer sehr aktiven Rolle in den Mittelpunkt ([HuFr00,5],[FiSc98]). Die wesentlichen Unterschiede zwischen den beiden Paradigmen beschreibt Tabelle 2.1.

Der erfolgreiche Einsatz von computergestütztem Lernen in einer Organisation erfordert daher ein Learning Process Reengineering' sowie eine Bedarfsanalyse zur Festsetzung der Ziele, die mit der Einführung von computergestüzem Lernen in der Organisation erreicht werden sollen (vgl. [Comp01,21]).

5. Computergestütztes Mobiles Lernen

Tabelle 1: Vergleich von Teacher Centred und Learner Centred Paradigm

Teacher Centred Paradigm	Learner Centred Paradigm
Wissen wird von Lehrenden zu Lernenden übermittelt; Lehrende sind die primäre Informationsquelle	Lernende konstruieren Wissen durch das Sammeln und Austauschen von Information; sie erlernen so die Fähigkeit, zu fragen, zu recherchieren, zu kommunizieren, kritisch zu denken und Probleme selbständig zu lösen; Wissen ist über mehrere ,Stakeholder' verteilt
Lernende nehmen passiv Information auf	Lernende arbeiten aktiv, motiviert und diszipliniert
Lernen findet getrennt vom eigenen Problem-Kontext statt	Lernen passiert im Kontext der Lösung eigener Probleme
Lehrender ist Autoritätsperson	Lehrender fördert als Coach Interaktion und Kommunikation
Prüfungen dienen zur Überprüfung des Gelernten – Fokus liegt auf richtigen Antworten;	Prüfungen dienen zur Diagnose des Lernfortschrittes; die ,richtige Antwort' existiert nicht und muss erst konstruiert werden; Fokus liegt darauf, Fragen zu stellen und aus Fehlern zu lernen
Fokus liegt auf einer Disziplin	Interdisziplinäres Lernen
Wettbewerb zwischen Lernenden; individualistisch	Lernende kooperieren
Lernen wird als Pflicht verstanden	Grenzen zwischen Beruf und Freizeit verschwimmen zunehmend; Lernen als ,Freizeitbeschäftigung'
Lehrende sind für Lernerfolg maßgeblich verantwortlich	der Einzelne übernimmt viel stärkere Verantwortung für die eigene Qualifikation

Natürlich ist das Learner Centred Paradigm nicht an den virtuellen Raum gebunden. Die genannten pädagogischen Konzepte finden sich beispielsweise auch in der Waldorf Pädagogik und werden dort bereits seit langem im realen Unterricht angewandt.

Rahmenbedingungen des computergestützten Lernens

Im virtuellen, verteilten Klassenzimmer finden sich andere Rahmenbedingungen als im realen Klassenzimmer (vgl. [Stei01]):

- Lehrende und Lernende sind zumindest während eines Großteils des Lernprozesses räumlich und zeitlich voneinander getrennt und bilden eine virtuelle Learn-Community';
- die Kommunikation und Informationsverarbeitung erfolgt über ein Intranet bzw. das Internet;
- es existieren virtuelle Kommunikationsformen (e-Mail, Instant Messaging, Diskussionsforen, Chat, White Boards, Audio- und Videokonferenzen etc.);
- die Datenübertragungsraten von Endgeräten im Netz reichen von einigen Kbps (Modem) bis zu vielen Mbps (Desktops im LAN). Dementsprechend ist ihre Eignung für diverse virtuelle Kommunikationsformen unterschiedlich (vgl. Abbildung 2.1). Die Datenübertragungsraten der Festnetz-Technologie liegen derzeit noch über denjenigen der mobilen Technologie (vgl. Abbildung 2.2);
- die Lernmaterialien werden elektronisch und multimedial aufbereitet und kontinuierlich weiterentwickelt. Dadurch sind sie qualitativ meist hochwertiger als im klassischen Unterricht.
- der Transport von Lernmaterialien zu den Lernenden erfolgt elektronisch. Dokumente und auch fachliche virtuelle Unterhaltungen' von Lernenden werden wieder zu Informationen für andere;
- durch elektronische Kommunikationsmedien ist rasches Feedback möglich;
- es gibt eine verteilte digitale Hintergrund-Bibliothek. Dazu gehören multimediale Dokumente, die in der Organisation selbst entstanden sind (Handbücher, Seminararbeiten, Projektberichte etc.), aber auch Publikationen aus verschiedensten Quellen (Verlagen);
- das virtuelle Klassenzimmer steht immer offen – Lernen ist immer möglich;
- Qualitätskontrolle ist transparenter als in physischen Klassenräumen;
- Anweisungen müssen klarer formuliert sein als beim klassischen Unterricht;
- Aussehen, kultureller/sozialer/ethnischer Hintergrund der Lernenden ist nicht so wesentlich;

5. Computergestütztes Mobiles Lernen

- Belohnungseffekte verringern sich (speziell in der Erwachsenenbildung).

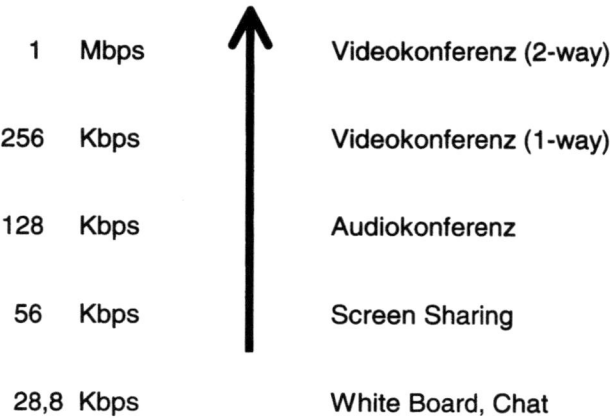

Abbildung 1: minimale Datenübertragungsraten für Kommunikationsformen

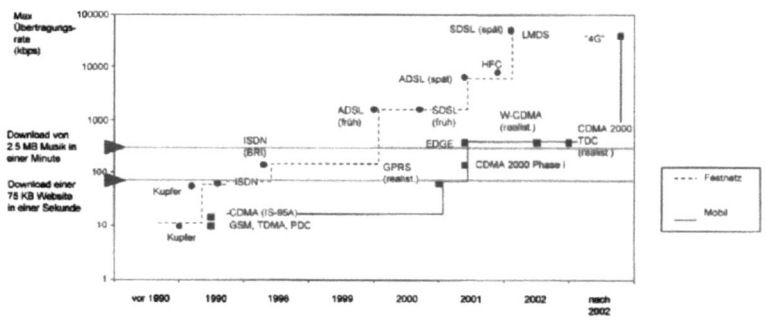

Quelle: [Zobe01, 35]

Abbildung 2: Datenübertragungsraten in festen/mobilen Netzen

Kosten des computergestützen Lernens

Kostenreduktion wird oft als ein wesentlicher Anreiz für den Einsatz computergestützten Lernens herausgestellt. Einsparungsmöglichkeiten liegen vor allem in folgenden Bereichen (vgl. [Hort00,20f]):

- Reise- und Aufenthaltskosten,
- Kosten durch Abwesenheitszeiten, liegengebliebene Arbeiten, fehlende Expertise,
- Ausstattungskosten für Unterrichtsräume,
- administrative Kosten ,
- Gehälter,
- Entgangene Chancen durch Abwesenheit vom Arbeitsplatz.

Dem stehen im Vergleich zum traditionellen Unterricht wesentlich höhere Kosten der Kurserstellung und Kursbetreuung gegenüber. Wegen der hohen Produktionskosten spezialisieren sich bereits Content-Provider auf diesen Bereich. Auch die Ausbildung von Lehrenden zu Tele-Coaches ist notwendig und bedeutet erhöhte Kosten. Der Aufwand für die Betreuung einer virtuellen Learn-Community ist für den Coach durch die ständige virtuelle Verfügbarkeit, die Anforderung auf schelle Reaktionszeiten sowie die rege Kommunikation erfahrungsgemäß höher als im Präsenzunterricht (vgl. [Münd00]).

Idealprofil des e-Lernenden

Aus den Eigenschaften des oben beschriebenen Learner-Centred Paradigms sowie den Rahmenbedingungen computergestützen Lernens wird klar, dass diese Form des Lernens nicht für jedermann und jede Lernsituation gleichermassen von Vorteil sein kann, und dass für bestimmte Lerntypen der klassische face-to-face' Unterricht empfehlenswerter bleibt. Der Idealprofil des e-Lernenden ist durch folgende Eigenschaften gekennzeichnet (vgl. auch [Hort00,18, PaPr99,8, Stei01]):

- hat klare Ziele;
- ist motiviert, lernt freiwillig und sieht Lernen positiv;
- hat hohe Selbstdisziplin, gutes Zeitmanagement und arbeitet gerne selbständig;
- kann sich schriftlich klar ausdrücken;
- hat Basis - Computerkenntnisse;
- hat nur erschwert Zugang zur traditionellen Lehre (Pendeln, Beruf, Familie, etc.).

5. Computergestütztes Mobiles Lernen

Lernprozesse

Lernen geschieht auch im virtuellen Raum nicht automatisch sondern bleibt eine aufwendige Angelegenheit. Wissen muss von Lernenden aktiv durch die Ausführung typischer Lernprozesse produziert' werden. Tabelle 2.2 nennt grob die wichtigsten Lernprozesse, schildert die typische Lernsituation, in der diese Prozesse zur Anwendung kommen, und beschreibt kurz ihre mögliche Unterstützung im virtuellen Raum (vgl. auch [Hort00,15ff, Stei01]).

Tabelle 2: Typische Lernprozesse

Prozess	Lernsituation	Informationsaufbereitung
Lernmaterialien studieren	etabliertes Wissen soll erarbeitet werden; dieses steht dem Lernenden in einer konsistenten und qualitativ hochwertig aufbereiteten Form zur Verfügung; Notizen werden gemacht; wichtige Passagen werden gekennzeichnet;	Seiten in Form von Text und Grafiken kombiniert mir Ton, Videos oder Animationen. Über Links können auch externe Informationsquellen sowie virtuelle Bibliotheken eingebunden werden Bookmarks, Memos
Vortrag verfolgen	der Lernstoff erfordert eine hohe Interaktion zwischen Lernenden und Lehrenden. Fragen können schwer vorhergesehen werden; eine multimediale Aufbereitung der Lernmaterialien ist aus Zeit- und Kostengründen in der Regel nicht verfügbar;	Audio/Videokonferenz, Lernende können simultan Fragen stellen Aufzeichnung des Vortrages, Fragen werden in Diskussionsforen diskutiert oder per e-mail an den Vortragenden geschickt.
Ratschläge einholen	Beratungssituation zwischen dem Lernenden und einer erfahreneren Person	Telementoring oder Online-Coaching via e-Mail, Videokonferenzen, Diskussionsforen. Zur Beantwortung wiederholt gestellter Fragen können Wissensdatenbanken im Sinne von Help-Desk-Systemen eingesetzt werden
Beispiele betrachten	Lernmaterial wird anhand von typischen, bereits gelösten Case Studies' durchgearbeitet; daraus wird Wissen um Vorgehensweisen abstrahiert.	Guided Tours, Tutorials, gelöste Beispiele

Prozess	Lernsituation	Informationsaufbereitung
Kritiken einholen	Lernende lernen von anderen Lernenden; Präsentation eines Lösungsansatzes und Feedback durch die Lern-Community'; Kritik von Mitlernenden ist oft am effizientesten; danach Überarbeitung des Lösungsansatzes und Veröffentlichung	Diskussionsforum oder andere geeignete Kommunikationsformen
Fallstudien, Rollenspiele	Lehrender setzt Ziel; Lernenden werden in Gruppen Rollen zugewiesen; Entwickeln einer Lösung für das behandelte Szenario; Diskussion der Ergebnisse in der Lern-Community'	Diskussion der Aufgabenstellung via Instant Messaging, Chat, Diskussionsforen; Dokumentation der Lösung über CSCW (Computer Supported Cooperative Work)
Dinge ausprobieren	Lernende erleben Wissen und Zusammenhänge	Simulationen, Strategiespiele, Guided Tours, Virtuelle Labors, Fallbasiertes Lernen, Expertensysteme
Ideen finden / diskutieren	Konversation in Gruppen, Brainstorming	Kollaborative Kommunikationsformen (moderierbare Chats, Diskussionsforen, Instant Messaging)
Lernmaterialien finden	nach Lernmaterialien stöbern, selbst neue Informationen finden und analysieren	Informationen im Inter-/Intranet finden, Präsen-tationen aufbereiten Content-/Wissensmanagement-Systeme
Informationen abbonieren	automatisches Beziehen von Informationen nach vorheriger Registrierung	Listserver
Wissen anwenden	Theoretisches Wissen in Form von praktischen Beispielen üben	Assessments, Quizzes, Case Studies, Hausaufgaben
Wissen testen	Tests helfen, das Wissen zu vertiefen und auch aus Fehlern zu lernen	Tests in unterschiedlichen Ausprägungen
Wissen einprägen	Fakten wiederholen	Quizzes, Lern-Spiele
Planen	Planung und Lenkung von durchzuführenden Lernaufgaben	Aufgaben und Termin-verwaltung, Projektplanung

5. Computergestütztes Mobiles Lernen

Technologien

Der Markt umfasst eine große, fast unüberschaubare Anzahl von Produkten für das computergestützte Lernen, welche die oben genannten Prozesse meist jedoch nur unvollständig unterstützen und fast ausschließlich für Desktop-Endgeräte konzipiert sind. Darunter finden sich

- *Autorenwerkzeuge* zur Erstellung von multimedialem Content, z.B. Authorware, Toolbook, Dreamweaver, Adobes CyberStudio, Macromedia Director, To/oL, Adobe Premiere;
- *Lernplattformen:* Frameworks zur Zusammenstellung von Kursen aus zur Verfügung stehendem Content; stellen Kommunikationsinstrumente (email, chat, news, whiteboards) und Evaluationsinstrumente zur Verfügung; z.B. WebCT, eLS, Blackboard 5, Lotus Learning Space, Educator;
- *Software für Lern-Portale:* unterstützen administrative Funktionen wie Personal- und Studierendenverwaltung, Kursmanagement, Kursbuchung; umschließen meist eine Lernplattform; z.B. WebCT Campus, Blackboard Portal;
- *Instrumente für synchrones, kooperatives Arbeiten:* unterstützen Shared Applications, Videokonferenzen, Audiokonferenzen; z.B. Interwise, Lotus Sametime;

Einige Produkte versuchen darüber hinaus, den Lernenden zumindest teilweise unabhängig von einem Desktop-Arbeitsplatz zu machen. Beispielsweise erweitert Lotus Sametime Everyplace Lotus Sametime über WAP 1.1 um Instant Messaging und Awareness'. WebCT erlaubt eine Kalendersynchronisation der Lernplattform mit dem Handheld, der Educator von Ucompass unterstützt Mailing, Diskussionsforen und Chats für den PalmVII. Weiterhin existieren bereits Werkzeuge, die es ermöglichen, in bestimmten Formaten vorliegenden Content (z.B. Office Formate, PDF), leicht auf Handhelds übertragbar und synchronisierbar zu machen (z.B. DataViz mit Documents to Go).

Computergestütztes Mobiles Lernen

Durch den Einsatz mobiler Endgeräte zur Unterstützung von Lernprozessen erfolgt der Schritt zum mobilen und damit ubiquitären Lernen. Kein anderes Gerät, ausser vielleicht der Armbanduhr, führen Menschen heute so regelmäßig mit sich, wie ein mobiles Telefon. Es ermöglicht Verbindung (Connectivity) und Erreichbarkeit (Reachability), die heute beinahe schon Grundvoraussetzungen des täglichen sozialen und beruflichen Lebens geworden sind (vgl. [Zobl01,12f]). Auch sog. Handhelds sind in den letzten Jahren als Personal Digital Assistants' (PDA) fast unverzichtbar geworden. Dementsprechend sind Geräte, welche die Funktionalität des Mobiltelefons, des PDA und den Zugang zum Internet in einem Gerät integrieren, die natürlichen Endgeräte für das mobile Lernen in naher Zukunft. Erwartet werden von ihnen die folgenden Eigenschaften bzw. Standardfunktionen (vgl. [MaSa2001]):

- kleines, tragbares Gerät
- voll ausgestatteter online PC
- integrierte Kamera
- Everynet' mit hoher Übertragungsrate immer verfügbar
- GPS-fähig
- elektronische Brieftasche
- Sprachein- als auch Sprachausgabe
- portables Telefon, TV-, Radio und Musikspiel- Gerät
- lange Zeit unabhängig von Steckdosen betreibbar

Erste Geräte sind bereits auf dem Markt (vgl. [RiZi01]). Der allgegenwärtige Computers (vgl. [MaSp01, Zobe01,1ff, Blit01]) und die damit verbundenen Möglichkeiten ändern natürlich erneut die Rahmenbedingungen des Lernens.

Rahmenbedingungen des computergestützten mobilen Lernens

Mobile Geräte können hinsichtlich der Gestaltung und Usability' ihrer Benutzerschnittstellen nicht mit Desktop-Geräten konkurrieren, selbst wenn sie die oben genannten Standardfunktionen und Eigenschaften anbieten bzw. aufweisen. Daher darf mobiles Lernen auch nicht als Ersatz bzw. einfacher, verlängerter Arm des computergestützten Lernens i.S.v. Kap. 2 gesehen werden. Unterschiede hinsichtlich Bedürfnis und Nutzungsverhalten zwischen mobil Lernenden und Lernenden an Desktop-Geräten müssen bei der Mobilisierung des computergestützten Lernens berücksichtigt werden (vgl. Abbildung 3.1). Kriterien für die Akzeptanz und Effizienz sind:

- Lernerfolg muß in sehr kurzer Zeit möglich sein, d.h. der mobil Lernende muss in kurzer Zeit einen Nutzen ziehen können. Mobile Geräte werden oft in Nischenzeiten eingesetzt, um schnell und unmittelbar Informationen nachzuschlagen' oder zu kommunizieren. Für lange Nutzungszeiten wird eher der Weg zu einem Desktop-Gerät gewählt.

- die Schnittstelle muss einfach und an die limitierten Fähigkeiten des Endgerätes angepasst sein (kleiner Bildschirm, einfache Eingabeschnittstelle); beispielsweise hat das Scrollen von komplexen multimedialen Contents mit zusätzlichen Annotationen von anderen Lernenden hier nichts zu suchen sondern ist am Desktop zu Hause.
- Mobilität muss einen Zusatznutzen bieten (z.B. kontextabhängig Informationen pushen', Nischenzeiten ausnutzen, kontextspezifisch Informationen abrufen etc.)

Die reine Abbildung von Desktop-Lernmöglichkeiten auf mobile Geräte muss daher zum Scheitern führen (vgl. [Zob01,166ff]). Andererseits läßt sich nur ein Ausschnitt der in Tabelle 2.2 genannten Lernprozesse sinnvoll mobil unterstützen (s.u.). Mobiles Lernen kann im Vergleich zum festnetzabhängigen computergestützen Lernen jedoch einen anderen, signifikanten Mehrwert schaffen, indem es Bezug auf die folgenden vier Kontext-Varianten nimmt, in denen sich Lernende befinden (vgl. [Zobl01, 50ff]):

1. Lokaler Kontext: das System kennt den Ort, an dem sich der Lernende befindet;
2. Aktionsbezogener Kontext: mit dem Ort können bestimmte Aktivitäten verknüpft werden
3. Zeitspezifischer Kontext: mit dem Ort sind zeitabhängige, dynamische Daten verknüpft
4. Interessensspezifischer Kontext: Die Präferenzen des Lernenden werden gezielt angesprochen

Der Einsatz des mobilen Lernens muss daher bedürfnisorientiert und den Vorteilen des Mobilseins' angepasst werden.

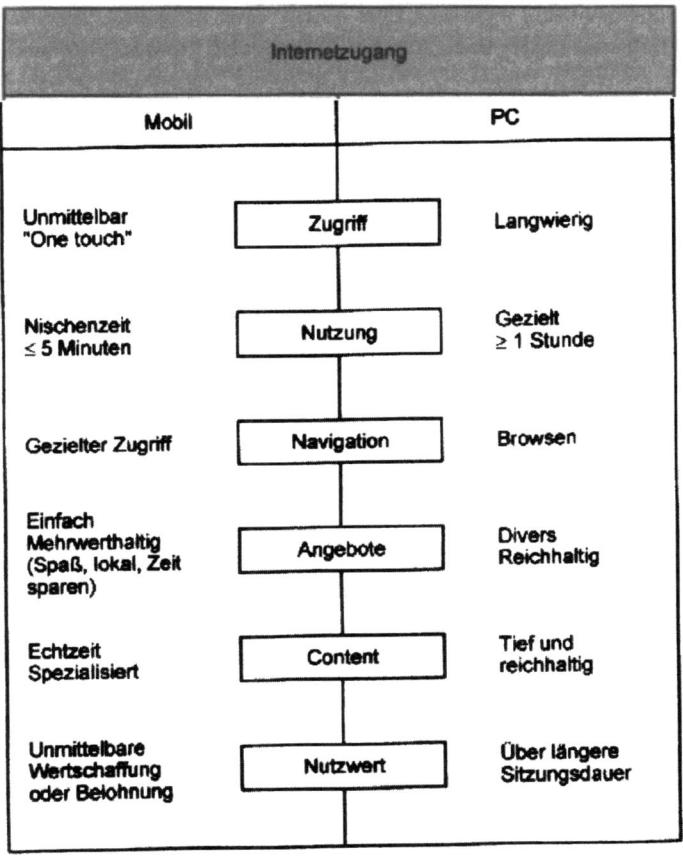

Quelle: [Zobe01, 116]

Abbildung 3: Unterschiede im Nutzungsverhalten

Lernprozesse

Wie typische Lernprozesse mit Hilfe des Computers unterstützt werden können, wurden in Abschnitt 2.5 beschrieben. Nun betrachten wir diese Lernprozesse auf ihre Eignung für eine ubiquitäre Unterstützung hin. Basis dafür sind die in Abschnitt 3.1 genannten Kriterien 5-Minuten-Wert, Einfachheit und Zusatznutzen, die in Tabelle 3.1 für die einzelnen Prozesse mit ++ (erfüllt dieses Kriterium sehr gut) bis - - (erfüllt dieses Kriterium sehr schlecht) bewertet werden. Ein positiver Zusatznutzen ergibt sich

5. Computergestütztes Mobiles Lernen

generell daraus, dass die Prozessunterstützung kontextspezifisch Mehrwert bietet (vgl. Abschnitt 3.1).

Tabelle 3: Mobilität von Lernprozessen

Prozess	5-Minuten Wert	Einfachheit	Zusatznutzen	geänderte Rahmenbedingungen im Vergleich zu Desktop
Lernmaterialien konsumieren	++	+	++	einfachere Aufbereitung der Informa-tionen unbedingt notwendig Knowledge Bits – eher Nachschlagen von Informationen als Durcharbeiten ganzer Wissensgebiete kontextabhängig wichtig
Vortrag verfolgen	-	+	+	Bewegtbildübertragungen oder Aufzeichnungen mitverfolgen
Ratschläge einholen	++	+	++	besonders interessant im lokalen Kontext Experten finden, die sich vielleicht in physischer Nähe befinden
Beispiele betrachten	-	+	+	einfache Aufbereitung der Informationen unbedingt notwendig
Kritiken einholen	+	+	-	Feedback abrufen und diskutieren; Präsentation und Überarbeitung am Desktop
Fallstudien, Rollenspiele	--	--	-	
Dinge ausprobieren	--	--	-	
Ideen finden / diskutieren	++	++	++	besonders in Nischenzeiten nutzbar
Lernmaterialien finden	++	+	++	kontextabhängig wichtig einfache Benutzerschnittstelle Information in ‚Places'
Wissen testen	+	+	-	
Wissen anwenden	--	-	-	

Prozess	5-Minuten Wert	Einfachheit	Zusatz-nutzen	geänderte Rahmenbedingungen im Vergleich zu Desktop
Informationen abbonieren	++	++	++	kontextabhängig wichtig, je nach Lernerprofil, Ort, Aktion oder Zeit
Wissen einprägen	-	+	-	
Planung	++	++	++	Integrierter, koordinierter Terminkalender, Lokalisierung von Mitgliedern der Lern-Community

Aus Tabelle 3.1 geht hervor, dass sich nicht alle Lernprozesse für eine mobile Unterstützung eignen sondern am Desktop besser aufgehoben sind (z.B. das Anwenden von Wissen in Form von Hausaufgeben). Für einige Prozesse können mobile Anwendungen im Vergleich zu Desktops durch kontextabhängige Nutzung jedoch wesentlichen Mehrwert leisten. Der kontextabhängige Zugriff auf Lernmaterialien hat beispielsweise einen erheblichen Zusatznutzen, da damit eine allgegenwärtige Bibliothek realisiert wird. Lernangebote für die mobile Nutzung müssen jedoch wesentlich einfacher und schlanker gestaltet sein als am Desktop. Wichtig ist der einfache und rasche Zugriff auf diese Informationen. Nicht das Durcharbeiten ganzer Kurse, sondern das Zugreifen auf einzelne Informations-Einheiten (Knowledge Bits) muss mobil gemacht werden. Information in Places' macht das Finden von Lernmaterialien einfacher, Geräte könnten beispielsweise bei Bedarf dem Betrachter ihre Funktionalität erklären und so Lernen allgegenwärtig machen (vgl. [Spoh99]). Kommunikationswerkzeuge, wie Chat, Diskussionsformen oder Instant Messaging mit Spracheingabe finden im Rahmen von Kommunikationsprozessen ihren Einsatz. Die Positionierungstechnologie ermöglicht es beispielsweise, Personen mit ähnlichen Interessen in der näheren Umgebung zu identifizieren und so virtuell initiierte Kommunikation im realen Raum zu beginnen.

Das Internet hat sich bisher hauptsächlich als Hol-System' entwickelt, das den Nutzer dazu erzogen hat, nach Informationen zu suchen. Mit mobilen Anwendungen wird der Stellenwert von Bring'-Systemen wachsen. Zum einen ist das Suchen über die einfache Benutzerschnittstelle viel schwieriger, zum anderen werden sich proaktive Anwendungen entwickeln, welche die Interessen des Lernenden kennen lernen und dementsprechend

5. Computergestütztes Mobiles Lernen

kontextabhängig Informationen ‚pushen' können, so dass aufwändiges ‚Fahnden' erspart wird. Einer Geologie-Studierenden könnte bei einer Exkursion beispielsweise Information zum aktuellen Standort zur Verfügung gestellt werden.

Kostenpflichtige Dienstleistungen, wie genutzter Content, e-Books, Zugriffe auf Helpdesk-Systeme oder Expertenauskünfte können vom Lernenden dann über ‚Mikropayment' gleich direkt bezahlt werden.

Technologien

Die Realität ist heute noch Einiges von zuvor angedeuteten Möglichkeiten des mobilen Lernens entfernt. WAP hat sich nicht durchgesetzt. Die Kosten für mobile Kommunikation sind für eine kontinuierliche Nutzung noch zu hoch, die Datenübertragungsraten sind unzureichend. Die Endgeräte sind nicht kompatibel bzw. besitzen keine standardisierten Schnittstellen, Content ist nur teilweise und über Konvertierungen in geeigneter Form auf mobile Geräte übertragbar.

Der neue Standard der Paketvermittlung (GPRS) ermöglicht es seit kurzem, mobile Geräte immer online und die Verbindung aufrecht zu erhalten. Bezahlt werden muss nur für übertragene Daten. Aber auch mit GPRS-Datenraten (bis zu 115,2 Kbps) wird der Schwerpunkt weiterhin textbasiert bleiben. Graphik, Ton und Bewegtbild verlangen höhere Leistungen (vgl. Abb. 2.1). Die Displays sind zu klein, der verfügbare Speicherplatz unzureichend und die Rechenleistungen bei vielen Systemen noch zu gering.

In naher Zukunft werden mobile Netze jedoch eine höhere Leistung aufweisen (vgl Abbildung 2.2) und insbesondere hinsichtlich der unterstützten Datenübertragungsraten den Anforderungen des Marktes genügen. In der Ära von UMTS werden auch anspruchsvolle Bewegtbildübertragungen und realtime-Ton auf mobilen Geräten eingesetzt werden können. Lokalisierungstechnologien erreichen bald eine Genauigkeit von einigen Metern. Content wird über den XML-Standard überall verfügbar sein. Mobile Schlüsseltechnologien, wie Bluetooth (vgl.[Kard00]) werden drahtlose Übertragung im Umkreis von 10 Metern über Infrarot-Übertragungsstandard ermöglichen. Dadurch werden mobile Geräte mit der Umgebung interagieren können und Datenaustausch zu anderen Mobilfunknutzern, Geräten und Geschäften der nahen Umgebung wird möglich sein (vgl. [Zobe01,40ff]).

Zusammenfassung

Computergestütztes Mobiles Lernen ist ein Aspekt des Mobile Business'. Diese Arbeit zeigt, dass der Bedarf nach Anwendungen besteht, die kontextabhängig Lernprozesse unterstützen und damit einen wesentlichen Mehrwert im Vergleich zu Desktop-Anwendungen erbringen können. Den Vorteilen des Computergestützen Lernen im allgemeinen und des Mobilen Lernen im speziellen stehen auch eine ganze Reihe von Nachteilen und Ängsten gegenüber (vgl. Tabelle 4.1, [Hort00,19ff]). Neben der Weiterentwicklung der Schlüsseltechnologien wird es in Zukunft wichtig sein, die Bedürfnisse der mobilen Anwender zu unterstützen und bestehende Ängste und Nachteile, die durch die Anwendung der Technologien entstehen, möglichst abzubauen.

5. Computergestütztes Mobiles Lernen

Tabelle 4: Vor- und Nachteile des computergestützten Lernens

Vorteile	Nachteile und Ängste
Computerunterstützes Lernen allgem.	
aktiviert Lernende; Lernende sind kritischer und kreativer	Lernende fürchten, menschlichen Kontakt zu verlieren; Sozialkontakte finden technisch gefiltert statt; Vertrauensbasis stimmt nicht
Time to Think	Unterbrechungen sind leichter möglich
Collaboratives Lernen	Umstieg auf virtuelles Klassenzimmer ist oft traumatisch
Lernen ,just in time' möglich ,the way I like to learn' realisierbar, offenes Lernen	Hypermedia Chaos
besserer Zugang zum Lehrenden	kaum Druck durch Lehrenden
Tempo und Zeitplan frei wählbar	keine Trennung Arbeit/Freizeit
Shop for the best course	
Unmittelbares Feedback	Ablenkungen durch Umgebung Abgleiten in Anonymität
Kostenersparnis (vgl. Abschnitt 2.3)	kein Belohnungseffekt mehr
Diskussionen müssen nicht abgebrochen werden	mehr Zeitaufwand durch Kommunikation
Integriert Arbeit und Lernen	technische Verfügbarkeit oft unsicher Angst von ,Technologie Big Brother Effekt' höherer Betreuungsaufwand für Lehrenden Aufwand für Content-Erstellung
Computerunterstütztes Mobiles Lernen	
Echtzeit und Allgegenwärtigkeit; Lernen in Nischenzeiten; schnell Nachschauen können; hoher ,Spassfaktor'; kontextspezifischer Zusatznutzen; neue soziale Beziehungen aufbauen und pflegen	keine Privatsphäre mehr; keine Fluchtmöglich-keiten; Druck des Arbeitgebers zur Weiterbildung in der Freizeit groß

Literatur und Referenzen

- [Blit01] Blittkowsky, R.: Kommunikative Klamotten in: c't 2001, Heft 15, S. 84-89.
- [Comp01] Ohne Bedarfsanalyse hat E-Learning keinen Erfolg in: Computerzeitung Nr.27/5, Juli 2001.
- [FiSc98] Fischer, G.; Scharff, E.: Learning Technologies in Support of Self-Directed Learning. In: Journal of Interactive Media in Education, 98(4).
- [Fisc99] Fischer, G.: Lifelong Learning – More Than Training in [MiKo99].
- [Hort00] Horton, W.: Designing Web-Based Training, Wiley 2000.
- [HuFr00] Huba, M.; Freed, J.: Learner Centered Assessment on College Campuses; Allyn and Bacon, 2000.
- [Kard00] Kardach, J.: Bluetooth Architecture Overview. In: Intel Technology Journal Q2, 2000, 1-7.
- [MaSa01] Maurer, H.; Sapper, M.: E-Learning Has to be Seen as Part of General Knowledge Management. In: Proceedings of ED-MEDIA 2001, Tampere, AACE, Charlottesville, VA (2001), S. 1249-1253.
- [MiKo99] Mizoguchi, R.; Kommers, P. (eds): Journal of Continuing Engineering Education and Life-Long Learning. Vol. 9, No. 1, 1999.
- [Münd00] Mündemann, F.: TeleCoaches: Aufgaben, Ausbildung in [Sche00], S. 411-412.
- [PaPr99] Palloff, R.; Pratt K.: Building Learning Communities in Cyberspace. Jossey-Brass Publishers, 1999.
- [RiZO01] Rink, J.; Zivadinovic, D.; Opitz, R.: Kommunikationsassistenten in: c't 2001, Heft 14, S. 92-99.
- [Sche00] Scheuermann, F.: Campus 2000, Lernen in neuen Organisationsformen. Medien in der Wissenschaft, Band 10, Waxmann 2000.
- [Spoh99] Spohrer, J.C.: Information in Places in: IBM Systems Journal, Vol. 38, No. 4, 1999.
- [Stei01] Steinberger, C.: Elektronische Unterstützung von Aus- und Weiterbildungsprozessen. Erscheint in: (Horster, P. ed.) Elektronische Geschäftsprozesse, Gemeinsame Arbeits-

konferenz GI · VOI · BITKOM · OCG · TeleTrusT, it-Verlag 2001.

- [Zobe01] Zobel, J.: Mobile Business and M-Commerce, Hanser 2001.

4 Firmenbeispiele – wie sich die Unternehmen auf das mobile Business einrichten

Mobile Business ist eine neue Chance in Richtung auf das schon lange postulierte papierlose Büro. Wenn schon mobil arbeiten, dann bitte nicht gebremst durch schwere Taschen! Sicher wird diese Umgewöhnung nicht revolutionär in kurzer Zeit verlaufen. Doch wird durch die mobilen Kommunikationssysteme verstärkt ein Umgewöhnungsprozeß in Gang kommen, die gesamte Arbeitsorganisation fast ausschließlich in virtuelle Systeme zu verlagern.

Das folgende Kapitel gibt einige Beispiele mittels welcher IT-Lösungen führende IT-Produktanbieter solche mobilen Szenarien realisieren wollen.

Jörg Kampers beschreibt in seinem Beitrag, wie die komplexe mehrdimensionale Beziehung von Applikations-Servern und ihren vielfältigen mobilen End-Usern zu lösen ist. Dabei geht er auch auf die Rolle des „Service Brokers" ein, dem Vermittler zwischen dem eigentlichen Informations-Anbieter, dem Technologie-Anbieter und eigentlichen Nutzer.

Unter dem Oberbegriff „mySAP mobile Business" stellt Elyes Ennigrou einzelne Lösungen aus den Spektren mProcurement, mSupplyChainManagement und zahlreichen weiteren Bereichen vor. Darüber hinaus wird ein Einblick in verwendete Technologien und Plattformen sowie kompatible Clients gegeben. Der Beitrag schließt mit einem Business Case, den KPMG Consulting zusammen mit SAP im Bereich Human Resource realisiert hat.

Stefanie Rothenbücher, Produktmanagerin bei der Microsoft Mobility Group, erläutert zunächst die von Microsoft propagierte „.NET"-Strategie (sprich: dot-Net). Des Weiteren werden die unterschiedlichen Charakteristika von mobilen Clients wie Featurephones, Smartphones und Pocket PCs beschrieben.

Anya Elis, Managerin im Business Development Wireless bei Oracle, umschreibt in ihrem Beitrag zunächst die Chancen und Herausforderungen für die weitere Entwicklung des mobilen Business. Der Fokus der Betrachtung liegt dabei auf der Rolle eines mobilen Applicationservers. Die Autorin beschreibt in diesem Zusammenhang die Architektur und deren Komponenten eines mobilen Netzwerks und untermalt die Ausführungen mit einigen Praxisbeispielen.

Christian Wilfing und andere Mitarbeiter der Infonova GmbH, Graz geben einen kritischen Einblick in die Sicherheitsaspekte bei mobilen Transaktionen. Anforderungen, Maßnahmen und Probleme bei der Sicherheit der Datenübermittlung werden detailliert beschrieben. Der Beitrag schließt mit einer umfassenden Analyse des existierenden WAP-Security-Modells.

1. Mobility Server

Gateway zwischen Internet-Servern und mobilen Endgeräten

Jörg Kampers, MobileAware GmbH

Einleitung

Heute haben ca. 60% aller EU-Bürger ein Mobiltelefon, und ca. 50% haben einen Internetzugang, Tendenz weiter steigend.

Die Geschäfte und Umsätze im Internet sind immer noch weit hinter den Erwartungen der Analysten, jedoch gibt es ein immer größeres Angebot an Dienstleistungen und Produkten, die über das Internet vermarktet werden. Viele Analysten sprechen jetzt schon von einem Globalen Marktplatz.

Parallel dazu entwickeln sich die mobilen Endgeräte immer weiter und die unterschiedlichsten Produkte rücken immer mehr zusammen. Laptops und PDAs sind aus dem normalen Geschäftsleben nicht mehr weg zu denken. Ständiger Informationsfluss überall und jederzeit. „Information at your fingertips" hat bereits vor Jahren Bill Gates proklamiert.

Laut Gartner Group werden in 2005 bereits 80% aller EU-Bewohner ein mobiles Endgerät benutzen. Dabei kann es sich jedoch um Notebooks, PDAs, Mobil-Telefone und andere Endgeräte handeln. Die durchschnittliche Onlinezeit pro Woche wird dabei auf bis zu drei Stunden ansteigen und der Anteil mobiler Zugriffe auf Online-Dienste wird bei circa zwanzig Prozent liegen.

Mobile Internet wird erst dann richtig erfolgreich werden und die Erwartungen der Mobilfunkprovider erfüllen, wenn es sinnvolle Dienste und Anwendungen für den Kunden geben wird. Die Bedienung muß einfach sein und vor allem darf und will der Anwender sich keine Gedanken darüber machen, mit welchem Gerät und wie er gerade eben diese Information abruft, die ihn im Moment interessiert.

Mobile Internet für wen?

Die Herausforderungen für die Diensteanbieter liegen somit in mehreren Dingen. Doch vorab zur Definition eines Diensteanbieter. Dies kann ein Mobilfunk-Provider sein, der seinen Telefonkunden interaktive Dienste anbieten möchte. Im Wesentlichen will er mehr „Airtime" generieren, also eine höhere Auslastung seines Mobilfunknetzes erreichen und somit seine Kunden auch langfristiger binden. Genauso kann der Mobilfunkprovider aber auch anderen Anbietern seine Plattform zur Verfügung stellen, damit diese dann ihre Inhalte und Dienstleistungen veröffentlichen können. Er wird somit zum sogenannten „Service Broker". Ähnlich einem Aktienhändler wird seine Infrastruktur zum Börsenparkett für andere Anbieter.

Aber auch Großunternehmen wollen möglicherweise ihren Kunden und Mitarbeitern einen weiteren Weg anbieten auf Firmeninformationen zugreifen zu können.

Die nächste Frage ist dann, welchen Inhalt er anbieten will, wie dieser Inhalt dann präsentiert werden soll und vor allem, wie aufwendig die Entwicklung und Produktion eines solchen Inhaltes ist. Die schnellste Lösung ist es, die existierende Infrastruktur anderen Dritt-Anbietern von Anwendungen und Inhalt zur Verfügung zu stellen.

Dies führt uns dann zur sogenannten Service-Broker- und Service-Delivery Plattform.

Die Service Broker und Service Delivery Plattform

Der Schlüssel zum Erfolg der Service Provider und Operators für ihre eBusiness-Strategie liegt somit darin, als Service Broker zu agieren, und sogar am Ende die vorhandene Infrastruktur zu einem virtuellen Marktplatz werden zu lassen, auf dem Dienstleistungen und Produkte zwischen Anbietern und Kunden (sowohl automatisiert, wie auch interaktiv) gehandelt werden.

1. Mobility Server

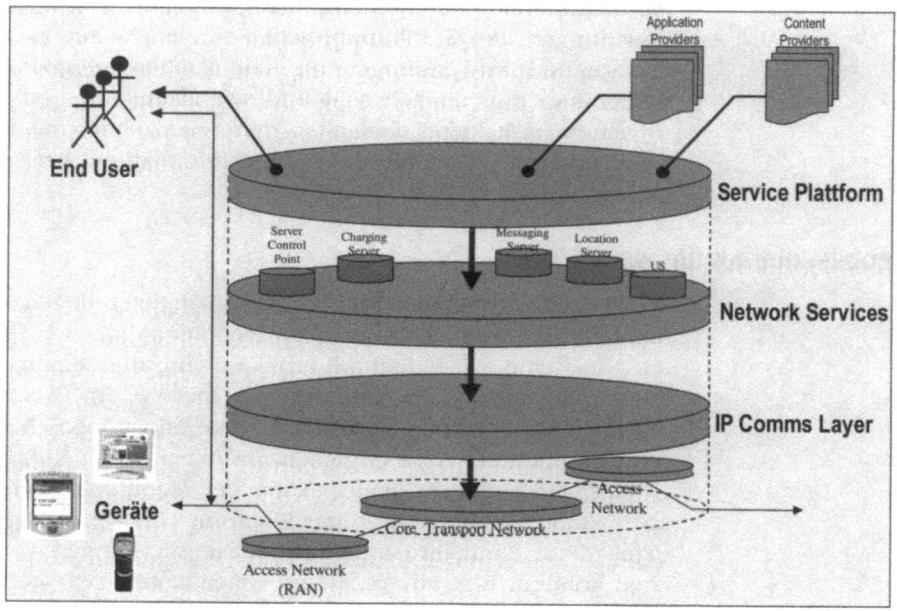

Abbildung 1: Die Layer der Service Delivery Plattform

Der Wert dieses Modells wird durch die Einführung der GPRS- und UMTS-Netze und den damit dann Realität werdenden sogenannten "always-on", "always connected" Business-Consumer Dienste erheblich gesteigert werden. Zur Realisierung dieser Dienste ist jedoch eine Service-Plattform notwendig, die die folgenden Bedingungen erfüllt:

- Klare Trennung von Service Broker und reinen Netzwerk Provider Diensten.

- Eine offene Architektur für zahlreiche und vielschichtige Dienste und Produkte. Das Netzwerk bzw. die Infrastruktur der Provider wird somit zu einem Medium für Drittanbieter von Services und Produkten.

Über eine solche Service Plattform ist es dem Operator möglich, eine offene Service-Creation Plattform anzubieten, die es erlaubt eigene - wie auch von Drittanbietern - erstellte Anwendungen, Dienste und Inhalte anzubieten, die Ihrerseits die Endgeräte, den Zugang zum Netzwerk und weitere Informationen (wie zum

Beispiel Location-Services) abfragen und zur weiteren Verarbeitung nutzen können.

Als erster Schritt muß eine Portal Plattform erbaut werden, die später dann sehr einfach zu einem Service Broker Modell ausgebaut und erweitert werden kann.

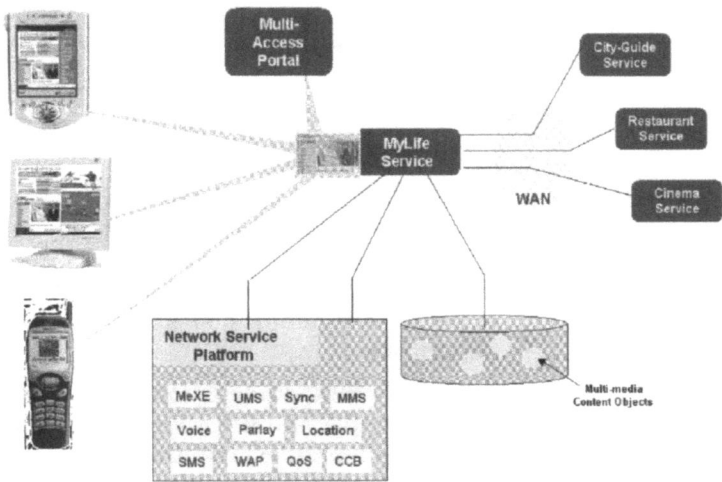

Abbildung 2: Service Delivery Plattform

Ein kritischer Aspekt für die Service Plattform ist die klare Trennung (sowohl technologisch, wie auch geschäftsmäßig) der Netzwerk Layer, IP Layer, Netzwerk Service Layer, Service Pattform Layer und des Service Layer. Dem gegenüber steht die Management-Ebene mit drei Hauptanforderungen:

- End User Management der Dienste
- Service Creator Management der Dienste
- Service Broker Management für diese Dienste

Diese Entwicklungen und Initiativen beruhen auf der OSA (Open Services Architecture), die bei einer Vielzahl von Telekom Providern, insbesondere auch Fixed-line und Wireless Anbietern implementiert wurde (z.B. MeXE und PARLAY).

Der Mobile Multimedia Service Broker

Seit der Einführung von WAP in 1997 haben viele der Mobilfunkprovider versucht, Mobile Commerce (mCommerce), mobile Portale und andere Dienste zu entwickeln und im Markt zu etab-

1. Mobility Server

lieren. Meistenteils wurde von den Providern eine vertikale Lösung für Ihre bestehenden Kunden[48] entwickelt und dann darauf aufbauend den Markt weiter zu entwickeln. Diese Versuche sind aus den verschiedensten Gründen fehlgeschlagen:

- Die Provider/Operatoren waren zu sehr darauf fokussiert, ein Application Provider zu sein, anstatt sich zu einem Service Broker mit einem offenen Multi-Access-Portal zu entwickeln.

- Die Provider/Operatoren haben es versäumt, die Entwicklung einer Service Plattform von ihrem Netzwerk Geschäft zu trennen.

- Die Provider/Operatoren haben überwiegend proprietäre Eigenentwicklungen, statt standardisierte anerkannte e-Business Software Infrastruktur einzusetzen und dann die Service Plattform Implementierungen an diese Produkte anzupassen.

Der Erfolg von iMode ist größtenteils darauf zurück zu führen, daß NTT DoCoMo selber als Service Broker auftritt und es Anwendungs- und Content-Entwicklern ermöglicht, den Endkunden zu erreichen. Um dies zu realisieren, hat NTT DoCoMo eine rudimentäre Service Plattform gebaut, zu der Drittanbieter Zugang erhalten.

Erst durch sogenannte 3G Service Delivery Plattformen wird der Provider in der Lage sein, als Service Broker tätig zu sein, der dann Kunden und Lieferanten auf einem virtuellen mobilen Marktplatz zusammen bringt. Der Operator Name bürgt dabei dann für Qualität, Vertrauen und Zuverlässigkeit.

---

[48] **MobileAware** hilft Providern bereits seit 1997 bei der Entwicklung von Mobile Commerce Plattformen. Zum Beispiel würde die 1998 von Telenor vorgestellte mCommerce Plattform durch **MobileAware** in Zusammenarbeit mit Ericsson Norwegen und AU System aus Schweden geplant und realisiert.

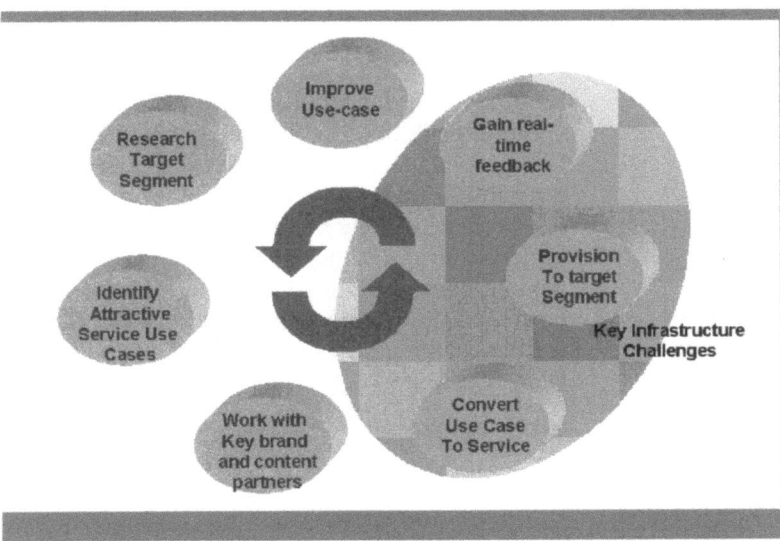

Abbildung 3: Service Delivery Challenges

Durch den Einsatz von Technologien oder Produkten, wie z.B. MobileAware's Mobility Server *Everix*™ ist der 3G-Operator dann in der Lage, internen Abteilungen und auch Dritten folgendes zu bieten:

- Schnelle Entwicklung von mobilen, multimedialen Services und Anwendungen, die Media- und Web-Dienste kombinieren.
- Durch die Service Plattform können vorhandene Grafik Design- und Geschäftsprozesskenntnisse auch ohne weiteres Training genutzt werden.
- Angebot von Mobile Multimedia für Nischensegmente.
- Echtzeitangaben zur Service/Dienst-Nutzung für z.B. Statistik und Rechnungswesen.

Um dies zu erreichen, benötigt der 3G-Operator eine "next-generation" Service Plattform, die den Service Broker Prinzipien folgt, aber gleichzeitig die standardisierte e-Business Software Infrastruktur in Kombination mit den neuen Netzwerk Service Technologien nutzt und der konzeptionellen Architektur der Service Plattform folgt.

1. Mobility Server

Der Wert eines Mobility Servers für 3G Operatoren

Produkte wie der MobileAware Mobility Server *Everix*™ den 3G-Operatoren können zur Erreichung dieses Ziels beitragen kann. Der Mobilitätsserver *Everix* ist ein Standard-Software Infrastrukturprodukt, das die Fähigkeiten und die Anwendungsmodelle der unterschiedlichen Arten der Endgeräte erfasst und die unterschiedlichen Arten der IP-Netze und Vermittlungsdienste in einen parameterisierten Software-Server optimiert. Dies kann dann von normalen Entwicklern benutzt werden, um zusammengesetzte Mobile Multimedia Services von verteilten Inhalts- und Web-Dienstleistungen schnell zu entwickeln.

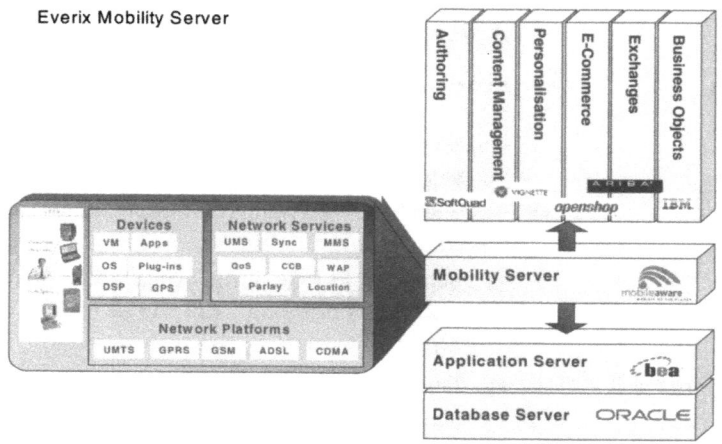

Abbildung 4: Mobility Architektur Übersicht

Der Mobilitätsserver wurde optimiert, um in der standardisierten eBusiness Infrastruktur nahtlos zu funktionieren und ermöglicht auch mit Standard-Authoring-Tools wie Dreamweaver Mobile Multimedia Services zu erstellen.

Ein solcher Mobilitätsserver ermöglicht dem Entwickler, Inhalte und Dienste von der Netzwerk-Service-Schicht, von den Backend-Anwendungen und von den eBusiness-Anwendungen zu kombinieren, um einen mobilisierten eService zu generieren, der den Anforderungen des mobilen Arbeiters dient. Durch die

Verwendung der neuesten Standardschnittstellen, wie SOAP und XML, liefert *Everix™* zum Beispiel eine extrem leistungsfähige und flexible Methode für die Erstellung von komplexen Anwendungen.

Der Mobilitätsserver *Everix™* arbeitet dabei nach dem Kernkonzept des intelligenten Inhalts. Intelligenter Inhalt wird dabei als Inhalt definiert, der:

- intelligent die Netzdienste, Fähigkeiten von Endgeräten und eBusiness-Anwendungen ermittelt, um daraus einen spezifizierten Dienst zu erstellen.
- den Dienst an ein Endgerät, basierend auf dessen Fähigkeiten, Eigenschaften oder dessen Client (z.B. Micro-Browser), der Benutzer-Präferenzen oder der vorhandenen Netzqualität oder Bandbreite automatisiert anpasst.
- verteiltes Computing unterstützt, wo Teile der Anwendung oder des Dienstes, auch asynchron auf dem Endgerät ablaufen können.
- eine Vielzahl von Anwender-Interaktionsmodellen unterstützt, einschließlich der Anforderung von Antworten und Ereignis gesteuerter „Push"-Mitteilungen oder Ereignisse.

Die strikte Konformität eines solchen Mobilitäts-Servers mit den Industriestandards reduziert die Risiken für eine Firma und sichert die Zukunftssicherheit in existierende und zukünftige Investitionen in IT-Infrastruktur. Mit *Everix™* zum Beispiel sind 3G-Provider oder Unternehmen nicht in einer eigenen, proprietären Lösung gefangen. Jedes mögliche Entwicklungs-Tool kann, sofern es diese Standards unterstützt, benutzt werden und mit minimaler Auswirkung ausgetauscht oder hinzugefügt werden.

Everix™ ver.2.4 unterstützt bereits den sogenannten "Thin client browser"-Ansatz für verteilten oder multi-channel Inhalts- und Dienstverteilung. Dies ist in Bild 5 dargestellt.

1. Mobility Server

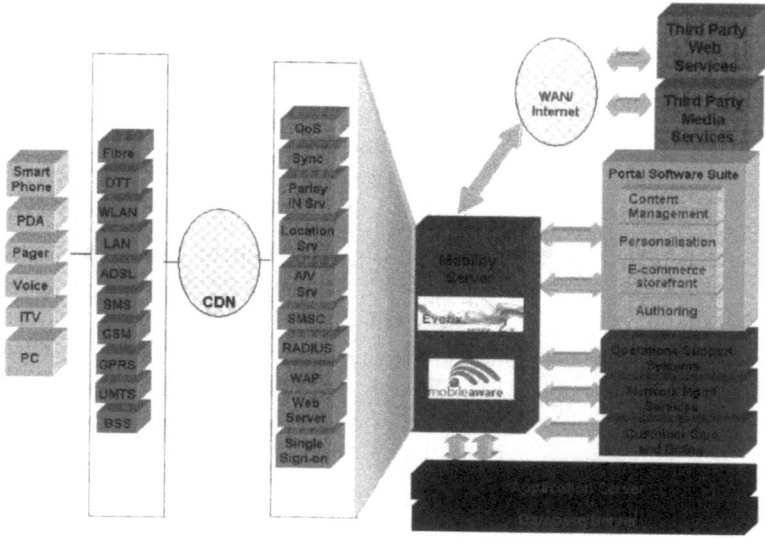

Abbildung 5: Detaillierte Multi-Channel Service Delivery Architektur

Intelligenter Inhalt ist mehr als eine mobilisierte Anwendung. Es ist der Weg, durch den ein Service in Verbindung mit der Intelligenz geliefert werden kann, die benötigt wird, damit Benutzer den Inhalt gebrauchen können. Es ist denkbar, daß viele Dienste ähnliche Content-/Interaktions Anforderungen haben.

Ein Mobilitätsserver kann hierbei diejenigen Anwendungsbestandteile, die für verschiedene, unterschiedliche Anwendungen vorhanden sind, extrahieren und diese dann clientseitig installieren und folglich durch verbessertem Zugriff und geringerem Bandbreitenverbrauch die Anwendung beschleunigen.

Von diesem Ansatz profitieren in erster Linie auf XHTML basierte Anwendungen und deren Verteilung auf unterschiedlichste Plattformen.

Everix™ in 3G-Service Netzwerken

Bild 6 illustriert wie ein Mobilitätsserver, wie *Everix™* in einer 3G Service-Netzwerk Architektur implementiert werden. *Everix™'s* Kernfunktion ist es, Mobilitydienste und –anwendungen durch das 3G Service Netzwerk dem Endanwender zugänglich zu machen. Er integriert dabei in marktführende Middleware-Lösungen, die im Grunde ein Informations- oder Service-Gateway darstellen, das mobilisierte Anwender in die Welt der 3G-Operatoren und Drittanbietern von Produkten und Services anbindet.

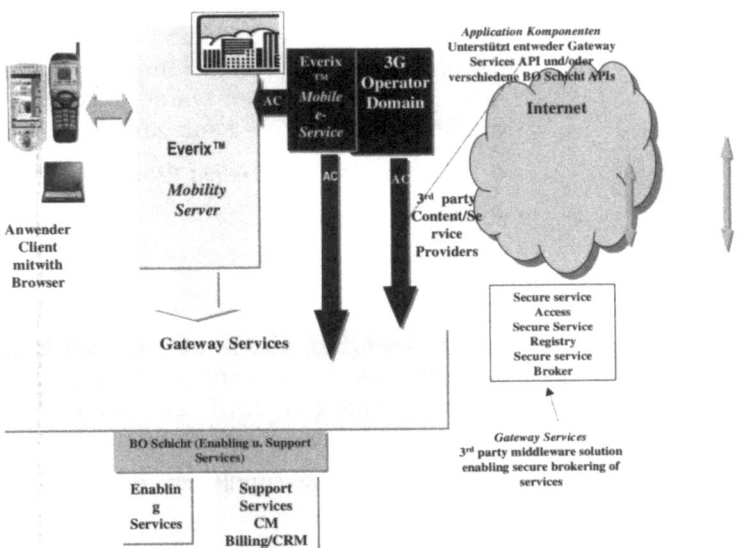

Abbildung 6: Everix™ in der 3G Service Network Architektur

Everix™ kommuniziert mit externen Bestandteilen über die *Everix™* „hosted Services". Ein hosted Service kann dabei von einem statischen Service bis zu einem komplizierten mobilisiertem e-Service reichen. Everix™ liefert eine intuitive mobile eService-Entwicklungsumgebung. Diese Anwendungsbestandteile können dann durch die Everix™ hosted Services mit folgenden Schnittstellen kommunizieren:

- Die Gateway Service Schicht (um auf 3rd-Party Inhalt und Dienste zuzugreifen).
- Die BO-Schicht um auf Enabling und Support Services zuzugreifen.
- Die Everix™ Zugangsschicht, um auf Everix™ interne Dienste zuzugreifen.

Diese Anwendungsbestandteile bauen insbesondere auf die ständig erweiterten offenen Standards wie z.B. HTTP/HTTPS und

1. Mobility Server

SOAP/XML auf. MobileAware arbeitet mit führenden Technologiepartnern, um weitere OSA kompatible Anwendungsbestandteile im Bereich der Synchronisierung, IN und „location-based" Technologien zu entwickeln. *Everix™* stellt zusätzlich eine Notification-API zur Verfügung, die über HTTP/HTTPS und XML-Dienste automatisierte Nachrichten an den Endanwender schicken kann. *Everix™* selbst verarbeitet dabei den Inhalt, der sowohl von mobilen eServices, als auch von 3rd-Party-Anwendungen generiert wurde, basierend auf den vom Endanwender vorgegebenen Bedingungen:

- Community und Dienst Profile.
- Mobility profile.
- Endgerät Profile.
- Channel Profile.

Der Endbenutzer wird somit mit einer hoch entwickelten Mobilitätspräferenzs-Konfigurationsfähigkeit versehen. Der Service-Provider hingegen erhält ein Service-Konfigurations-Werkzeug (mit dazugehöriger Zugriffssteuerung):

- Endanwender-Zugriff zu erlaubten Dienstleistungen (vorhandene und neue)
- Notifizierung des Enanwenders über neue, interessante Dienste
- Erfassung der Dienst-Nutzung des Endanwenders für Billing etc.

Everix™ liefert folglich die kritischen Mobilitätsbestandteile, mit denen der Operator oder auch das Großunternehmen, als Service-Broker, über verschiedenste Endgeräte und Zugänge ständig interessanten Inhalt an den Endbenutzer liefern kann. Dadurch erreicht der Operator zunehmende Kundenloyalität und erhält gleichzeitig detaillierte Informationen zu Nutzungsverhalten des Endbenutzer.

Dadurch, daß diese Technologien und Services bereits heute vorhanden sind, können Unternehmen wie auch Mobilfunk-Provider unabhängig von der Markteinführung und vom Erfolg von UMTS Ihr Dienstleistungs- und Produktangebot heute schon umstellen und einführen. Somit ist das betriebliche und finanzielle Risiko minimiert und der Weg in eine mobile Zukunft geebnet.

2. mySAP mobile Business

Strategie, Applikationen und Technologie

Elyes Ennigrou, KPMG Consulting AG

Einleitung

Per Handy oder Organizer, unabhängig von Ort und Zeit Online sein und Geschäftsprozesse abwickeln! Traum oder schon Realität? Umkehrbarer Trend oder gewaltiges Potential? Mobile Geräte sind heute aus der modernen Kommunikation nicht mehr wegzudenken. Unterschiedlichste Szenarien des Mobile Computing eröffnen große Potentiale für die Unternehmen. Basierend auf diesen Tatsachen begründen sich unzählige Prognosen, die von einer vielversprechenden mBusiness-Zukunft reden. Insbesondere die zunehmende Mobilität und die Bedeutung der Information in der heutigen Gesellschaft lassen den Schluß zu, daß mobile Computing offensichtlich dazu prädestiniert ist, zukünftig eine Schlüsselrolle zu spielen. Schätzungen gehen davon aus, daß im Jahre 2003 fast eine Milliarde Menschen über ein mobiles Endgerät verfügen werden. Peu à peu entwickeln sich Handys, PDAs und Handheld Computer zu den meistgenutzten Endgeräten für den Zugriff auf das Internet.

Die rapide Weiterentwicklung unterschiedlicher Komponenten sorgt dafür, daß Mobile Computing eine stark zunehmende Anzahl von Nutzern sowie Nutzergruppen zu verzeichnen hat. In erster Linie sind hier zu nennen:

- Die Netzwerke und deren Technologien stellen größere Bandbreiten zur Verfügung bei gleichzeitiger Steigerung der Qualität (Quality of Service).
- Die Entwicklungen im Bereiche der Speichertechnik, der Stromversorgung und der Bildschirme ermöglichen kleinere, mächtigere und intelligentere Endgeräte.
- Die Software-Industrie und die Standardisierungsgremien stellen neue Rahmen zur Verfügung, worauf mobile Anwendungen basieren sollen. Dabei werden offene Architekturen und Programmiermodelle zugrundegelegt.

Der logische nächste Schritt ist die konsequente und zielgruppenorientierte Weiterentwicklung von eBusiness-Lösungen zu mobilen Business-Szenarien.

2. mySAP mobile Business

Hierbei ist entscheidend, inwiefern Unternehmen hierdurch neue Wege eröffnet werden können, um sowohl die internen als auch die externen Geschäftprozesse zu optimieren. Bei der Gestaltung dieser Geschäftsprozesse ist zum einen die neue Art von Applikationen und Endgeräten, zum anderen die neue Form der Interaktion zwischen dem Benutzer und seinem Zugang zu Informationen und Anwendungen zu berücksichtigen.

Bei der Entwicklung und Bereitstellung von mobilen Diensten ist von entscheidendem Vorteil, daß die bereits bestehende eBusiness-Infrastruktur für die Nutzung über mobile Endgeräte integriert wird. Basierend auf diesem Rahmen werden Anforderungen an Dienste zusammengestellt und die passenden Technologien zur Realisierung ausgewählt.

Die Firma SAP hat sich intensiv mit dieser Thematik beschäftigt. Das Walldorfer Unternehmen hat mit seinem - auf einer Client/Server-Architektur basierendem - betriebswirtschaftlichen System R/3 Anfang der neunziger Jahre hierbei Maßstäbe gesetzt. Ziel war mittels einer modularen und somit einfach administrierbaren, gut skalierbaren und erweiterbaren Software die Geschäftsprozesse von Firmen systemtechnisch integriert abzubilden.

Mit der Internet-Revolution und der Etablierung des eBusiness als neue Form der Interaktion in der sogenannten New Economy, hat SAP eine neue Produktstrategie entwickelt: mySAP.com spiegelt die Eigenschaften wider, die betriebswirtschaftliche Software heute unabdingbar haben muß, damit sie spürbare Vorteile für das Unternehmen bringt: Benutzerfreundlich, intuitiv, rollenbasiert, personalisierbar, basierend auf offenen Internet-Technologien und somit die automatisierte Zusammenarbeit über die Grenzen der eigenen Wertschöpfungskette hinaus ermöglichend.

SAP hat um das System R/3 (teilweise in Partnerschaft mit anderen Unternehmen) ihre Produktpalette erweitert und bietet mittlerweile eine Portallösung, ein Marketplace-Framework und mehrere webbasierte Anwendungsplattformen, darunter eine Procurement-, eine Customer Relationship Management- und eine Supply Chain Management-Lösung.

Mit der großen Diskussion um das Thema Mobile Computing, beginnt SAP ihre Produktpalette für die mobile "Revolution" zu erweitern. Diese Aktivitäten werden zusammengefaßt unter dem Oberbegriff: *mySAP Mobile Business*. SAP versteht darunter die

Methodologien und die Technologien, um die auf mySAP.com abgebildeten Geschäftsprozesse bis zum mobilen Endbenutzer zu erweitern. Dabei sollen die zusätzlichen Komponenten und Logiken einfach und offen sein. Sie sollen zudem die bestehende eBusiness-Plattform nicht obsolet machen sondern modular erweitern. Unter dem Motto: "mySAP mobile delivers immediate value to the mobile world" will SAP den Nutzern mobilen Zugang zu Diensten verschaffen, basierend auf der bereits bestehenden mySAP.com-Plattform. Dabei sollen alle gängigen mobilen Endgeräten unterstützt werden.

Dieser Beitrag versucht einen Überblick über *mySAP Mobile Business* zu geben. Im Mittelpunkt stehen die mobilen Anwendungen, die zur Zeit zur Verfügung stehen. Dabei werden sowohl die Szenarien als auch die zugrundeliegende Technologie beschreiben.

Im letzten Teil des Beitrages wird ein mobiler Business Case vorgestellt. Dies soll zeigen, wie mit einzelnen Komponenten der mobilen Infrastruktur sowie Workflow, BAPIs und ITS (u.v.a.), mächtige und sichere mobile SAP-Anwendungen erstellt werden können.

mySAP mobile Business

mySAP mobile Business ist der Rahmen innerhalb dessen SAP ihren Kunden die Erweiterung der eBusiness-Infrastruktur hinsichtlich mobiler Szenarien anbieten will. Konkret besteht dieser Rahmen aus folgenden Teilen:

- **Mobile Anwendungen / Mobile Workplace**

    Mobile Erweiterungen der mySAP.com Business Applications. Der Zugang zu diesen mobilen Erweiterungen soll über den mobile Workplace geschehen. Dieser stellt das mobile Pendant zur Desktop-Portallösung mySAP.com-Workplace dar.

- **Technologischer Rahmen**

    Dieser besteht unter anderen aus folgenden Teilen:

    - Architektur der mobilen Anwendungen
    - Programmiermodelle und Entwicklungsumgebungen für die Erweiterung der mobilen Anwendungen
        - Unterstützte Endgeräte

- **Mobile Business Methodologie**

  Dies ist die SAP Vorgehensweise bei der Einführung und Anpassung von mobilen Anwendungen.

Die mobilen Anwendungen von SAP

Die *Mobile Business Applications* fassen alle mobilen Funktionalitäten und Szenarien zusammen, die von SAP für den mobilen Endbenutzer zur Verfügung gestellt werden. Damit kann praktisch jeder Prozeßbeteiligte jederzeit und von jedem Ort an den Geschäftsprozessen des Unternehmens teilnehmen. Mobile Endbenutzer können hierbei Manager, Außendienstmitarbeiter, Qualitätsmanager, Testingenieure, Paketzusteller oder Sicherheitsbeauftragte etc., von der eigenen Firma oder Partner, Lieferant oder Kunde sein. Unabhängig vom Aufenthaltsort, ob im Flughafen, Hotel, im Urlaub oder zuhause, unterwegs bei Kunden oder im Geschäftsessen mit Partnern, müssen diese Personen nicht auf bestimmte Informationen verzichten, weil Sie gerade nicht ihren stationären Rechner im Zugriff haben. Sie können nach Bedarf Termine vereinbaren, Entscheidungen treffen, Waren bestellen, Meßergebnisse an dem Backendsystem in Echtzeit übertragen oder auch den Fortschritt bestimmter Prozesse checken.

Man kann die mobilen Business Anwendungen von SAP nach verschiedenen Einsatzgebiet klassifizieren:

- **Produktion- und Lager-Anwendungen**

  z.B. Erfassung von Daten zu einer Rohmateriallieferung.

- **Customer Relationship Management**

  z.B. Aktuelle Verkaufszahlen, Preise, Produktverfügbarkeit, Produktvisualisierung.

- **Business Management**

  z.B. Zugriff auf bestimmte Informationen (z.B. Controlling-Reports) als Entscheidungshilfe für einen Manager.

Diese Klassifizierung betrifft nicht die technische Realisierung. Hierauf wird weiter unten näher eingegangen.

Diese Beschreibung stellt lediglich eine Momentaufnahme der Mobile Applications von SAP dar. Neue Szenarien sind in Vorbereitung und werden in der nächsten Zukunft ausgeliefert.

Im Folgenden werden die mobilen Anwendungen vorgestellt. Eine zentrale Rolle spielt dabei der Mobile Workplace. Er soll zukünftig den einheitlichen Zugangspunkt für Informationen und Applikationen darstellen.

Der Mobile Workplace

Die Beschäftigten einer Firma haben heutzutage mit einer sehr großen Fülle an Informationen zu tun. Sie müssen eine größere Anzahl von Aufgaben in kürzerer Zeit erledigen und müssen dabei auf bestimmte Ereignisse schneller reagieren. In der gleichen Zeit ist die zugrunde liegende Infrastruktur komplexer geworden und beinhaltet mehr Informationen. Um die Produktivität zu erhalten oder gar zu verbessern muß diese Komplexität verborgen und der Zugang zu Informationen und Anwendungen zielgerichtet und benutzerfreundlich gestaltet werden. MySAP.com-Workplace ist die Portal-Lösung von SAP, die dies realisieren soll. Ein zentrales System soll User zu bestimmten Benutzergruppen zuordnen, damit Sie lediglich Zugang zu bestimmten Anwendungen und Informationen erhalten, die zu ihren täglichen Aktivitäten gehören. Zusätzlich werden die User proaktiv mit relevanten Informationen versorgt.

Mit dieser Portal-Lösung wird der Benutzer einen einzigen auf seine Bedürfnisse zugeschnittenen Zugang nutzen. Diese Möglichkeit der rollen-basierten und personalisierbaren Arbeitsumgebung stellt der Mobile Workplace zur Verfügung.

2. mySAP mobile Business

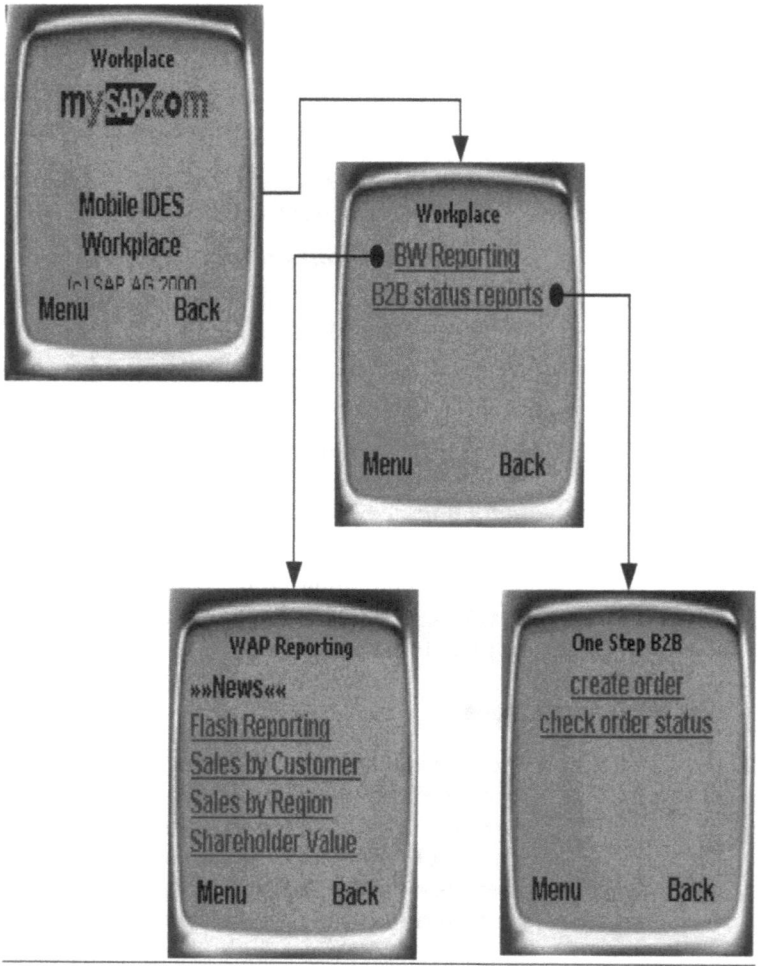

Abbildung 1: Das IDES WAP Mobile Workplace

Mit dem Mobile Workplace lassen sich jederzeit und überall Geschäfte abwickeln. Man benutzt ein mobiles Portal, um Zugang zu Informationen und Anwendungen zu finden. Durch die Zuordnung zu einer bestimmten Rolle im Unternehmen, findet der Benutzer seine bekannte Arbeitsumgebung auch unterwegs. Er kann zusätzlich diese Umgebung nach seinen Bedürfnissen anpassen.

Der Mobile Workplace soll in der Strategie von SAP der Zugangspunkt für alle Formen von mobilen Anwendungen sein. Es werden daher alle gängige Geräte unterstützt: von WAP- und iMode-Handys über PDA bis hin zu Pocket-PCs.

Abbildung zeigt einen Mobile Workplace für den WAP-Zugang, der für den Start von zwei Szenarien konfiguriert wurde: Auswerten von Reports aus einem Business Warehouse System und Checken des Status einer Bestellung. Bei diesem Beispiel handelt es sich um den von SAP zur Verfügung gestellten IDES WAP Mobile Workplace, der unter http://ideswap01.sap-ag.de/mywap.wml gestartet werden kann.

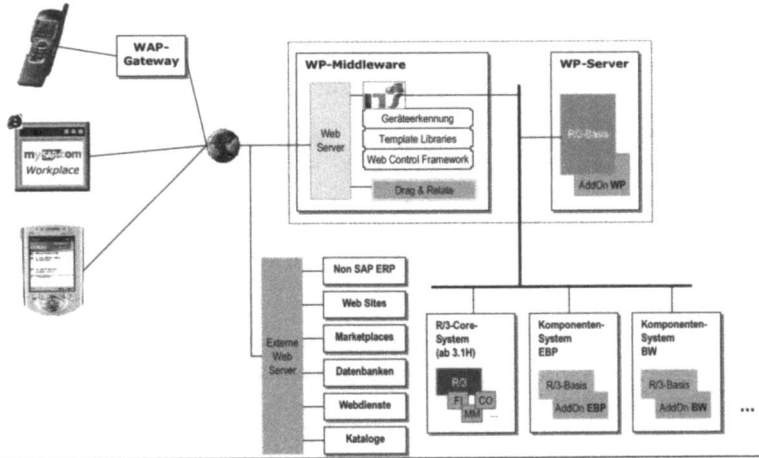

Abbildung 2: Architektur des mySAP.com-Workplace

Technisch basiert der Mobile Workplace auf der gleichen Architektur, die dem Desktop mySAP.com-Workplace zugrunde liegt. Der Internet Transaction Server (im folgenden ITS), der das Gateway zwischen R/3-Systeme und dem World Wide Web darstellt, wurde seit der Version 4.6D um eine Funktionalität erweitert, die ihm ermöglicht, das Gerät, von dem die Abfrage stammt zu erkennen und die passenden Vorlagen zu benutzen.

Mit dem ITS werden Template Libraries für unterschiedlichen Gerätearten geliefert. Diese Libraries wurden um Vorlagen für unterschiedliche mobile Geräte erweitert.

Mobile Customer Relationship Management

In den letzten Jahren hat Customer Relationship Management deutlich an Bedeutung gewonnen. Firmen müssen langanhaltende, stabile und profitable Verbindungen zu ihren Kunden aufbauen und brauchen dabei die Hilfe von Umgebungen und Tools. Diese ermöglichen es den eigenen Mitarbeitern, zeitnah umfassende Informationen über diese Kunden zu erhalten und verschaffen den Kunden Zugang zu den Systemen des Dienstleistenden oder Lieferanten.

Diese Möglichkeiten werden oft unabhängig von Ort und Zeit benötigt. Mobile CRM ist die Lösung von SAP, mit Hilfe dessen diese Szenarien realisert werden können. Hierbei handelt es sich um eine Erweiterung der webbasierten mySAP.com CRM Anwendungs-Suite.

Im Folgenden sind einige Beispielszenarien gegeben:

- Management von Vertriebsaktivitäten durch die internen Mitarbeiter
- Direktes Anlegen von Verkaufsaufträgen durch Kunden
- Produktkonfiguration durch Kunden
- Preisabfragen
- Präsentation von Informationen zu bestimmten Produkten durch Handelsvertreter
- Generierung von Angeboten für Produkte oder Dienstleistungen
- Zugang und Auswertung von Informationen zu Kunden, Konkurrenten etc.

Eines der Komponenten von mySAP.com CRM ist die Lösung *Mobile Sales*. Mit dieser Lösung können Außendienstmitarbeiter von Laptops oder PDAs (Organizers) aus Kunden-, Auftrags- und Materialdaten online oder offline abrufen. Es können außerdem neue Aufträge angelegt oder neue Kundendaten hinzugefügt werden. Diese Daten werden mit dem Backendsystem synchronisiert, wenn der Mitarbeiter die Möglichkeit dazu hat.

Mobile Sales soll die Vertriebprozesse erleichtern, indem alle relevanten Aktivitäten unterstützt werden:

- **Geschäftspartnermanagement (Business Partners)**

  Alle relevanten Informationen zu einem effizienten Beziehungsmanagement.

- **Ansprechpartner (Contact Management)**

  Elektronisches Adreßbuch mit Informationen zu internen und externen Kontaktpersonen.

- **Aktivitäten und Kalender (Activities and Calender)**

  Planung von Aktivitäten innerhalb von komplexen Vertriebsprojekten: Terminvereinbarungen, Anrufe, Korrespondenz, Kundenbesuche etc.

- **Produkte und Dienste (Products and Services)**

  Aktuelle Produkt- und Serviceinformationen zur Unterstützung der Vorbereitung von Kundenpräsentationen.

- **Opportunity Management**

  Erfassung, Verarbeitung und Verteilung von kompletten Informationen zu allen Schritten eines Projektes. Beurteilung des Vertriebszyklus anhand dieser Informationen.

- **Angebote (Bid Management)**

  Erleichterung der Angebotserstellung durch Zugriff auf Produktinformationen. Überprüfung der Konsistenz und Vollständigkeit von Angeboten.

- **Aufträge (Quotation and orders)**

  Zugriff auf alle Daten zu Angeboten, Verträgen, Aufträgen, Bestellungen etc. seit dem ersten Kontakt mit dem Kunden.

- **Preiskonfiguration (Pricing Engine)**

  Zugriff auf Preis- und Konditionsmodelle aus dem Backend-System.

- **Produktkonfiguration (Configuration Engine)**
  Interaktive und komfortable Konfiguration von Produkten

- **My Infocenter**

  Eine Marketing-Enzyklopädie mit umfassenden Unternehmensdaten.

2. mySAP mobile Business

- **Promotionen und Kampagnen (Promotions and campaigns)**

  Aufstellung und Verrechnung von Budget und Kosten zu Produkteinführungen, Auswahl der Zielgruppen, Austeilen des Werbematerials etc.

- **Kundenvereinbarungen (Agreements)**

  Alle Informationen zu rechtlichen oder geschäftlichen Verträgen mit Kunden oder sonstigen Partnern.

Mobile Sales basiert auf dem sogenannten *Mobile Data Framework*. Dabei handelt es sich um einen Rahmen zur Entwicklung und Nutzung mobiler Anwendungen. Die XML-basierte Umgebung ermöglicht die Erstellung von mobilen Anwendungen, die auf verschiedenen Geräten ausführbar sind. Zur Zeit kann man mobile Sales auf Pocket-PCs und PDAs betreiben. Für die Zukunft ist die Unterstützung für weitere Endgeräte geplant.

Mobile Procurement

Der Einkauf über webbasierte Umgebungen ist mittlerweile nicht mehr aus der eBusiness-Welt wegzudenken. Der Mitarbeiter navigiert durch Kataloge in einer integrierten und benutzerfreundlichen Umgebung, ordert dann die Ware und kann jederzeit den Status der Bestellung verfolgen. Zusätzliche Möglichkeiten wie der Zugriff auf elektronische Marktplätze oder die Integration von Genehmigungsvorgängen machen eProcurement zu einem sehr wichtigen Mittel, um die interne Beschaffungsprozesse effizienter zu gestalten.

In Gestalt des gemeinsamen SAP- und Commerce-One-Produkts Mobile Enterprise Buyer, das von der SAP-Tochter SAPMarkets betreut wird, bietet SAP die Möglichkeit, all diese Aktivitäten unabhängig von Ort und Zeit durchzuführen. In seiner Version 2.0 bietet die Professional Edition einen WAP-Zugang zu den Einkaufsaktivitäten. Es werden folgende Funktionen unterstützt:

- Navigieren in elektronischen Katalogen.
- Vergleich von Preis oder Eigenschaften von Produkten.
- Überprüfung von Materialverfügbarkeit.
- Anlegen von Bestellungen oder Bestellanforderungen.
- Auslösung von Genehmigungsvorgängen bei der Beschaffung bestimmter Produkte.

- Überprüfung des Status einer Bestellung.

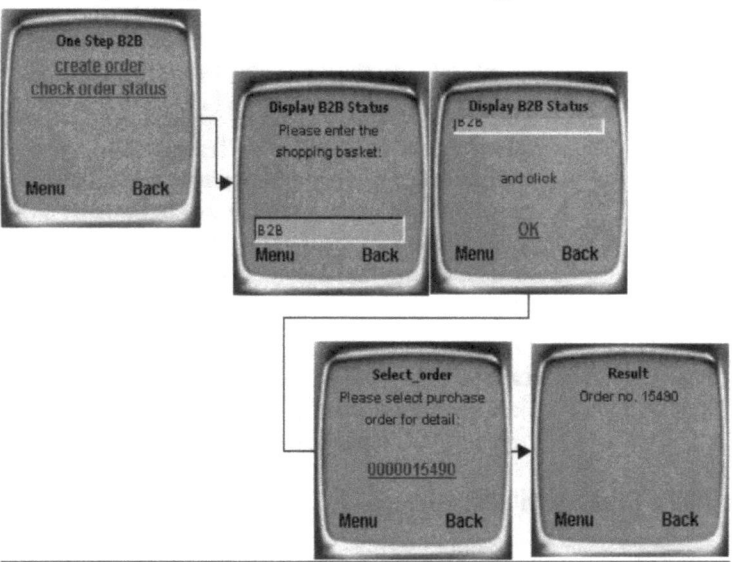

Abbildung 3: Überprüfung des Status einer Bestellung via WAP

Die Vorteile der mobilen Erweiterung der eProcurement-Lösung von SAP liegen auf der Hand: Sowohl Besteller als auch eventuelle Genehmiger können ihre Aktivitäten jederzeit und von jedem Ort durchführen. Man spart dadurch wertvolle Zeit und macht dadurch die Beschaffungsprozesse noch effizienter.

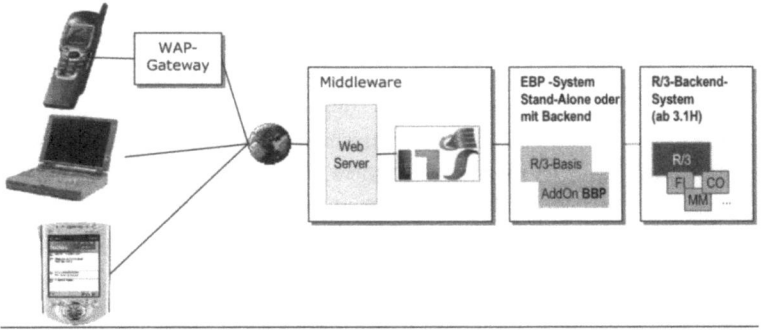

Abbildung 4: Architektur von Enterprise Buyer Professional Edition

2. mySAP mobile Business

Mobile Enterprise Buyer Professional Edition basiert auf der Architektur der Desktop-Variante. Für die Version 3.0 wird es eine Unterscheidung geben zwischen Szenarien mit Online-Zugriff und mit kombiniertem Online/Offline-Zugriff.

Die Szenarien mit Online-Zugriff werden weiterhin auf dem System mittels des Internet Transaction Servers zugreifen. Für die Szenarien mit kombiniertem Online/Offline-Zugriff wird in den mobilen Endgeräten eine zusätzliche Logik gebraucht, die u.a. die Synchronisation von Offline-Daten mit dem Backend-System ermöglichen soll. Diese Logik wird in der sogenannten Mobile Engine implementiert.

Die Mobile Engine wird automatisch auf PDAs, Pocket-PCs und Laptops installiert. Sie ist in Java programmiert und funktioniert daher mittels einer Java Virtual Machine, die heutzutage auf den meisten in Frage kommenden Endgeräten auch installiert ist.

Mobile Business Intelligence

Seit Version 2.0 des mySAP.com Business Information Warehouse System können auch Internet-Benutzer Auswertungen von Unternehmensdaten über das World Wide Web erhalten. Bei diesem sehr wichtigen Instrumentarium, spielt der Zeitfaktor zudem eine große Rolle, denn Informationen verlieren ihre Bedeutung, wenn sie nicht rechtzeitig zur Verfügung stehen. Die Mitarbeiter oder Manager müssen unabhängig von Ort und Zeit Zugriff auf Unternehmensdaten haben, die zudem schnell in verschiedensten Formen dargestellt werden sollen.

In diesem Sinne hat SAP das mySAP.com Business Information Warehouse System für den mobilen Zugriff geöffnet.

Mitarbeiter oder Entscheidungsträger können nun z.B. über WAP-Handys Abfragen starten und die benötigten Informationen in Echtzeit erhalten. Die Informationenquelle ist allein das Business Information Warehouse System. Die Informationen werden abhängig vom jeweiligen Endgerät unterschiedlich dargestellt.

Der Internet Transaction Server benutzt dafür unterschiedliche Arten von Vorlagen, die zur Abfragezeit mit Daten gefüllt werden. Wenn es sich um die Darstellung für WAP-Handys handelt, dann benutzt der ITS z.B. WML-Templates.

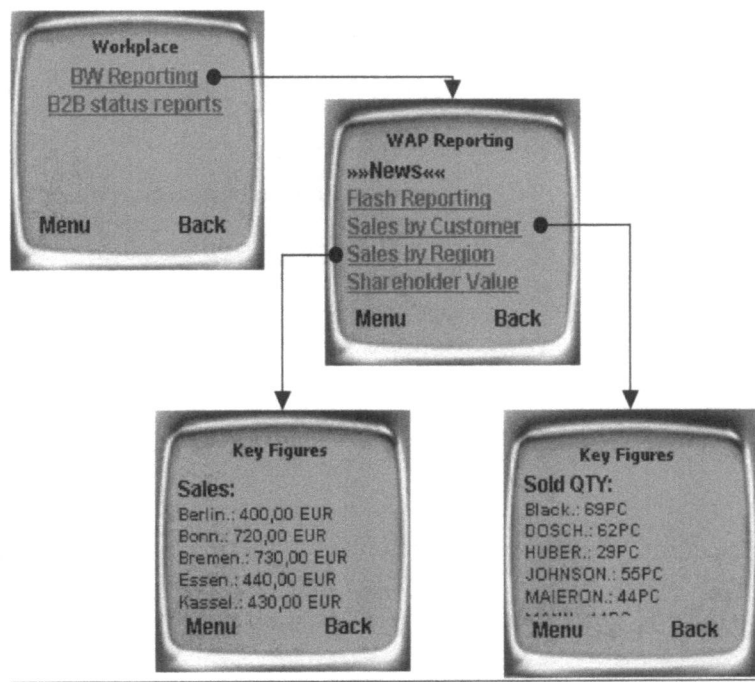

Abbildung 5: WAP-Zugriff auf Business Informationen

Mobile Human Resources

SAP hat von Anfang an Möglichkeiten zur Verfügung gestellt, womit die Unternehmensorganisation im ERP-System abgebildet wird. Basierend darauf wird es möglich, HR-Daten konsistent zu halten und innerhalb verschiedener Anwendungsszenarien zu benutzen. Mit mySAP.com Employee Self-Service kommt die Möglichkeit dazu, diese Aktivitäten vom World Wide Web aus durchzuführen. Die Mitarbeiter können direkt mittels einer intuitiven Benutzerschnittstelle ihre Personaldaten pflegen und – soweit vom Unternehmen gewünscht - ihre personalwirtschaftlichen Belange innerhalb des Unternehmens managen.

Es sind darüber hinaus eine Reihe an anderen Anwendungen möglich. Im folgenden sind einige Beispiele gegeben:

- **Office-Anwendungen**

  Eingangsbox, Kalender, Mitarbeiterverzeichnis ...

- **Zeitwirtschaft**

  Arbeitszeiten erfassen, Urlaubsantrag etc.

- **Reiseverwaltung**
- **Recruiting / Bewerbermanagement**

  Stellenanzeige, Status einer Bewerbung.

Diese Aktivitäten sollen in Zukunft auch durchführbar sein, wenn der Mitarbeiter nicht vor seinem Firmenrechner sitzt. Zur Zeit liefert SAP einige dieser Anwendungen auch für den Zugriff über WAP, hierbei sind in erster Linie zu nennen:

- Mitarbeiterverzeichnis
- Arbeitszeiten Erfassen
- Kommen/Gehen (Time Recording)
- Zeitkonten
- Reisekosten
- Fluginformation und Platzverfügbarkeit
- Ticket reservieren
- Mietauto reservieren
- Entfernung und Route vom Flughafen zum Hotel

Der Mobile ESS ist nahtlos in den Mobile Workplace integriert. Technisch basiert dieses auf der Nutzung von speziellen Templates. Der ITS erkennt die Art des abfragenden Geräts und benutzt die entsprechenden Templates, um die Antwort darzustellen.

Mobile Services

Die Benutzung mobiler Endgeräte für Servicetechniker, Qualitätsmanager oder den technischen Außendienst im allgemeinen, ist für die internen sowie externen Geschäftsprozesse von substantieller Bedeutung. Daten zu technischen Vorgängen oder zu bestimmen Produkten müssen so schnell wie möglich allen Mitarbeiter der Firma zur Verfügung gestellt werden. Ohne direkte Anbindung von Meßgeräten oder Barcodeleser an die Backend-Systeme geht durch die spätere Datenübertragung wertvolle Zeit verloren.

SAP unterstützt ab Release 4.6C diese Prozesse. Mit dem Anlegen von Aufträgen im Backendsystem können bestimmte Mitarbeiter zu diesen Aufträgen zugeordnet werden. Von ihren mobilen Endgeräten aus, können die Service-Techniker Informationen über ihre Aufträge erhalten: Zeit und Ort des Einsatzes, durchzuführende Aktivitäten mit technischen Details, Vertrags- und Garantieinformationen etc.

Nachdem der Auftrag erledigt wurde, kann der Techniker Daten zu seinem Einsatz mobil pflegen: geleistete Stunden, benutztes Material, aufgetretene Probleme etc.

Zusammengefaßt sind folgende Anwendungsszenarien machbar:

- Informationen über die durchgeführten Aktivitäten
- Informationen über das benutzte Material
- Aktualisieren der Informationen zu den Kundensystemen
- Anzeigen von Informationen zu Verträgen oder Garantiebedingungen
- Bestandsliste pflegen
- Planung des Bedarfs an Material, Ersatzteilen etc.
- Zugang zu den Aktivitätsplänen anderer Teammitglieder

Mobile Services ist wie Mobile Sales ein Teil von mySAP.com Customer Relationship Management. Es läuft im Online- oder im kombinierten Online/Offline-Modus und zwar auf Laptops oder PDAs. Zur konsistenten Datenhaltung benutzt Mobile Services einen Replizierung- und Synchronisationsmechanismus. Mobile Services ist vollständig mit den Backendsystemen integriert.

Mobile Supply Chain Management

Die mySAP.com Supply Chain Management Solution unterstützt alle Aktivitäten und Prozesse vom Wareneingang bis zum Warenausgang. Dabei geht es prinzipiell um folgende Bereiche:

- Strategische Planung der Wertschöpfungskette
- Planung der gebrauchten Rohstoffe und der produzierten Waren
- Einkauf von Rohstoffen
- Produktion
- Vertrieb der eigenen Produkte
- Leistungsmessung der Effizienz aller relevanten Aktivitäten der Wertschöpfungskette

2. mySAP mobile Business

- Management auftretender Ereignisse

Die Automatisierung und das rechnergestützte Management der Supply Chain sind der Garant für einen effizienteren Warenfluß innerhalb des Unternehmens. Dies ist wiederum die Basis für die schnellere Reaktion auf Kundenwünsche. Dadurch werden Kosten gespart und ein schnelleres Time-to-Market erreicht.

Viele der relevanten Aktivitäten entlang der Wertschöpfungsketten setzen die Mobilität des ausführenden Mitarbeiters voraus. Ein Supply Chain Management System ohne die Möglichkeit des mobilen Zugriffs ist teilweise unbrauchbar, da es Medienbrüche nicht verhindern kann. Bei näherem Betrachten der möglichen Schritte eines Produktionsprozesses ist offensichtlich, wie wichtig die mobile Anbindung der einzelnen Beteiligten ist:

- Der Produktionsoperator startet die Produktion und meldet dies dem Backendsystem. Hierzu benötigt er ein mobiles Endgerät in der Produktionshalle.
- Der Kunde kann mittels Email oder SMS über den Fortschritt der Produktion auf dem laufenden gehalten werden.
- Nach der Produktfertigung muß der LKW-Fahrer über Abholzeit und -ort zeitnah informiert werden.
- Nach dem Laden der Ware im LKW muß der Lagerarbeiter dieses dem Management System melden.
- Der LKW-Fahrer informiert über Lieferungszeit und mögliche Verspätungen.
- Nach der Lieferung bestätigt der Kunde der Erhalt der Ware.

SAP unterstützt alle Lager-Aktivitäten mit Hilfe des SAP Logistics Execution Systems (SAP LES).

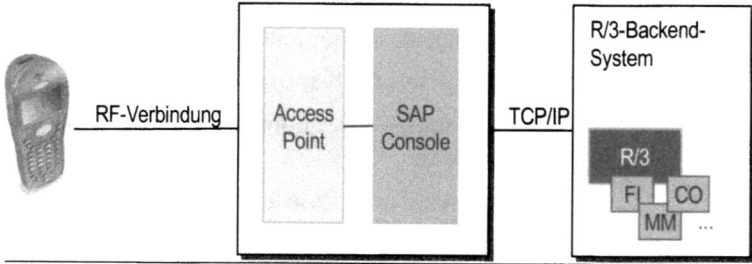

Abbildung 6: Architektur von SAP LES

RF-Terminals (Radio-Frequency) kommunizieren direkt mit dem Backendsystem. Diese Terminals haben entweder eine graphische oder eine charakterbasierte Benutzeroberfläche.

Die mySAP Mobile Business Technologie

Um die im letzten Kapitels beschriebenen mobilen Anwendungen zu ermöglichen ist eine robuste und offene Technologie notwendig. Eine vollständige Flexibilität muß auch gewährleistet werden, denn unterschiedliche Szenarien brauchen unterschiedliche Realisierungsmöglichkeiten. Die technologischen Lösungen müssen außerdem einen modularen Aufbau der Solutions ermöglichen, damit sich das Management und die Erweiterung dieser Anwendungen einfach gestalten kann. SAP legt bei der Entwicklung und Realisierung der mobilen Anwendungen einen technologischen Rahmen zugrunde, der genau diese Aspekte umsetzt. Es werden State Of The Art Technologien benutzt, die sich nahtlos kombinieren lassen. Es handelt sich dabei um offene Internetstandards und Programmiertechniken, die sich im laufenden Betrieb bewähren.

Von sehr hoher Bedeutung ist die Benutzung von Standard mobilen Webbrowsern als primäre Benutzerschnittstelle. Damit macht man sich unabhängig von Proprietären Lösungen, die es verhindern, daß die Solutions eine weite Verbreitung finden, macht aber auch die Entwicklung von Erweiterungen aufwändig. Die Benutzung von offenen Internetstandards hat zudem den großen Vorteil, unabhängig vom Betriebsystem des mobilen Endgerätes zu sein. Man braucht zudem die Logik von Anwendungen nicht mehrmals für verschiedene Endgeräte zu implementieren sondern modifiziert lediglich die Benutzerschnittstelle, indem ein HTML-Dokument modifiziert wird. Die Benutzung von XML, die sich in der letzten Zeit als Dokumentenbeschreibungssprache durchgesetzt hat, liefert zudem noch eine zusätzliche Möglichkeit, womit die Darstellung vom Inhalt getrennt wird.

Technische Szenarien

Mobile Applikationen können drei mögliche technische Formen nehmen:

- Online:

    Eine permanente Verbindung zwischen der Anwendung und dem Backendsystem besteht, die sowohl die Anwendungslo-

2. mySAP mobile Business

gik als auch die Daten beinhaltet. Das bekannteste Beispiel dieser Klasse ist der Mobile Workplace.

- Online On Demand:

  Der Anwender ist je nach Bedarf mit dem Backendsystem verbunden oder davon getrennt. Es werden Zwischenspeicherungstechnologien (Caching) benutzt, die es ermöglichen, offline auf bereits zur Online-Zeit aufgerufene Informationen zuzugreifen. Mobile Procurement oder Mobile CRM basieren auf diesen Technologien, denn es besteht bei diesen Anwendungen Bedarf sowohl für Offline- als auch für Online-Szenarien.

- Offline:

  Die gesamte Anwendungslogik ist auf dem Endgerät vorhanden. Die Daten werden lokal auf dem mobilen Endgerät gespeichert und werden bei Bedarf oder regelmäßig zum Backendsystem transportiert. Es werden Synchronisierungstechnologien benutzt, die Daten zwischen dem Backend und den Devices konsistent halten. Es besteht ein signifikanter Bedarf an Offline-Szenarien. Deshalb hat SAP das sogenannte Mobile Data Application Framework (MDF) entwickelt. Damit lassen Sie Offline Anwendungen sehr schnell erstellen. Mobile Sales oder Mobile Services sind die bekanntesten Beispiele von Offline-Lösungen.

Unterstützte Endgeräte

SAP unterstützt viele Arten von Endgeräten und will diese Unterstützung auch in der Zukunft für alle neuen und bedeutenden Typen gewährleisten. Durch die Unabhängigkeit von propriäteren Technologien und die Tendenz der Endgerätehersteller, die offenen Internettechnologien zu unterstützten, werden die mySAP Mobile Applications nahezu auf allen gängigen Endgeräten ausführbar sein. Zur Zeit werden z.B. folgende Kombinationen Endgeräte/Betriebsystem für den Mobile Workplace unterstützt:

- WAP-Telefone mit kleinen Displays (z.B. Nokia 7110, Siemens S35, usw.)
- WAP-Telefone mit größeren Displays (z.B. Ericsson R380, usw.)
- i-mode-Telefone
- Palm-Browser

- Avantgo-Browser (verfügbar für Palm und PocketPC)
- Pocket Explorer (auf PocketPC-Plattform, z.B. Compaq iPAQ, HP Jornada 720, usw.)

Plattformen, Middleware

Wie bereits erwähnt, basiert die mySAP Mobile Business Technologie auf offenen und flexiblen Internet Technologien. Die Anwendungslogik soll auf der Microsoft .NET Initiative oder der offenen Java Technologie basieren. Die dabei benutzten Formate sind XML, um die Inhalte unabhängig von ihrer Darstellung zu beschreiben und WML oder HTML, wenn es darum geht, für jede Art von Endgeräten die Benutzerschnittstelle zu entwerfen. Die Kommunikation zwischen den mobile Endgeräten und den Backendsystemen soll ausschließlich über das Web-Kommunikationsprotokoll http stattfinden, sowohl bei Online-Kommunikation als auch der Synchronisation von Inhalten bei Offline-Szenarien.

Das Beispiel am Ende dieses Artikels gibt einen Einblick, wie diese Technologien zusammenspielen können, um robuste und vielfältige Szenarien zu ermöglichen.

Programmiermodelle

Bei ihrer Kommunikation mit dem R/3-System, ob bei Online-, Online On Demand oder Offline-Szenarien, benutzen mobile Endgeräte Techniken, die sich bei der Verbindung von SAP mit dem Internet in den letzten Jahren gewährt haben.

Besteht auf R/3-Seite eine konkrete Transaktion, so kann der ITS benutzt werden und zwar mit Vorlagen, die für das jeweilige Endgerät bestimmt sind. Wenn allerdings keine Transaktion in R/3 vorhanden ist, so muß man Business Application Programming Interface Bausteine (BAPIs) benutzen, um auf R/3-Funktionalitäten zuzugreifen. Die Implementierung der Anwendungslogik kann in diesem Fall auf unterschiedliche Art und Weisen gelöst werden:

- Nutzung des ITS und des Programmiermodells Flow Logic. Dabei benutzt der ITS weiterhin Templates. Bei dem Übergang von einem Template zum anderen findet dann punktuell eine BAPI-Abfrage statt.
- Verwendung von Java- oder VisualBasic-Programmen zur Implementierung der Logik. Dabei zieht man von SAP zur

2. mySAP mobile Business

Verfügung gestellte Konnektoren (wie der Java-Connector JCO oder der DCOM-Connector) heran.

- Aufruf von BAPIs mittels dem SAP Business Connector. Mit Hilfe des Entwicklungswerkzeuges des SAP Business Connectors kann man eine vollständige Logik entwerfen, die zudem Ergebnisse in Form von XML-Dokumenten beliebiger Art (Schemata) zurückliefern kann.
- Nutzung des SAP Web Application Server, wobei das SAP-System einen Webserver integrieren wird. Die server-seitigen Anwendungen müssen deshalb nicht mehr hinter vorgelagerten Webservern auf dedizierten Middleware-Rechner untergebracht werden, sondern werden direkt innerhalb des R/3-Systems wie vergleichbare ABAP-Programme entwickelt.

Beispiel eines mobilen Business Szenarios mit Zugriff auf R/3

Zur Verdeutlichung einiger Implementierungsmöglichkeiten sei hier ein Business Szenario vorgestellt, das bei der KPMG Consulting AG realisiert wurde.

Ablauf des Szenarios und beteiligte Rollen

Hierbei wurde der folgende Business Case aus dem Bereich Human Resource zugrunde gelegt:

1. Ein Mitarbeiter beantragt einen Urlaub über sein WAP-Handy. Diese Abwesenheitsmitteilung soll direkt im Backend R/3-System zum Zeitpunkt des Antrages angelegt sein.
2. Der Personalverantwortliche Manager des Mitarbeiters trifft eine Entscheidung bezüglich des Abwesenheitswunsches und zwar entweder über seinen PDA oder mit Hilfe seines Firmenrechners.
3. Diese Entscheidung wird dem Mitarbeiter in Form einer Email und SMS mitgeteilt.

In dem Geschäftsprozeß sind somit zwei Mitarbeiter mit unterschiedlichen Rollen beteiligt: der Mitarbeiter sowie der zugeordnete Manager. SAP R/3 ist das einzige System, in dem die HR-Daten gespeichert sind.

Es gibt viele reelle Anwendungsmöglichkeiten, die diesem Szenario ähnlich sind. Im Grunde handelt es sich um einen auslösenden Vorgang, der in einer nächsten Etappe genehmigt werden soll und - basierend auf dieser Entscheidung - startet dann eine bestimmte weitere Aktion. Weitere Beispiele sind die Genehmigung einer noch zu tätigenden Bestellung, oder die Freigabe einer Zahlung nach der Überprüfung einer eingehenden Rechnung.

Architektur und Realisierung

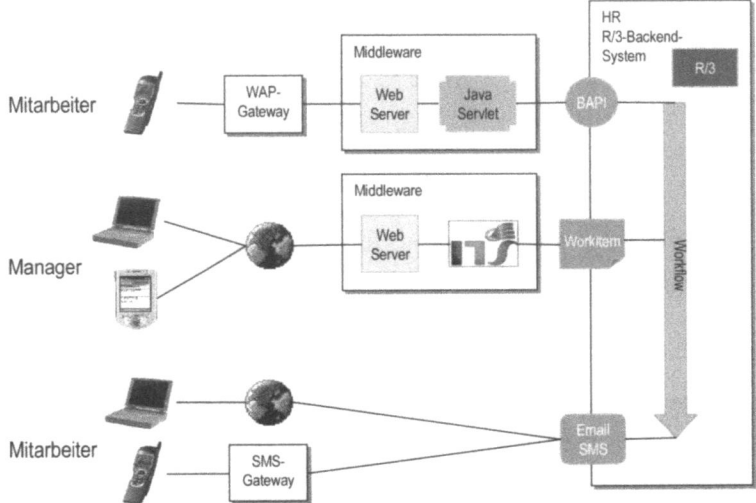

Abbildung 7: Systemarchitektur für das mobile Business Szenario

Abbildung 8 zeigt die dem Business Szenario zugrundeliegende Systemlandschaft.

Kernelement des Genehmigungsprozesses ist ein innerhalb von R/3 definierter Business-Workflow. Technisch gesehen startet der Mitarbeiter bei seiner Abwesenheitsmitteilung ein bestimmtes BAPI. Dieser Vorgang ist gleichzeitig das Startereignis für den Workflow. Im nächsten Schritt wird in R/3 automatisch der personalverantwortliche Manager des Mitarbeiters ermittelt und ihm eine Workflow-Mitteilung (Workitem) in seinen Eingangskorb eingestellt. Die Antwort des Managers (über PDA oder PC) wird vom Workflow aufgenommen und eine interne Mitteilung mit der Entscheidung des Managers an den Mitarbeiter gesendet. Mit passenden internen Einstellungen und installierter SAP-Komponente SAPConnect wird diese Mitteilung an eine externe E-mail-Adresse oder an einen SMS-Empfänger weitergeleitet.

2. mySAP mobile Business

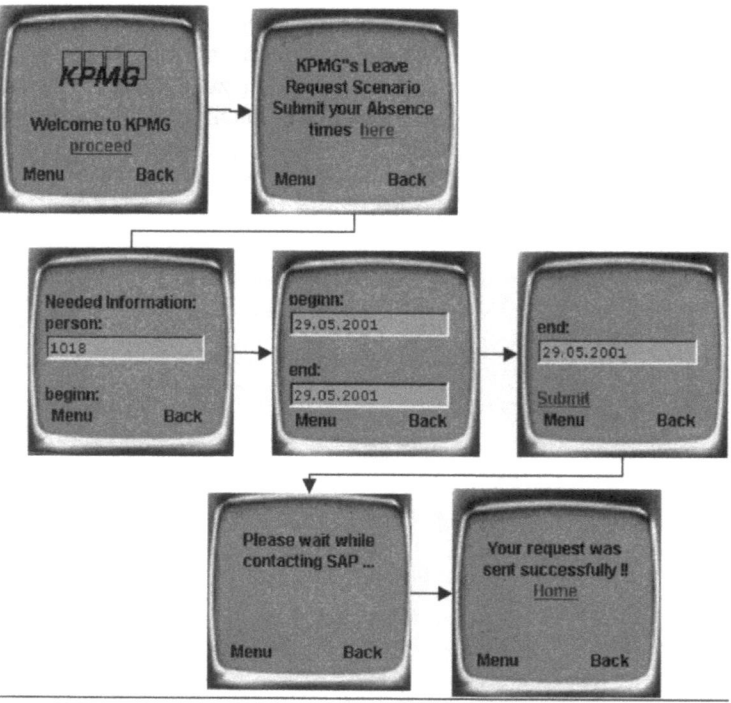

Abbildung 8: KPMG's Abwesenheitsmitteilung

Zusammenfassung

SAP wird in der nächsten Zeit unter der Initiative mySAP Mobile Business weitere Anwendungen für den mobilen Zugang liefern. Entscheidend für die internen Firmenprozesse sowie die involvierten Mitarbeiter und Benutzer wird sein, wie und vor allem wie schnell diese Standard-Anwendungen sinnvoll an die eigenen Gegebenheiten angepaßt werden können. Es wird darum gehen, mit allen verfügbaren Mitteln der heutigen offenen Internet Standards, maßgeschneiderte Lösungen für effiziente Prozesse zu entwickeln.

SAP hat relativ früh einen Rahmen für ihre Aktivitäten im Mobile Business Bereich definiert und hat damit die Grundlage für die Öffnung ihrer Plattform für die Nutzung über mobile Endgeräte gelegt. Durch diese offene Systemarchitektur ist seitens SAP die Grundlage für eine schnelle Implementierung verschiedenster nutzbringender mobiler Business-Szenarien sowie deren nahtlosen Integration in die bestehenden Systeme gelegt worden.

3. Die .NET- Stategie

Wie Microsoft das Internet der Zukunft gestaltet

Stefanie Rothenbücher, Microsoft GmbH

Einleitung

Das Internet wandelt sich zu einer wirklich übergreifenden Plattform – die totale Interaktivität ist Kern der Microsoft-Initiative .NET (sprich: „DOT-NET"). Diese Strategie umschreibt ein neues Architekturmodell und eine neue Plattform für die nächste Generation des Internet.

Auch in Zukunft wird das Internet weitgehend so aussehen wie heute – allerdings wird es um einiges intelligenter sein. Über 400 Millionen Menschen werden 2001 rund um den Globus auf etwa vier Milliarden Internet-Seiten zugreifen und dabei eine halbe Billion Dollar für Waren und Dienstleistungen ausgeben.

An die Stelle vieler isolierter Inseln, die mit zusätzlichen Aufwand integriert werden müssen, sollten Computer, intelligente Geräte und webbasierte Services treten, die nahtlos ineinander greifen und perfekt zusammenarbeiten. Außerdem muss der Nutzer eine 100-prozentige Kontrolle über das Internet haben und Informationen jeglicher Art jederzeit abrufen können. Das Internet muss darüber hinaus auch den Datenschutz und die Sicherheit des Nutzers gewährleisten, beispielsweise indem der Nutzer Zugriffsberechtigungen für seine privaten Informationen vergibt.

Microsofts .NET Strategie ist ein technischer Ansatz, der das heute bekannte Internet in eine gigantisch große Umgebung verwandeln wird. Jedem einzelnen Teilnehmer eines Netzwerkes wird es ermöglicht, Daten und Services aus dem Web zu ziehen und mit anderen zu interagieren – und dies völlig orts- und endgeräteunabhängig.

Insbesondere die Endgeräteunabhängigkeit ist als wirklicher Meilenstein in der Entwicklung des globalen und jederzeitigen Zugriffs auf Daten und Funktionalitäten zu sehen. Mitarbeiter können von jedem Ort auf die identischen (teils personalisierten) Services zugreifen – egal, ob man dies mit einem PDA oder einem Notebook initiiert. Die .NET-Strategie hat das Ziel, die mobile Unabhängigkeit entsprechend zu forcieren und zu optimieren.

3. Die .NET- Stategie

Die .NET-Strategie erlaubt die Transformation von klassischen Applikationen und Websites zu leistungsstarken Webservices. Basierend auf standardisierten Datenformaten und Protokollen wie XML (eXtensible Markup Language) und SOAP (Simple Object Access Protocol) soll die Integration von Geschäftsprozessen auch über Unternehmens- und Plattformgrenzen hinaus möglich werden. Auf diese Weise vernetzt die Softwaregeneration .NET das Web, Netzwerke, Geräte und Dienste. Kapitel 2 beschreibt die wesentlichen Funktionalitäten der einzelnen .NET Systembestandteile.

Im dritten Kapitel des vorliegenden Beitrags wird ein kurzer Überblick über die unterschiedlichen mobilen Endgeräten gegeben. Dabei wird der Fokus nicht auf Marken oder Hersteller, sondern auf die verschiedenen Ausprägungen der Endgeräte gelegt – wie z.B. Displaygröße, die Stand-By-Zeiten etc.

Ein Rückblick auf die *TechEd 2001* in Barcelona ist in Kapitel 4 vorzufinden. KPMG und Microsoft haben in Kooperation mit Compaq und Telefonica Moviles SA auf dieser Konferenz das bislang größte Wireless Local Area Network (WLAN) installiert. In diesem Zusammenhang werden die aufgesetzten technischen Lösungen beschrieben, die die Besucher von Microsofts wichtigster Entwicklerkonferenz wahrnehmen konnten.

Die .NET-Strategie von Microsoft

Ziel der .NET-Strategie ist es, das Internet wesentlich produktiver und gleichzeitig zu einer Sammlung von vielfältigen, personalisierten Services zu machen, die zu jeder Zeit und an jedem beliebigen Ort verfügbar sein sollen. Dabei spielt es keine Rolle, mit welchem Endgerät der Benutzer arbeitet und ob das Internet von Privatanwendern oder von Unternehmen genutzt wird.

Das Microsoft-Konzept für das Internet der Zukunft besteht aus den Komponenten:

- dem .NET-Framework
- den .NET Enterprise Servern
- den Web Services
- und den .NET-Endgeräten.

Die einzelnen Komponenten werden an dieser Stelle kurz vorgestellt, damit sich der Leser einen Überblick von der .NET-Stratgie verschaffen kann. Den .NET-Endgeräten wird dabei auf Grund der umfangreichen Spezifikationen ein Extrakapitel gewidmet, Kapitel 3.

Der .NET Framework

Der **.NET Framework** ist eine Plattform zum Erstellen, Bereitstellen und Ausführen verteilter Webdienste und Anwendungen. Es ist Teil der .NET-Gesamtinitiative und im engeren Sinne das Ergebnis zweier Projekte.

Das endgültige Produkt wird die Produktivität des Programmierers, die Bereitstellung und die zuverlässige Ausführung von Anwendungen erheblich verbessern. Hierbei handelt es sich um ein völlig neues Computing-Konzept: das Konzept der Webdienste, d.h. lose miteinander verknüpfte Anwendungen und Komponenten, die speziell für die heutige heterogene Computing-Landschaft ausgelegt sind und Standarddatenformate- und protokolle wie XML und SOAP verwenden.

Zahlreiche proprietäre Lösungen unterstützen nur eine Sprache und Programmanpassungen mit „Rip-and-Replace" (Entfernen und Ersetzen). Es wird meistens ein kleinster gemeinsamer Nenner an Funktionalität für unterschiedliche Betriebssysteme geboten. Bei dem .NET-Framework handelt es sich hingegen um eine mehrsprachige, integrierte Lösung, die alle Schlüsselfunktionen des zugrundeliegenden Betriebssystems nutzt.

Die .NET Enterprise Server

Die neuen **.NET Enterprise Server** wie z.B. der Microsoft *Mobile Information 2001 Server* bilden die ersten Produkte auf der .NET-Plattform von Microsoft. Sie bieten Funktionen, die für die Entwicklung und Verwaltung der .NET-Dienste und herkömmlichen Web-Anwendungen wichtig sind, wie z. B.:

- Hohe Zuverlässigkeit und Skalierbarkeit
- Instrumentarium für Geschäftsprozesse
- Benutzerfreundliche Datenbanksysteme mit intergrierter XML-Unterstützung
- Dokumentenaustausch zwischen Unternehmen mit XML
- Integration mit Hostsystemen und deren Daten

Der *Mobile Information 2001 Server* ist ein mobiler Application-Server, der mobilen Benutzern Zugriff auf den Exchange Server,

3. Die .NET- Stategie

Intranet-Anwendungen und sonstigen Services gewährt. Werden die oben genannten verschiedenen Server miteinander kombiniert, können auch volumenreiche Datenflüsse mobil transportiert werden.

Der .NET Web Service

Web Services, basierend auf offenen Standards (XML und SOAP), können unabhängig von den eingesetzten Plattformen, Betriebssystemen oder Endgeräten über das Internet nahtlos miteinander integriert werden. Das Hauptziel besteht dabei darin, die Arbeitseffektivität- und produktivität von Benutzern durch optimale Personalisierbarkeit und Konsistenz zu steigern. *Hailstorm* lautet der Codename, unter dem Microsoft im Rahmen der .NET-Initiative derzeit eine Gruppe innovativer Internettechnologien entwickelt. Die unter dem Namen *Hailstorm* vorgestellten Services bewirken, dass Benutzer sich nicht mehr auf die unterschiedlichen Technologien ausrichten müssen, sondern sich die *Technologien an die Bedürfnisse der Benutzer anpassen.* Dieser Punkt ist in Anbetracht der starken Heterogenität der mittlerweile zahlreichen mobilen Endgeräte als besonders charakteristisch herauszustellen.

Im Gegensatz zu heute, wo Informationen von Anwendern noch auf eine Vielzahl von Geräten und Datenquellen verteilt sind, ermöglichen diese Services erstmals die zentrale Verwaltung und Kontrolle sämtlicher persönlicher Daten im Internet. Die Web Services, die hierfür in Form durchgängig personalisierbarer Online-Dienste bereitgestellt werden, umfassen unter anderem elektronische Adressbücher, Profile sowie Eingangsfächer für akustische oder geschriebene Nachrichten. Diese Dienste können dann auch von mobilen Geräten abgefragt werden, sofern diese Clients eine entsprechende „Mindest"-Kompatibilität und Leistungsfähigkeit – wie z.B. Displaygröße, spezielle Decoder etc. – aufweisen.

Die Sicherheit der über die Dienste vermittelten Informationen wird durch die Integration der Authentifizierungstechnologie *Passport* gewährleistet, die Microsoft bereits im Zusammenhang mit seinem kostenlosen Webmail-Dienst Hotmail einsetzt. Sowohl bei Passport als auch den einzelnen *Hailstorm*-Services ist eine Weitergabe von Informationen nur mit der ausdrücklichen Zustimmung des Benutzers möglich.

Die unterschiedlichen Funktionalitäten von mobilen Endgeräten

In einigen Jahren wird es weltweit mehr als eine Milliarde mobiler Endgeräte mit Internetzugang geben. Ihre Benutzer werden dabei zum überwiegenden Teil aus der Gruppe der mobilen Unternehmensmitarbeiter stammen. Es zeichnet sich dabei ab, daß die primären Anwendungen im B2B-Bereich entstehen werden. Um dieser wachsenden Nachfrage gerecht zu werden, konzentriert Microsoft seine Entwicklungsbemühungen hauptsächlich auf drei Typen mobiler Geräte:

- den Featurephones
- den Smartphones
- den Pocket PCs

Unabhängig von der Art und vom Funktionsumfang des Clients fügen sich alle Geräte nahtlos in die .NET-Strategie ein und sind als Teil der gesamten Ausrichtung zu sehen.

Featurephones

Diese Geräte ähneln in Punkto Design und einigen Basisfunktionen den herkömmlichen Mobiltelefonen, sind aber hinsichtlich Datenaustausch mit anderen Geräten und Konfigurierbarkeit leistungsfähiger. So zeigt zum Beispiel der Microsoft Mobile Explorer (u.a. in Geräten von Benefon, Sony und Samsung) nicht nur WML-Seiten an, sondern auch die im Internet verwendeten HTML-Seiten. Featurephones verfügen über eher kleine Displays, was zu kompakten Gerätedimensionen führt. Die Übersichtlichkeit bei der Darstellung von Web-Inhalten wird aus diesem Grund jedoch stark eingeschränkt.

Smartphones

Diese Clients orientieren sich zwar in vielerlei Hinsicht an Handys, gehen aber in ihrer Leistungsfähigkeit deutlich darüber hinaus. So erlaubt die unter dem Codenamen *Stinger* von Microsoft entwickelte Technologie die Herstellung von Geräten mit großen Farb- oder Schwarz/Weiß-Anzeigen (208 x 240 Pixel), die sowohl innerhalb von Funknetzen als auch ohne Verbindung einsetzbar sind. *Stinger* eröffnet nicht nur den drahtlosen Zugang zu Unternehmensnetzen und dem Internet einschließlich E-Mail und E-Commerce, sondern gestattet auch sog. PIM- (Personal Information Management-) Anwendungen. Auf diese Weise stehen dem

3. Die .NET-Stategie

Benutzer z.B. Outlook-Adreßdaten sowie ein Terminkalender zur Verfügung, die per Mobilfunknetz oder via USB (Universal Serial Bus) synchronisierbar sind.

Dabei zeichnen sich Smartphones durch ein gutes Gewicht/Leistungsverhältnis aus: so lassen sich auf der Grundlage von *Stinger* Stand-By-Zeiten von bis zu 100 Stunden mit eingeschaltetem Display erzielen, während das Gewicht eines derartigen Mobiltelefons auf unter 110 Gramm sinkt und somit deutlich leichter ist als das vieler bisheriger Modelle. Die Unternehmen Sendo und Trium entwickeln aktuell bereits Smartphones auf der Basis von *Stinger*.

Pocket PCs

Pocket PCs sind sehr leistungsfähige und erweiterungsfähige PDAs (Personal Digital Assitstants), die per Stift bedient werden. Das Betriebssystem des Pocket PCs basiert auf Windows CE 3.0 und enthält bereits viele Applikationen, die die mobile Nutzung von Daten ermöglichen.

Als Beispiel ist das Lesen von E-Books, Abspielen von MP3-Musiktiteln sowie die Pocket Office-Familie (Pocket Word, Pocket Excel) zu nennen. Generell verdienen die Pocket PCs die Bezeichnung „Mini-PC", da sie sich als Plattform für eigenständige Applikationen hervorragend eignen. Casio, Compaq, Hewlett-Packard, Sagem, Mitsubishi und Siemens haben bereits entsprechende Pocket PC verfügbar oder angekündigt.

Das Einsatzgebiet von Pocket PCs reicht weit über das der reinen elektronischen Organizer hinaus.

Die größten Vorteile zeigt das neue Microsoft Betriebssystem Pocket PC 2002 zum Beispiel im Bereich der Kommunikation – ganz so, wie es sich für ein Mobilbetriebssystem gehört: Integrierter Netzwerkclient, Virtual Private Network (VPN-) Verbindungen über das Point-to-Point-Tunneling (PPTP-) Protokoll oder der Zugriff auf die Windows 2000 und Windows XP Terminal Services sind hier als highlights zu nennen.

Darüberhinaus sind bereits viele Applikationen wie z.B. die Pocket Versionen von Microsoft Word und Excel, Pocket Outlook, der Microsoft e-Book Reader, der Windows Media Player 8.0 und der MSN Instant Messaging Client im Lieferumfang enthalten.

Vor allem für berufliche Nutzer werden Pocket PCs mit Pocket PC 2002 so zu einer leistungsfähigen Plattform, die jederzeit und an jedem Ort zur Verfügung steht. Gerade mit Hilfe der Terminal Services von Windows XP können Mitarbeiter eines Unternehmens mit höchster Sicherheit auf alle Firmenserver unter Windows zugreifen – mit alphanumerischen Passwörtern und allen Sicherheitsmerkmalen der VPN-Technologie. Selbst die Fernwartung eines Servers mit einem Pocket PC wird so für jeden Administrator möglich. Unabhängig von Arbeitsplatz oder Aufenthaltsort. Der Verbindungsmanager unterstütz die Anwender und hilft bei der Einrichtung mehrerer Zugänge, etwa von zu Hause aus, im Büro oder von unterwegs, wobei sogar Winsock und Proxy-Server Verbindungen möglich sind.

Auch die drahtlose Kommunikation, eine der sicherlich bedeutendsten Verbindungsarten der Zukunft, wird von Pocket PC 2002 unterstützt. Die Kompatibilität geht von Bluetooth-gestützten Personal Area Networks (PANs) über Local Area Networks (LANs) auf Basis von IEEE 802.11b bis hin zu Wide Area Networks (WANs), die beispielsweise über 2.5G oder 3G Mobilfunkstandards wie General Packet Radio Services (GPRS) genutzt werden können. Für die Synchronisation von Daten steht mit Active-Sync 3.5 eine neue, verbesserte Synchronisationssoftware zur Verfügung. Damit können Anwender jetzt ihren Outlook E-Mail Posteingang inklusive allen Unterordnern synchronisieren, zusätzlich ist jetzt auch der direkte Datenabgleich mit einem Microsoft Exchange Server in Verbindung mit dem Mobile Information Server 2002 integriert.

Für den Einsatz auf Pocket-PCs stehen mobile Versionen zahlreicher Business- und Unterhaltungsanwendungen bereit. Produkte wie die mobile Datenbankanwendung *SQL Server 2000 Windows CE Edition* und der erst kürzlich vorgestellte *Mobile Information Server 2001* ermöglichen die Einbindung des mobilen Arbeitsplatzes in die Unternehmensinfrastruktur. Bereits vorhandene Unternehmensanwendungen können somit für die Nutzung auf mobilen Endgeräten wie dem Pocket PC erweitert werden. Zusätzliche Hardware- und Softwareoptionen ermöglichen eine flexible Anpassung der Mini-Computer an die Anforderungen der jeweiligen Benutzer.

Dabei entspricht der Pocket PC den höchsten Sicherheitsstandards, die für den Einsatz im Unternehmensumfeld zu Grunde gelegt werden können. Kombinierte drahtlose Kommunikationslösungen, die die Funktionalitäten von Handys und Pocket-PCs in einem einzigen Gerät vereinigen, sind derzeit nur in Europa erhältlich. Hierzu zählen das *WA 3050* von *Sagem* und das *Mon-*

3. Die .NET- Stategie

do von *Trium* – zwei Geräte, die zwar größer als herkömmliche Handys sind, dafür aber hinsichtlich mobiler Kommunikation und drahtlosem Datenzugriff einen erstaunlichen Leistungsumfang bieten.

Das Engagement von Microsoft im Mobility-Markt beschränkt sich nicht nur auf Feature Phones, Smart Phones oder Pocket-PCs. Auch in anderen Bereichen kooperiert Microsoft mit Partnern, um Lösungen mit umfassendem Funktionsspektrum zu entwickeln. Dank der Flexibilität und den Leistungsmerkmalen der Plattform Windows CE 3.0 können Partner Technologien entwickeln, die den Anforderungen der Anwender entsprechen. So kooperiert Microsoft in Großbritannien mit dem Unternehmen *Orange*, das mit dem *Orange Videophone* noch dieses Jahr in Europa eine Kombination aus Pocket-PC und mobilem Videotelefon auf den Markt bringt. Zudem hat Microsoft die Plattform *Windows for Smart Cards* entwickelt, die den Zugriff auf Internet- und E-Mail-Daten per GSM-Handy ermöglicht.

Business Study: *TechEd 2001* in Barcelona

In diesem Abschnitt wird eine bisher einmalige praktische Umsetzung der .NET-Strategie aufgezeigt. Die *TechEd Europe* ist der jährliche europäische Event von Microsoft, der sich an Entwickler und Branchenexperten wendet. Es ist die wichtigste Konferenz für Software-Lösungen auf den Plattformen von Microsoft.

Microsoft, KPMG Consulting, Compaq und Telefonica Moviles SA installieren das bisher größte WLAN weltweit auf der *TechEd 2001* in Barcelona

Im Rahmen der TechEd Europe hat KPMG Consulting das bisher größte Wireless Local Area Network in Kooperation mit Microsoft gebaut. Der Microsoft .NET-Framework inklusive des Microsoft Mobile Information Servers (MMIS) bildete die technische Grundlage für das Netzwerk. Serverseitig wurde dabei der sog. *Conference Assistant* aufgesetzt und installiert. Der *Conference Assistant* ist somit als die zentrale Informationsschaltstelle für alle Besucher der Konferenz anzusehen.

Der *Conference Assistant* konnte auf der *TechEd Europe* von über 7000 Usern gleichzeitig benutzt werden. Jeder der Benutzer konnte dabei entweder über PDA, PC oder über einen Mobiltelefon auf die Plattform zugreifen. Die zur Verfügung gestellten Funktionalitäten reichten dabei von klassischen Kommunikationsdienstleistungen über speziell eCommerce-Services wie „Real-

Time"-Auktionen. Des Weiteren wurde eine Direktverbindung zum Konferenzmanagement zur Verfügung gestellt, d.h. die Teilnehmer wurden über Zeitverschiebungen oder Raumplanänderungen stets direkt informiert.

Ein weiterer wesentlicher Bestandteil der technischen Plattform ist der *„Store and Forward"*-Framework. Dieser Framework – von KPMG konzeptioniert- wurde für die .NET-Vision technisch umgesetzt. Das *TechEd*-Gelände war mit über 80.000 Quadratmetern sehr groß. Das WLAN deckte jedoch nicht die gesamte Fläche ab. Hier setzt die *„Store and Forward"*-Technologie ein: solange der Benutzer direkt im Netz an den Conference Assistant angeschlossen ist, werden die Updates und eMails jeweils direkt vom Server auf den Client geschickt und umgekehrt. Befindet sich der Benutzer hingegen außerhalb der Reichweite des WLANs, werden die Daten bzw. Emails serverseitig und clientseitig so lange gespeichert, bis der Benutzer wieder in Funkreichweite ist. Die Synchronisation zwischen den mobilen Clients und dem Server geschieht dann automatisch im Hintergrund bei Bestehen der Funkverbindung.

Anwendungsbeispiele für mobile Services auf der *TechED 2001*

Im Folgenden werden die vier Anwendungen kurz vorgestellt, die auf der *TechED 2001* im Rahmen des WLANs zum Einsatz kamen. Dies sind:

- Feedback Formulare
- Conference Planner
- Wireless Auction
- Mobile Outlook – Personal Information Management

Feedback Formulare – Business Application

Mit Hilfe der sogenannten Business-Applikationen können sowohl offline als auch online zum Beispiel Fragebögen ausgefüllt werden, die ein Restaurant, eine Konferenz oder ein Hotel bewerten. Sobald man in den Geltungsbereich des WLANs eingetreten ist, werden die Daten mit dem Server synchronisiert und die Feedbacks an den zuständigen Manager gesendet. Unterstützt wird diese Funktionalität mit der sog. „Store and Forward"-Technology.

Conference Planner – Knowledge Management Application

Der Conference Planner ermöglicht dem Benutzer eine permanente Online-Verbindung zum Organisationsteam einer Konferenz. Von KPMG Consulting entwickelt, kann der Planer von Event zu Event transportiert werden. Der Benutzer hat dann den Vorteil, daß er im Minutentakt die neuesten Informationen oder Zeitplanänderungen von Präsentationen oder Terminen im allgemeinen erhält – und dies direkt vom zentralen Konferenzenmanagement. Diese Dienste haben demnach einen intensiven *Push-Charakter* mit einem hohen Mehrwert für den Empfänger. Des Weiteren kann der Besucher direkt Kontakt aufnehmen zu einzelnen Referenten oder Kollegen elektronisch zu bestimmten Vorträge einladen.

Wireless Auction: Catalogue – eCommerce

Die Applikation „Wireless Auction" ist ebenfalls von KPMG entwickelt worden. Es handelt e sich dabei um die größte mobile Auktionsplattform die jemals in einem konsistenten mobilen Netzwerk installiert wurde. Diese Auktions-Anwendung demonstrierte die Mobilität und die Integration von kommerziellen Angeboten.

Jeder Konferenzteilnehmer konnte sich über eine entsprechende Schnittstelle entweder über sein Notebook oder direkt über einen Handheld in das WLAN einwählen. Compaq als Kooperationspartner stellte dabei zahlreiche iPaqs zur Verfügung. Jeder Benutzer konnte sich vorab einen Katalog auf den iPaq herunterladen. Im Rahmen der Auktion konnten anschließend verschiedene Wertgegenstände ersteigert werden. Insgesamt hatte die Auktion eher einen Präsentations- bzw. Marketingcharakter, d.h. es ging im Wesentlichen um die Darstellung der Funktionalitätsmöglichkeiten in einem WLAN.

Über den Handheld oder das Notebook konnte man sich flexibel in das WLAN einloggen, mitbieten und nach erfolgreichen Ersteigern wieder in den Offline-Modus wechseln. Die Lösung wurde neben dem Einsatz von Microsoft Commerce 2000 Servern und Microsoft Mobile Information Servern (MMIS) auch durch die Integration von Telefonica Moviles' Switching Center realisiert. Das Switching Center hat dabei bei bestätigten Aktionen den entsprechenden Benutzern SMS- Nachrichten an die Mobiltelefone herausgesendet.

Mobile Outlook – Personal Information Management

Durch die Integration der MMIS und Telefonicas Switching Center konnten Benutzer über WAP-fähige Mobiltelefone an den Server angeschlossen werden. Durch diese Verbindung hatte man Zugriff auf sein Microsoft Mobile Outlook Programm, d.h. auf Funktionalitäten wie Inbox, Kalendar, Kontakte. Emails konnten direkt geschrieben und versendet werden und auktionsrelevante SMS-Nachrichten (siehe oben Wireless Auction) wurden direkt auf die Mobiltelefone geschickt.

Zusammenfassung

Das TechEd Szenario beweist eindrucksvoll, welche Einsatzmöglichkeit die mobile Vernetzung von Daten und Diensten durch .NET in Zukunft ermöglicht werden. So wird innovatives Eventmanagement die Qualität von Konferenzen wesentlich verbessern.

Dazu werden Services beitragen wie z.B eine Simultanübersetzung und Video Live-Streams, die während eines Vortrages über den Pocket PC abgerufen werden können - bis hin zu Navigationsdiensten für die Teilnehmer.

Aber auch im Business Umfeld wird die .NET Architektur im Zusammenspiel mit intelligenten Clients einen Beitrag zur Schaffung effizienter Geschäfts- und Kommunikationsprozesse leisten.

Schon heute haben Geschäftsreisende dank des *Mobile Information Servers* mobilen Zugriff auf Ihre persönlichen Daten wie Kontakte, E-mails, Termine und Aufgaben. Mit der Verfügbarkeit größerer Übertragungsbandbreiten sind mittelfristig auch mobile Videokonferenzen, document sharing und die Versorgung mit orts- und personenspezifischen Informationen wie z.B. Reiseinformationen oder Benachrichtigungen bzgl. des Status eines wichtigen Kundenauftrages.

Interessante Szenarien sind ebenfalls im Gesundheitswesen denkbar. So arbeitet Microsoft derzeit auch mit Partnern zusammen, um Lösungen im Bereich der mobilen Patientenbetreuung und bei der Notfalldiagnose am Unfallort zu realisieren.

Mobilität ist ein fundamentaler Bestandteil der Microsoft .NET Strategie. Die Realisierung dieser Strategie bedeutet nicht nur die intelligente Vernetzung von Informationen, Diensten und Endgeräten - sondern auch einen Beitrag von Partnern, zur Verwirklichung einer mobilen end-to-end Kommunikation beizutragen.

4. Die Chancen des mobilen Internets nutzen

Mobile Internetseiten und Anwendungen mit dem Application Server Wireless

Anya Elis, ORACLE Deutschland GmbH

Einleitung

Es ist schön, für ein Unternehmen zu arbeiten, das seine mobile Philosophie selbst lebt. Für mich als Mitarbeiterin bedeutet dies, dass ich zum Beispiel jederzeit und überall Zugriff auf die Kontaktdaten aller meiner etwa 43.000 Kollegen weltweit habe. Zugegebenermaßen braucht man ca. 40.000 davon nie und 2.000 davon recht selten; aber wie oft schon hat ein Kollege ein Geschäft beschleunigt, der gerade nicht in meinem Handheld eingespeichert war. Es ist wirklich selten, dass ein Geschäftsabschluss davon abhängt; aber wenn er beschleunigt werden kann, liegt das meist an der Überzeugung und dem Vertrauen des Geschäftspartners. Ich muß zugeben, dass ich vor zwei Jahren auch sehr beeindruckt gewesen wäre – heute empfinde ich es als selbstverständlich, mobil auf die Daten in unserem Firmennetzwerk zugreifen zu können.

In meiner alten Firma saß ich oft das ganze Wochenende vor dem PC. Das Modemkabel reichte zwar bis auf die Terrasse, aber das richtige Freizeitgefühl kam dabei natürlich nicht auf. Heute arbeite ich nur noch selten am Wochenende, weil ich während der normalen' Arbeitszeit alles erledigen kann, obwohl die Arbeit keinesfalls weniger geworden ist. Für meine Emails zum Beispiel habe ich die große Auswahl, egal wo ich bin:

- Ich wähle mich mobil ins Internet ein und lade meine Emails auf meinen Laptop oder
- Ich ziehe sie mir über die GSM Karte in meinem Handheld in das dortige Email Programm oder
- Ich lasse mir meine Emails am Mobiltelefon vorlesen und beantworte sie gleich auf demselben Weg.

Bin ich privilegiert? Eigentlich überhaupt nicht.

Ein Szenario-Vergleich

- **Szenario A**

Ich habe einen Termin in Frankfurt und muss gleich weiter nach Hamburg. Am Frankfurter Flughafen treffe ich einen Geschäftspartner und vereinbare mit ihm ein Arbeitsessen am selben Abend. Währenddessen ruft ein weiterer Geschäftspartner meine Assistentin an und vereinbart ebenfalls einen Termin für mich an diesem Abend in Hamburg. Die Assistentin sieht in meinem Kalender, dass der Termin noch frei ist und trägt ihn ein. Dann ruft sie mich an, kann mir aber nur eine Nachricht auf die Mobilbox sprechen, da ich inzwischen im Flugzeug sitze. Als ich in Hamburg ankomme, höre ich die Nachricht, erkenne den Konflikt und rufe die Assistentin an, damit sie einen neuen Termin macht. Das kann allerdings dauern. Ich nehme mir am Flughafen einen Mietwagen, der natürlich kein Navigationssystem hat, und stelle fest, dass ich die Anfahrtsbeschreibung zu meinem Termin auf dem Schreibtisch habe liegen lassen. Nach 4 Anrufen komme ich eine halbe Stunde zu spät, weil ich auch noch 15 Minuten lang einen freien Parkplatz gesucht habe.

- **Szenario B**

Ich habe einen Termin in Frankfurt und muss gleich weiter nach Hamburg. Am Frankfurter Flughafen treffe ich einen Geschäftspartner und vereinbare ein Arbeitsessen am selben Abend. Über WAP trage ich den Termin in meinen Kalender im Intranet ein. Währenddessen ruft ein weiterer Geschäftspartner meine Assistentin an und will mit ihr einen Termin mit mir am selben Abend vereinbaren. Die Assistentin sieht in meinem Kalender, dass der Termin belegt ist und vereinbart einen freien Termin. Der Kalender schickt mir automatisch eine SMS-Benachrichtigung, damit ich über den Neueintrag / die Änderung Bescheid weiss. Ich nehme mir am Flughafen einen Mietwagen, der natürlich kein Navigationssystem hat, brauche aber keine Anfahrtsbeschreibung zu meinem Termin, da mir wahlweise mein Handy per WAP oder mein Handheld per Karte den Weg weist. Dort angekommen, wird mir der nächste freie Parkplatz angezeigt, den ich auch gleich per Handy bezahlen kann, ebenso den Kaffee, den ich jetzt noch Zeit habe zu trinken.

Zugegebenermaßen ist der letzte Satz noch Zukunftsmusik, aber ansonsten ist Szenario B bereits Wirklichkeit. Konnten Sie sich vor 5 Jahren vorstellen, dass Email einmal große Teile Ihrer Telefongespräche ersetzen würde, oder dass Sie eine CD, die Sie sich

4. Die Chancen des mobilen Internets nutzen

über das Internet kaufen, vorher online anhören und dann online bezahlen würden? Natürlich war das Internet anfangs langsam und unzuverlässig, aber innerhalb kürzester Zeit entwickelte es sich zu einem unverzichtbaren Teil unseres Lebens.

Mobile Technologien werden Unternehmen von Grund auf effizienter machen. Dies wird neue Chancen sowohl für den Dienst am Kunden als auch neue Geschäftsmodelle eröffnen.

Als Antwort auf die Herausforderungen, denen sich Unternehmen beim Übergang von Web zu Mobil gegenübersehen, bietet Oracle eine umfassende und ausgereifte mobile Lösung, die wir auch selbst einsetzen; diese umfasst führende Software-Plattformen und Entwicklungswerkzeuge sowie ein integriertes Paket von mobilen E-Business Anwendungen basierend auf dem Oracle 9i Application Server mit der Wireless Option.

Die Funktion des Mobilen Application Servers im Gesamtzusammenhang eines mobilen Netzwerks wird in den folgenden Kapiteln dargestellt.

DAS MOBILE INTERNET – Chancen und Herausforderungen

Der Anbruch des Internet-Zeitalters bewirkte eine globale Verschiebung der Standards, als Unternehmen rapide ihre Geschäftsmodelle änderten, um *E-Unternehmen* zu werden. Auf den Fersen der Internet Revolution verspricht der *mobile* Zugang zum Internet nun eine *neue* Revolution zu entfachen: in der Art wie wir Geschäfte machen und unser tägliches Leben führen.

Es gibt eine Reihe von Gründen, warum das mobile Internet so vielversprechend ist:

- Zunächst bieten mobile Endgeräte eine *"ständige Internetverbindung"*: das bedeutet, dass Benutzer nicht mehr nur von ihrem Schreibtisch aus Zugang zum Internet haben, sondern jederzeit und überall. Dadurch bietet das mobile Internet nicht nur für bestehende Nutzer einen Mehrwert, es kann auch neue Schichten von Internet-Benutzern hervorbringen.

- Zusätzlich machen mobile Endgeräte den Internetzugang "kostengünstiger" für die meisten Benutzer. Die Anschaffung mobiler Endgeräte ist fünf- bis zehnmal preiswerter als Personal Computer. In vielen Ländern werden mobile Endgeräte deutlich häufiger und intensiver verwendet als Desktops.

- Ausserdem können mobile Endgeräte das Internet in einigen Fällen "*benutzerfreundlicher*" machen. Es ist schwierig, auf mobilen Endgeräten zu tippen, und ihre Bildschirmdarstellung ist normalerweise sehr eingeschränkt, so dass sie für das Surfen im Internet nicht wirklich geeignet sind. Verschiedene neue Technologien wie "Voice Browsing" (Navigation per Stimme) und "Text-to-Speech Conversion" (Umwandlung von Text in Sprache) erlauben es aber mobilen Benutzern, Email-Nachrichten am Telefon abzuhören und in Webseiten zu navigieren, indem sie in ihr Mobiltelefon sprechen.

Warum sollten Unternehmen mobil werden?

Alle „E-Unternehmen" sollten heute mobile Technologien anwenden. Jedes E-Unternehmen sollte seine auf Angestellte und Partner ausgerichteten Anwendungen mobil verfügbar machen. Mobile E-Unternehmen sind effizienter, können ihren Kunden besseren Service bieten und nehmen Chancen schneller wahr, weil sie mit ihren Partnern immer und überall in Kontakt sein können:

- "Immer und überall" Zugang zu zentralen Kundeninformationen ermöglicht bisher unerreichbare Ebenen der Vertriebseffizienz und Kundenzufriedenheit
- Mitarbeiter, die im Aussendienst arbeiten, wie z.B. Anlagenverwaltung und Kundendienst, können sich einfacher informieren. Auch ihre Arbeitsabläufe werden rationalisiert, wenn sie von jedem Ort aus Zugang auf internetbasierte Unternehmenssysteme haben.
- Eine neue Generation von Internet Anwendungen nutzt die Möglichkeit drahtloser Netzwerke, mobile Endgeräte zu orten. Kombiniert mit dem Zugang zu vorhandenen geographischen Informationssystemen in Echtzeit können diese sogenannten "Location Based Services" (ortsabhängige Dienste) Lieferketten und Lieferprozesse wesentlich verbessern.
- Mit dem ständigen Zugriff auf Intranet-Anwendungen wie Reisekostenabrechnung und online Beschaffung über mobile Endgeräte können Mitarbeiter die Kosten für die Administration senken.
- Die Produktivität der Mitarbeiter erhöht sich in gleichem Maße, wie sich der mobile Zugang in Echtzeit auf Personal

Information Management (PIM) Anwendungen (Email, Kalender, Aufgaben etc.) bei den Unternehmen durchsetzt.

- Eine neue Art von mobilen Business-to-Business Anwendungen breitet sich aus. Oracle bietet bereits die Basis für mehrere mobile Business-to-Business Anwendungen, mit denen Geschäftspartner über mobile Endgeräte und drahtlose E-mails oder SMS-Nachrichten 24 Stunden am Tag Informationen austauschen, Transaktionen durchführen und kommunizieren können.

Jedes *Internet Portal*, gleich ob es Firmen- oder Endkunden bedient, sollte ein mobiles Portal werden. Benutzer von Internetportalen warten darauf, jederzeit und überall Zugang zu den personalisierten Informationsservices zu bekommen, die sie am PC zu schätzen gelernt haben. Und *Content-Anbieter* würden nur zu gerne ihre Inhalte allen Benutzern zur Verfügung stellen, egal ob diese einen PC oder ein mobiles Endgerät verwenden.

Jeder *Netzbetreiber* sollte eine mobiles Internet Portal betreiben. Mobiler Zugriff auf Daten und Anwendungen wird die Art und Weise verändern wie Kunden weltweit auf Informationen zugreifen, Informationen austauschen oder Güter und Dienstleistungen kaufen. Eine neue Generation von Online Services und 'M-Commerce' Anwendungen werden es mobilen Abonnenten bald weltweit ermöglichen, mit ihren mobilen Endgeräten auf ein globales Netzwerk von Informationen, Produkten und Dienstleistungen zuzugreifen. Die Chance für einen Netzbetreiber ist es, die vorhandenen Beziehungen mit seinen Telefonkunden so zu erweitern, dass er der bevorzugte Lieferant für mobile Datendienste wird. Dies kann durch die Entwicklung und den Einsatz von mobilen Internet Portalen erreicht werden, die Benutzern einen personalisierten Satz mobiler Datenservices zur Verfügung stellen. Zudem können mobile Mehrwertservices zusätzliche Minuten und/oder zusätzliches Volumen auf dem drahtlosen Netzwerk verursachen, Datenverkehr mit höheren Margen generieren und neue Kunden anziehen, während die Bindung der bestehenden Kunden erhöht wird.

Jede *Bank* und jedes *Finanzinstitut* sollte ein mobiles Internet Portal betreiben. Mit einem schnellen Wachstum beim mobilen Zugriff auf Inhalte und Dienstleistungen wird eine Explosion des Mobile Commerce einhergehen. Mobile Kunden werden in einem sicheren Umfeld Produkte und Dienstleistungen kaufen und fortgeschrittene finanzielle Transaktionen von allen mobilen Geräten aus tätigen wollen. Für Unternehmen, die finanzielle

Dienstleistungen anbieten, existiert hier die Chance, ein bevorzugter Dienstleister von mobilen Online-Zahlungsdiensten zu werden. Die Ausweitung vorhandener internetbasierter Bankendienstleistungen auf alle mobile Endgeräte ist ein notwendiger Schritt, den alle Banken und Finanzinstitute heute machen müssen. Dies eröffnet einen neuen Kurs für ihre Dienstleistungen und macht sie bereit für die kommende M-Commerce Revolution.

Was sind die Hindernisse für die mobile Entwicklung?

Trotz der enormen Weiterentwicklung bei mobilen Netzwerken, Bandbreiten und Endgeräten haben bisher mehrere Hindernisse das schnelle Wachstum in der Annahme durch Endkunden und Unternehmen verhindert.

Eines dieser Hindernisse ist, dass bestehende Anwendungen nicht von mobilen Endgeräten aus zu erreichen sind. Dies liegt typischerweise daran, dass mobile Browser die HTML Sprache nicht verstehen, die von PC Browsern verwendet wird. Zudem sind die Maus und die Tastatur beim mobilen Datenzugriff meist nicht vorhanden. Wie bereits erwähnt kann sehr viel Mehrwert durch den mobilen Zugriff auf bestehende webbasierte Inhalte und Dienstleistungen wie z.B. zentrale Unternehmensdatenbanken, Unternehmensanwendungen wie CRM (Customer Relationship Management), Email Systeme und Intranet-Anwendungen generiert werden. Allerdings ist die Erweiterung dieser Systeme auf mobile Endgeräte *ohne* eine dedizierte Software Plattform sehr schwierig.

Ein weiteres Hindernis auf dem Weg zur einfachen Anwendung mobiler Datendienste ist die Fülle der Formfaktoren der Geräte und der mobilen Markup Sprachen. Im Gegensatz zum verdrahteten Internet, wo der PC sich als Endgerät etabliert hat und HTML die universale Markup Sprache ist, werden heute etwa 30 verschiedene Gerätesorten mit unterschiedlichen Beschreibungssprachen verwendet. Um nur ein paar zu nennen:

- Palm OS Geräte unterstützen die TTML Markup Sprache.
- WAP Telefone unterstützen die WML Markup Sprache.
- Voice aktivierte Internet-Anwendungen unterstützen die VoiceXML und VoxML Markup Sprachen.

In Anbetracht der schnellen Weiterentwicklung bei Formfaktoren und Endgeräten ist die Entscheidung für eine Klasse von Markup

4. Die Chancen des mobilen Internets nutzen

Sprachen keine sinnvolle Option: jede Investition in eine Anwendung, die in einer bestimmten mobilen Sprache 'fest kodiert' wurde, verliert an Wert sobald neue Geräteklassen auf dem Markt erscheinen.

Zusätzliche Schwierigkeiten ergeben sich aus der Tatsache, dass eine Anzahl verschiedener Netzwerk Standards weltweit konkurrieren, wie z.B. CDMA und TDMA bzw. GSM, GPRS und UMTS. Die Herausforderung für Entwickler liegt darin, ihre Anwendung über alle diese Netzwerke zugänglich zu machen.

Zudem müssen Unternehmen, die das mobile Internet nutzen wollen, oft zusätzliche Investitionen für die mobile Infrastruktur tätigen – beispielsweise *mehrere* 'Gateways' zur Unterstützung der verschiedenen mobilen Protokolle der unterschiedlichen Endgeräte, eine mobile Sicherheits-Infrastruktur, sowie Router und andere Netzwerkkomponenten, um die Gateways mit den Netzwerken der mobilen Netzbetreiber zu verbinden.

Dennoch wollen Geschäftsleute und Konsumenten die Chancen und die Bequemlichkeit nutzen, *jede* Information von *jedem* Endgerät aus zu *jeder* Zeit und von *jedem* Ort abzurufen.

Die Rolle eines Mobilen Application Servers

Die Abbildung unten zeigt eine typische mobile Internet Architektur. Mehrere Infrastruktur-Komponenten müssen zusammenarbeiten, damit das drahtlose Internet funktioniert.

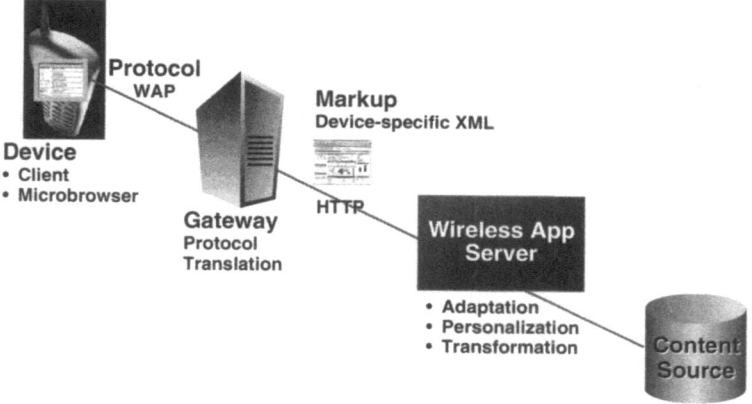

Abbildung 1: Typische Mobile Internet Architektur

<u>Mobiles Endgerät + Microbrowser</u>: Der Benutzer hat Zugang zum Internet über ein mobiles Internet Endgerät, dem sogenannten

„mobile device" oder „mobile client". Auf diesem Endgerät läuft typischerweise ein Microbrowser. (Dies ist analog zum verdrahteten Internet, wo ein Standard Internet Browser auf einem PC bzw. Desktop läuft).

Mobiles Gateway: Mobile Endgeräte unterstützen eine Vielzahl von Protokollen und Dienste wie WAP (Wireless Access Protocol), SMS (Short Messaging Service) oder i-Mode. Das Wireless Gateway übersetzt die Anfrage in das Standard HTTP Protokoll. Mobile Protokolle sind in drahtlosen Netzwerken effektiver und bandbreitensparender als das Standard HTTP Protokoll – das ist einer der Hauptgründe warum mobile Internet Geräte HTTP nicht unterstützen.

Mobile Markup Sprache: Jedes mobile Endgerät spricht auch eine Sprache, die sich Markup Sprache nennt – die Markup Sprache bestimmt, wie die Information auf dem Gerät dargestellt werden soll. Mobile Clients, die das *Wireless Application Protocoll* (WAP) unterstützen, unterstützen beispielsweise die *Wireless Markup Language* (WML).

Mobile Inhalte (Content Source): Die Quelle des mobilen Inhalts liefert den Content oder die Informationen, die zum mobilen Endgerät geliefert werden. Diese Quelle kann eine Internet Website, eine Internet Anwendung, ein Email Server oder eine Datenbank sein.

Mobiler Application Server: Der Mobile Application Server stellt die Verbindung von der Mobilen Inhaltsquelle über das mobile Netzwerk zum mobilen Endgerät her. Er paßt die Inhalte aus der Quelle an (Grafik, Anzahl der Zeilen im Display, Farbe), und personalisiert sie für individuelle Benutzer. Dann wandelt der Application Server die Informationen in die spezifische Markup Sprache um, die das mobile Endgerät verwendet.

Der Oracle9*i* Application Server Wireless (*Oracle9iAS Wireless*) ist ein Wireless Application Server, der es ermöglicht, sämtliche Internet-Inhalte an jeden Internet User auf *jedes* mobile Internet Endgerät über *jedes* mobile Netzwerk zu liefern. Oracle9*i*AS Wireless bietet Inhalts-Adaptoren, die jeden Inhalt aus jeder Quelle in ein offenes XML Format umwandeln können, wie z.B. vorhandene Websites, Datenbanken, Email Server und bestehende Systeme. Dann werden die Inhalte in jede Markup Sprache umgewandelt, die von dem jeweiligen Endgerät unterstützt wird. Hierbei wird die Darstellung gemäß den Gegebenheiten des mobilen Clients optimiert.

4. Die Chancen des mobilen Internets nutzen

Benutzer haben die Möglichkeit, die angebotenen mobilen Dienste zu personalisieren, indem sie ihr mobiles Portal konfigurieren. Die gewünschten Dienste können ausgewählt werden, mit geographischen Daten verknüpft und mit Benachrichtigungsdiensten ergänzt werden. Zusätzlich unterstützt *Oracle9iAS Wireless* viele weitergehende Merkmale wie Location Based Services, sicheren Mobile Commerce, sowie Push Services via SMS, WAP Push und Email.

Der Einsatz eines solchen Wireless Application Servers, der sämtliche mobilen Clients unterstützt, bietet für jeden „Beteiligten" Vorteile:

1. Entwickler müssen ihre Website oder Anwendung nur einmal entwickeln, und Oracle9*i*AS Wireless stellt sicher, dass die Inhalte auf jedem Gerät mit einem einheitlichen 'Look and Feel' dargestellt werden. Es muß demnach nur eine Plattform von den Entwicklern erlernt, konfiguriert und ausgebaut werden.

2. Benutzer erhalten eine breite Vielfalt zur Personalisierung und eine Leistung, Skalierbarkeit sowie Verfügbarkeit, die benötigt werden, um Millionen mobile Benutzer gleichzeitig zu erreichen.

Oracle arbeitet an dieser Stelle mit zahlreichen mobilen Partnern aus den Bereichen Content Management (z.B. *Pironet*), Location Based Services (z.B. *Webraska, MapInfo*), Telematik (z.B. *Wingcast*), Billing (z.B. *Portal*), Security (z.B. Smart Trust) und Payment (z.B. *Trintech*) zusammen.

Die einzelnen Komponenten und die Architektur des *Oracle9i Application Server Wireless*

Oracle9i Application Server Wireless

Der Oracle9*i* Application Server Wireless basiert auf dem Oracle9*i* Application Server, der Oracle8*i* Datenbank sowie den Industriestandards wie Java und XML:

- Vorhandene Inhalte und Anwendungen können schnell mobil verfügbar gemacht und neue mobile Dienste erstellt werden.

- Die Inhalte und Anwendungen sind sofort auf allen heutigen und zukünftigen Endgeräten verfügbar.

- Mobile Anwendungen können von den Benutzern personalisiert werden.
- Zusätzlich können skalierbare Benachrichtigungsmechanismen genutzt werden, die die Entwicklung von 'Push'-Anwendungen stark vereinfacht.
- Umfangreiche Unterstützung für die Entwicklung von 'Location Based Services' ist ebenfalls gewährleistet.

Oracle9i Lite

Oracle9i Lite ist eine ergänzende Software Plattform zu *Oracle9iAS Wireless*. Mit der nächsten Generation der leichtgewichtigen Datenbank für offline-Mobilität liefert Oracle mit Oracle9i Lite eine bewährte Plattform für die Entwicklung und den Einsatz von E-Business Anwendungen, die lokal auf mobilen Endgeräten laufen.

So können z.B. Aussendienstmitarbeiter die Datenbank ihrer Firma auf ihrem Laptop oder Handheld mit auf die Reise nehmen, unterwegs neue Daten eingeben und über eine mobile oder feste Leitung mit der Firmendatenbank synchronisieren.

OracleMobile Online Studio

Das OracleMobile Online Studio ist eine integrierte mobile Entwicklungsumgebung. Mit Online Studio können Anwendungsentwickler mobile und Voice-Anwendungen entwickeln und einsetzen. Mehrere tausend mobile Anwendungsentwickler verwenden derzeit OracleMobile Online Studio. Auf dem Oracle Technical Network (OTN) steht Online Studio unter http://technet.oracle.com zur Verfügung.

4. Die Chancen des mobilen Internets nutzen

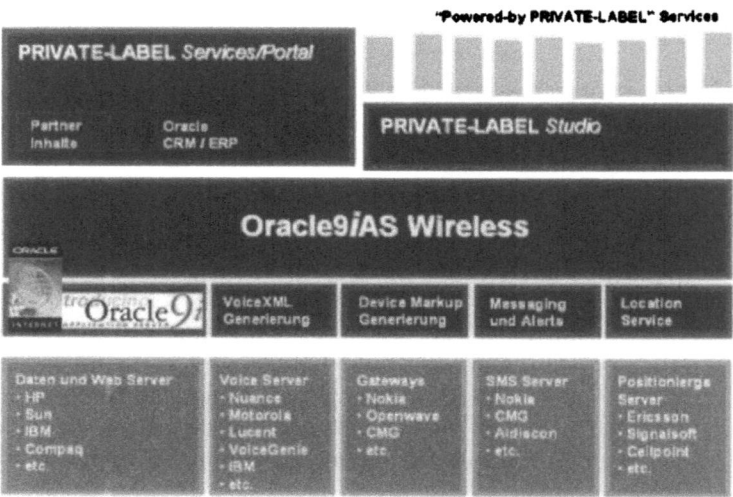

Abbildung 2: Architektur-Überblick des Oracle 9i Application Server Wireless

Mobiles E-Business Anwendungs-Paket

Mit Oracle9iAS Wireless und Oracle9i Lite hat Oracle seine 'E-Business Suite of Enterprise Applications' mobil verfügbar gemacht. Im folgenden sollen kurz einige Praxisbeispiele aufgezeigt werden, für die das e-Business-Paket eingesetzt werden kann.

- Beispiel Mobiles CRM:

Alle Vertriebsbeauftragten und mobile Kundendienst-Mitarbeiter haben immer und überall Zugang zu ihren Terminen und Aufgaben und erhalten per SMS oder Email Benachrichtigungen über Terminänderungen, Kundenanfragen etc.

- Beispiel Mobile Self-Service Anwendungen:

Alle Mitarbeiter können selbst Reisen buchen, Reisekosten abrechnen, Bestellungen aufgeben und Meldungen zum Arbeitsablauf von ihren mobilen Endgeräten aus erhalten und genehmigen.

- Beispiel Industrieanwendungen:

Lager- und Laden-Mitarbeiter können Inventardaten mobil prüfen und aktualisieren. Die Ergebnisse können anschließend direkt zurück an die zentrale Datenbank geschickt und ausgewertet werden.

Ausgewählte Infrastrukturbeispiele

Beispiel: Die gehostete Mobile Infrastruktur

Ein mobiler Portalbetreiber betreibt das WAP (oder SMS) Gateway und den *Oracle9iAS Wireless*. In diesem Fall geht die mobile Anfrage über die Basisstation des drahtlosen Netzwerkes zur Radius Einrichtung, wo der mobile Benutzer authentifiziert wird; die Anfrage wird dann über den IP Router des Carriers zum WAP Gateway geleitet. Am WAP Gateway wird die Anfrage in das Standard HTTP Protokoll übersetzt und an den mobilen Application Server weitergegeben. Dieser stellt dann eine HTTP Verbindung über das Internet durch die Firewall des Carriers oder des Portals eine Verbindung her zu verschiedenen mobilen Service Anbietern her.

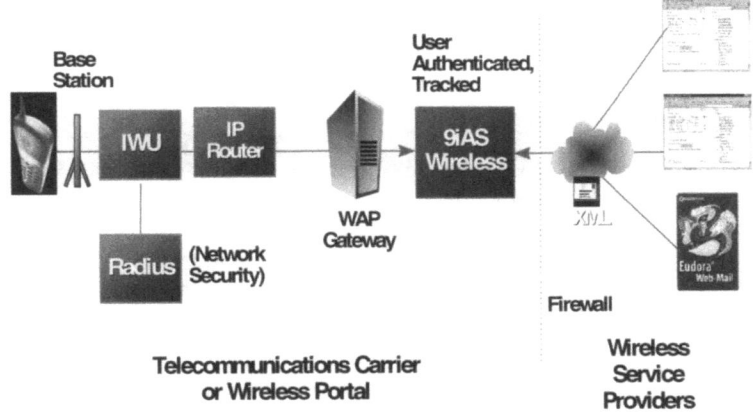

Abbildung 3: Architektur mit gehostetem Wireless Gateway und Oracle9*i* AS Wireless

Beispiel: Die eigene Mobile Infrastruktur

Der Carrier gibt eine WAP (oder SMS) Anfrage an das WAP Gateway des Unternehmens weiter; dieser übersetzt die Anfrage und gibt sie an den Oracle 9*i* AS Wireless Edition Server weiter. Im Normalfall läuft das WAP Gateway ausserhalb der Firewall, so dass nur Standard HTTP-Requests in das interne Netzwerk

4. Die Chancen des mobilen Internets nutzen

durchgelassen werden. Der mobile Application Server läuft typischerweise innerhalb der Firewall. In einigen Fällen haben Unternehmen auch eine doppelte Firewall installiert; das WAP Gateway kann in diesem Fall ausserhalb beider Firewalls oder zwischen den beiden Firewalls liegen.

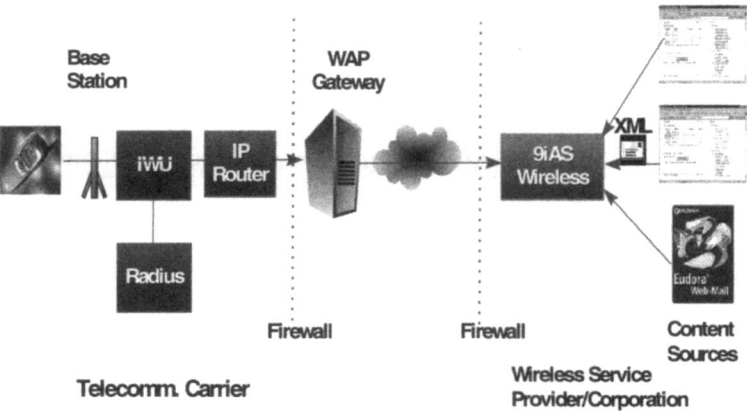

Abbildung 4: Architektur mit eigenem Wireless Gateway

Zusammenfassung

Das mobile Internet bietet zwei grundsätzliche Chancen: einerseits werden Unternehmen effizienter, indem Mitarbeitern und Partnern wichtige Informationen immer und überallhin geliefert werden können. Andererseits kann der Dienst am Kunden verbessert werden, indem Kunden über das mobile Internet Portal jederzeit und überall Zugriff auf Informationen, kommerzielle Anwendungen und Dienstleistungen erhalten. Die Entwicklung der mobilen Dienste stellt aus zahlreichen Gründen eine Herausforderung dar:

- Mobile Endgeräte haben sehr unterschiedliche Formfaktoren und Eingabe-Vorraussetzungen im Gegensatz zu PCs.
- Mobile Endgeräte unterstützen eine Vielzahl von verschiedenen Netzwerkprotokollen und Markup Sprachen.
- Mobile Netzwerk Standards entwickeln sich in verschiedenen Märkten unterschiedlich.
- Der schnelllebige mobile Markt stellt immer weitere Anforderungen an eine integrierte Plattform.

Um diese Herausforderungen zu meistern, muß eine zuverlässige mobile Softwareentwicklungsplattform eingesetzt werden, die die Entwicklung und den Einsatz von Inhalten und Anwendungen erleichert - und diese auf jedem Gerät verfügbar macht.

Der Oracle 9i Application Server Wireless paßt Inhalte aus allen Quellen an, transformiert diese auf jedes Endgerät, und personalisiert Dienste und Inhalte für jeden Benutzer. Mit ihm müssen Anwendungsentwickler ihre Websites und Anwendungen nur einmal entwickeln, um sie dann automatisch auf jedes Endgerät über jedes Netzwerk zu transportieren. Er unterstützt Location Based Services der nächsten Generation sowie Messaging Anwendungen über SMS oder mobiles Email.

5. Sicherheitsaspekte im mCommerce-Bereich

Dipl. Ing. Christian Wilfing, Dipl. Ing. Gerfried Schwarz, Volker Hutten, Günter Ottel

Infonova GmbH

Einleitung

Für mobile Kommunikation gibt es heute verschiedene Anwendungsbereiche. Großes Interesse haben vor Allem Anwendungen im Bereich des mCommerce erlangt. Wie auch bei eBusiness Applikationen und klassischem Handel müssen durch mobile Anwendungen wesentliche Sicherheitsanforderungen erfüllt werden. Diese Sicherheitsanforderungen ergeben sich einerseits aus gesetzlichen Vorgaben (z.B. Datenschutzrichtlinien) und resultieren andererseits aus dem berechtigten Wunsch der Kunden nach vertraulicher Behandlung ihrer persönlichen Daten und effektivem Schutz von Transaktionen gegen Manipulation und Abhören durch Dritte.

Die Sicherheitsanforderungen an die Datenübertragung mittels mobiler Geräte lassen sich, wie auch bei den etablierteren Übertragungsarten, in physikalische, technische und organisatorische Bereiche gliedern. Es existieren nicht nur Anforderungen an die Absicherung der Datenübertragung selbst, sondern es müssen auch durch alle beteiligten Geräte ausreichende Sicherheitsstandards erfüllt werden. Dies gilt sowohl für die mobilen Endgeräte, als auch für die Server und Gateways, mit denen die Kunden über sichere Kanäle Daten austauschen möchten.

5. Sicherheitsaspekte im mCommerce-Bereich

Dieser Artikel konzentriert sich auf die Sicherheit der Datenübermittlung und die Untersuchung der Sicherheit von Geschäftstransaktionen, an denen mobile Geräte beteiligt sind. Unter mobilen Geräten werden vorwiegend Mobiltelefone und PDAs verstanden. Diese Einschränkung wurde getroffen, da für diese Geräte auf Grund der eingeschränkten Rechenleistung und des beschränkten Userinterfaces spezielle Protokolle entwickelt wurden, welche die Sicherheit bei Datenübertragungen gewährleisten sollen. Andere Geräte wie Notebooks und Subnotebooks können auf Standardprotokolle wie SSL/TLS, SET usw. zurückgreifen, die bereits seit längerer Zeit im eBusiness-Bereich eingesetzt werden. Es wird keine Untersuchung der Sicherheit von Serversystemen und mobilen Endgeräten selbst vorgenommen, da diese den Rahmen dieses Artikels sprengen würde. Im weiteren Verlauf werden allgemeine sicherheitstechnische Grundlagen wie digitale Signaturen, digitale Zertifikate oder Begriffe wie Ver- und Entschlüsselung als Bekannt vorausgesetzt.

Der Grund für die Untersuchung der Sicherheit bei der Abwicklung von Transaktionen mittels mobiler Endgeräte ist, dass ohne sichere Transaktionen im mCommerce weder auf Seiten der Anbieter noch auf Seiten der potentiellen Kunden ausreichend Vertrauen in die Technologie und ausreichende Rechtssicherheit erzeugt werden kann, um mCommerce wirtschaftlich erfolgreich zu machen. Wenn das gesteckte Ziel, mit mCommerce in verschiedenen Teilbereichen herkömmliche Zahlungsmittel und Geschäftsprozesse zu ersetzen beziehungsweise zu ergänzen, erreicht werden soll, muss mittelfristig bei den Kunden ausreichendes Vertrauen in die eingesetzten Sicherheitsmechanismen erzeugt werden. Dies kann nur geschehen, wenn erprobte Standardverfahren zum Einsatz kommen und genügend Information über die getroffenen Maßnahmen angeboten werden.

Anforderungen an sichere Transaktionen

Wie auch im eBusiness Bereich müssen bei Transaktionen, die über mobile Endgeräte abgewickelt werden, Confidentiality, Integrity und Accountability (CIA) gewährleistet werden. Im folgenden wird näher definiert, wie diese Begriffe im mobilen Bereich zu interpretieren sind.

- Confidentiality bedeutet, dass die Vertraulichkeit von Daten gewährleistet wird. Das heißt in diesem Fall, dass sowohl während der Übertragung als auch bei der anschließenden Bearbeitung und Speicherung von Daten nur Berechtigte

Zugriff auf die Daten haben beziehungsweise erlangen können.

- Unter Integrity ist die Gewährleistung der Integrität von Daten bei der Übermittlung zu verstehen. Das heißt, dass es keine Möglichkeit geben darf den Inhalt von Transaktionen während der Übertragung der Daten zu verändern. Beziehungsweise müssen Mechanismen vorhanden sein, durch welche Manipulationen an Daten entdeckt und eskaliert werden können. Manipulierte Transaktionen sollten am besten automatisch ihre Gültigkeit verlieren.
- Accountability bedeutet in diesem Kontext, dass eindeutig nachweisbar sein muss, von welcher Person eine Transaktion getätigt wurde. Dieser Punkt ist vor Allem für die Rechtsgültigkeit von Transaktionen und Geschäftsabschlüssen wesentlich. Eine direkte Konsequenz aus den großen Anforderungen an die Accountability ist, dass der Authentifizierung sowohl auf Seiten des Kunden als auch auf Seiten des Anbieters eine zentrale Rolle zukommt.

Um diese Anforderungen erfüllen zu können, werden verschiedene Ansätze verfolgt. Im Verlauf dieses Artikels werden beispielhaft einige dieser Möglichkeiten diskutiert. Unabhängig vom verfolgten Ansatz muss sichergestellt werden, dass Daten, die für die Authentifizierung oder Verschlüsselung der Kommunikation verwendet werden (z.B.: Schlüssel/PIN), nicht durch einen Verlust der mobilen Endgeräte beziehungsweise Fehlkonfigurationen und mangelnde Sicherheitsvorkehrungen auf Seiten der Anbieter, kompromittiert werden.

Ein wichtiger Aspekt ist in diesem Zusammenhang auch die End-to-End Sicherheit. Das bedeutet, dass die Daten über einen sicheren Kanal (stark verschlüsselt) übertragen werden und nur von den Geschäftspartnern im Klartext eingesehen werden können. Es sollte nicht, wie heute teilweise üblich, vorkommen, dass beim Mobilnetzbetreiber ein Technologiewechsel vollzogen wird und die Daten zuerst entschlüsselt und danach mit einem anderen, meist stärkeren, Algorithmus wieder verschlüsselt an den Händler weitergereicht werden. Während der Phase der Ent- und anschließenden Wiederverschlüsselung bieten sich zu viele Angriffsmöglichkeiten, um diese Systeme für sensible Transaktionen verwenden zu können.

Ein Aspekt, der vor allem im Interesse der Kunden liegt, ist der Schutz der persönlichen Daten. Die Authentifizierungsmechanis-

5. Sicherheitsaspekte im mCommerce-Bereich

men sollten es ermöglichen, dass die Geschäftspartner steuern können, welche Daten im Rahmen der Authentifizierung ausgetauscht werden. Beziehungsweise könnte eine zentrale Clearance-Stelle eingerichtet werden, die zum Beispiel die Liquidität der Geschäftspartner bestätigt.

Allgemeine Sicherheitsmaßnahmen

Zusätzlich zu den Anforderungen an die Sicherheit der Transaktion existieren auch Anforderungen an die mobilen Endgeräte und die Infrastruktur, die für die Sicherheit des Gesamtsystems entscheidend sind. Da der Focus dieses Artikels auf mSecurity liegt werden die Maßnahmen, welche die IT-Infrastruktur des mCommerce-Anbieters betreffen im folgenden nur thematisiert, aber nicht erschöpfend abgehandelt.

Punkte, welche die Sicherheit einer mCommerce-Infrastruktur beeinflussen, sind:

- Die physikalische Sicherheit der Endgeräte ist mit technischen Mitteln in den meisten fällen kaum zu gewährleisten. Daher ist es wichtig, dass für die Authentifizierung und die Autorisierung von Transaktionen auch Informationen verwendet werden, die nicht direkt auf dem Endgerät gespeichert werden (wie zum Beispiel Smartcards mit digitalen Zertifikaten und kryptografischen Zusatzfunktionen). Zusätzlich müssen strikte Richtlinien existieren, wie im Falle des Verlustes eines Endgerätes oder bei der Kompromittierung der Schlüssel eines Beteiligten zu verfahren ist.

- Die gesamte IT-Infrastruktur von mCommerce-Anbietern muss mehrstufig gesichert sein, um sowohl externe Attacken durch Hacker und Industriespione als auch interne Übergriffe durch verärgerte, korrupte oder schlicht kriminelle Mitarbeiter erfolgreich verhindern zu können. Inkludiert sind in diesem Fall zumindest alle Server, auf denen Kundendaten gespeichert werden, Backups der Kundendaten sowie alle Komponenten, die für die Kommunikation mit den Kunden verwendet werden. Es müssen detaillierte Sicherheitsrichtlinien existieren, die auch Incident Handling und Notfallpläne umfassen, um im Ernstfall schnell und strukturiert reagieren zu können.

- Wesentlich ist auch, dass der Anbieter genügend qualifizierte Mitarbeiter hat, welche in der Lage sind, Daten, die in Server-Logs beziehungsweise von Firewalls und Intrusion Detection Tools gesammelt werden, richtig zu interpretieren. Falls qualifiziertes Personal nicht zur Verfügung steht ist die Wahrscheinlichkeit, dass trotz umfangreicher technischer Maßnahmen Datenmissbräuche unentdeckt bleiben, hoch. Als Alternative bietet sich hier das Outsourcing des Betriebs des Sicherheitssystems im Rahmen eines Managed Security Services Vertrages an ein professionelles Sicherheitsunternehmen an.

- Wichtig ist die Wahl der Mechanismen für Authentifizierung und Accountability. Gerade in diesem Bereich kann durch die Integration eines PKI (Public Key Infrastructure) Frameworks die Zuverlässigkeit und Sicherheit entscheidend erhöht werden. Alternativ können auch Token für die Authentifizierung verwendet werden (zum Beispiel SecureID-Token von RSA Security). Diese bieten im allgemeinen aber nicht die Flexibilität eines gut geplanten PKI-Systems. Für die Autorisierung von Transaktionen kann anstelle von digitalen Zertifikaten auch eine PIN/TAN-Kombination verwendet werden.

- Ein wirksames Virenschutztool sollte auf allen beteiligten Systemen installiert sein (insofern es diese Systeme für die verwendeten Betriebssysteme bereits gibt), da auch für viele mobile Plattformen bereits Viren, Würmer und trojanische Pferde existieren.

Obwohl in der obigen Liste nicht direkt angeführt wird implizit vorausgesetzt, dass alle Maßnahmen, die für die Absicherung eines klassischen Netzwerkes für den Einsatz von eBusiness Applikationen notwendig sind, auch für diesen Fall sinngemäß angewandt werden können.

Probleme und Gefährdungen

Aus dem breiten Themenspektrum der für die Sicherheit einer mCommerce-Infrastruktur entscheidenden Komponenten lässt sich leicht erkennen, dass das Bedrohungspotential beim Einsatz mobiler Endgeräte für die Abwicklung von Transaktionen und Geschäftsabschlüssen recht hoch ist. Nur durch die sorgfältige Planung der Einzelkomponenten und ihres Zusammenspiels können die Gefahren, die sich in der derzeitigen Startphase des mCommerce durch Protokolle mit technischen Schwächen und ständig wechselnden Standards ergeben, erfolgreich abgewendet werden.

5. Sicherheitsaspekte im mCommerce-Bereich

Um die Konsequenzen von Fehlkonfigurationen oder sorglosem Umgang mit den verfügbaren Systemen aufzuzeigen, werden nachfolgend wesentliche Probleme und Gefährdungen beim Einsatz von mCommerce-Applikationen betrachtet. Im wesentlichen treten Probleme in den unten stehenden Bereichen auf:

- Die Wahrscheinlichkeit ein mobiles Endgerät durch Eigen- oder Fremdverschulden zu verlieren ist wesentlich höher, als bei klassischen Standgeräten. Dieser Bedrohungskategorie sind verlorene, gestohlene oder schlicht kaputte Geräte zuzuordnen.

- Die Lebensdauer mobiler Endgeräte ist meist auf ein bis zwei Jahre beschränkt. Aus diesem Grund ist es vernünftig die Authentifizierung nicht nur an das Endgerät zu knüpfen, um den organisatorischen Aufwand sowohl für den Kunden als auch den Betreiber bei einem Gerätewechsel möglichst gering zu halten.

- Da mCommerce ein recht neues Gebiet ist, sind viele der eingesetzten Technologien noch nicht ausgereift und verwendete Standards fortlaufenden Modifikationen unterworfen. Aus diesem Grund kann der zeitweise Parallelbetrieb verschiedener Standardversionen notwendig werden, wodurch die Gefahr von Fehlkonfigurationen und Sicherheitslücken steigt.

- Die Speicherkapazität und die Rechenleistung sind, abhängig vom verwendeten Gerät, im Verhältnis zu Geräten, die herkömmlicherweise für die Abwicklung elektronischer Transaktionen eingesetzt werden, sehr begrenzt. Während Palmtops meist über ausreichende Ressourcen verfügen, um kryptografische Standardalgorithmen verwenden zu können, so befindet sich diese Entwicklung bei Mobiltelefonen erst am Anfang. Abhilfe kann in diesem Fall die Verwendung von Smartcards mit kryptografischen Prozessoren schaffen, da die Berechnungen dann von der Karte vorgenommen werden können. Der zusätzliche Vorteil ist, dass der private Schlüssel des Kunden auf der Karte sehr sicher hinterlegt werden kann und die Karte weder zum Signieren noch zum Verschlüsseln von Daten verlassen muss. Dadurch wird ein Diebstahl beziehungsweise Missbrauch des Schlüssels durch Dritte sehr erschwert.

- Die mit GSM erzielbaren Übertragungsraten von 9,6 kBit/Sec sind für viele Anwendungen nicht ausreichend. Eine Besserung wird sich erst mit der flächendeckenden Verfügbarkeit von GPRS und nachfolgend UMTS einstellen.

- Es gibt zur Zeit mehrere konkurrierende Übertragungsstandards. Um einen möglichst großen Kundenkreis abdecken zu können werden oft mehrere Standards unterstützt, wodurch die Komplexität des Gesamtsystems steigt und die Wahrscheinlichkeit von Sicherheitslücken auf Grund von Konfigurationsfehlern zunimmt.

- Die bei GSM-Geräten üblichen SIM-Karten lassen sich relativ einfach klonen. Aus diesem Grund sind Authentifizierungsprotokolle, die nur auf die Informationen der SIM-Karte zugreifen, nicht für mCommerce geeignet.

- Die im GSM-Standard spezifizierte Verschlüsselung ist relativ einfach zu knacken. Verschlüsselte Daten können mit einfachen, billigen Geräten mitgeschnitten und entschlüsselt werden. Aus diesem Grund ist eine zusätzliche Verschlüsselung der Daten mit einem Standardverfahren und starken Schlüsseln dringendst zu empfehlen.

- Die große Bandbreite an möglichen Endgeräten erschwert die Schaffung eines einheitlichen Sicherheitsstandards, da etliche Geräte in ihrer Grundausstattung keinerlei fortgeschrittene Sicherheitsmerkmale aufweisen.

- Leider setzen viele Hersteller auf proprietäre Sicherheitslösungen anstatt ausgereifte Standardverfahren zu verwenden. Die Folge ist, dass viele Produkte mit Sicherheitsmerkmalen ausgestattet sind, die noch nicht ausreichend getestet wurden und voraussichtlich noch etliche Verbesserungsphasen durchlaufen müssen, bevor ein zufriedenstellender Level erreicht werden kann.

- Um die Accountability gewährleisten zu können, sind oft enorme organisatorische Aufwände notwendig.

- Mobile Endgeräte sind in den seltensten Fällen für den Mehrbenutzerbetrieb ausgelegt. Werden nicht zusätzliche Mittel wie Smartcards verwendet, so ergeben sich große Probleme in den Bereichen Authentifizierung und Accountability.

- Es gibt noch kaum Untersuchungen über das Zerstörungspotential von Viren und Würmern auf mobilen Endgeräten. Aus diesem Grund ist auch kaum Antivirensoftware erhältlich.

5. Sicherheitsaspekte im mCommerce-Bereich

- Das Abhören von Daten während der Übertragung ist, wenn sich ein Angreifer physikalisch einem der Geschäftspartner weit genug nähern kann, wesentlich einfacher als bei normalen Netzwerken. Gerade durch Technologien wie BlueTooth, die für Anwender große Vorteile bieten können, wird das Abhörrisiko stark erhöht, wenn die Daten bei der Übertragung nicht zusätzlich verschlüsselt werden.

- Durch die oft sehr kleinen Displays besteht die Gefahr, dass Kunden durch unseriöse Anbieter getäuscht werden können, indem Abbildungsfehler benutzt werden, um dem Kunden in betrügerischer Absicht falsche Informationen zuzuspielen.

- Häufig ist es nicht möglich, Bibliotheken mit kryptografischen Funktionen für mobile Endgeräte zu erhalten. Dies beruht einerseits auf den Speicherbeschränkungen und oft auch an den ausgefallenen Betriebssystemen. Hierdurch wird leider häufig der Einsatz von kryptografischen Standardverfahren unterbunden, da die Hersteller der Endgeräte meist den Portierungsaufwand für die Bibliotheken nicht tragen wollen.

- Sollte es Dritten gelingen, über die Systeme eines mCommerce-Anbieters oder die Systeme einer Zwischenstation wie dem Mobilfunkbetreiber Kontrolle zu erlangen, so sind bei den meisten der derzeit verwendeten Protokolle Manipulationen leicht möglich. Vor Allem Protokolle bei denen die Daten beim Mobilfunkbetreiber entschlüsselt und anschließend mit einem anderen Verfahren wiederverschlüsselt werden, bieten viele Möglichkeiten für Missbrauch.

Diese Auflistung soll nur die wesentlichsten Probleme beim Einsatz mobiler Endgeräte aufzeigen. Nicht aufgeführt sind die Bedrohungspotentiale für die IT-Infrastruktur der Anbieter, da es sich hierbei um klassische Netzwerksicherheitsprobleme handelt.

Beispiel mSign Protokoll

Das Mobile Electronic Signature Consortium, an dem sowohl führende Hersteller von mobilen Endgeräten als auch Anbieter von Sicherheitsdiensten beteiligt sind, ist eine Plattform zur Integration der digitalen Signatur bei mobilen Datenübertragungen. Digitale Signaturen sind neben einer PIN/TAN Kombination die derzeit einzige Möglichkeit zur sicheren Abwicklung von Geschäftstransaktionen. Dabei werden die digitalen Signaturen zur Authentifizierung von Benutzern und zur Autorisierung von Geschäftstransaktionen eingesetzt. Das vom Mobile Electronic Signature Consortium spezifizierte mSign Protokoll stellt dazu ein Framework zur Integration von digitalen Unterschriften bei der mobilen Datenübertragung bereit.

Grundsätzlich werden drei Verfahrensweisen spezifiziert, die sehr unterschiedliche Sicherheitsstufen gewährleisten.

1. Das mobile Gerät kommuniziert mit einem Security Proxy vom Mobilnetzbetreiber auf herkömmliche Art (ohne Verschlüsselung). Die Authentifizierung der Benutzer und die Autorisierung von Geschäftsprozessen erfolgt über Klartextinformationen, die zwischen mobilem Gerät und Security Proxy ausgetauscht werden. Der Security Proxy hat die Aufgabe der sicheren Kommunikation zu einem Transaktionspartner zu übernehmen. Dieser Proxy implementiert dabei die notwendigen Sicherheitstechnologien. Wird nun eine Transaktion von einem Benutzer autorisiert, erstellt der Security Proxy die digitale Unterschrift anstelle des Benutzers.

2. Das mobile Gerät kommuniziert wiederum mit einem Security Proxy, der für die sichere Kommunikation zu einem Geschäftspartner sorgt. Hier wird aber, im Gegensatz zu 1., von einem sicheren Kanal zwischen dem Proxy und einem mobilen Gerät ausgegangen. Dieser sichere Kanal wird über in GSM übliche Verschlüsselungsmethoden implementiert. Dabei besteht aber nicht die Möglichkeit der Autorisierung einer Transaktion mittels digitaler Unterschrift beim Benutzer. Diese Funktionalität wird wie in 1. vom Security Proxy implementiert.

3. Das mobile Gerät erstellt direkt eine sichere Verbindung zu einem Geschäftspartner und übernimmt, im Gegensatz zu 1. und 2., alle sicherheitsrelevanten Vorgänge selbst. Das heißt die Möglichkeit zur Erstellung einer digitalen Signatur besteht direkt am mobilen Gerät.

Bei den Verfahren, die einen Security Proxy verwenden, bestehen die gleichen Gefahren wie beim WAP Security Modell. Vor allem ist der Security Proxy ein sehr lohnendes Ziel für Angreifer und eine Kompromittierung der Sicherheit des Proxies hat eine Kompromittierung aller über ihn getätigten Geschäftstransaktionen zur Folge.

Grundsätzlich ist nur der 3. Ansatz wirklich zu favorisieren, da eine End-to-End Sicherheit gewährleistet werden kann.

5. Sicherheitsaspekte im mCommerce-Bereich

Beispiel: Analyse des WAP – Security Models

Das Wireless Application Protocol (WAP) ist der aktuelle Standard zur Datenübertragung von mobilen Geräten für das Internet. Über dieses Protokoll ist es möglich, verschiedene auch kommerzielle Dienste anzubieten. Diese Dienste können sich auf reine Informationsdienste (z.B. das aktuelle Kinoprogramm) beschränken, aber es gibt auch Möglichkeiten Einkäufe zu tätigen (z.B. der Kauf von Kinokarten). Da über das WAP Protokoll mCommerce Anwendungen möglich sind und somit Geschäftstransaktionen erfolgen können, lohnt sich eine nähere Betrachtung des vorhandenen Security Modells. Es wird die grundlegende Funktionsweise aufgezeigt, und die Einschränkungen des Modells diskutiert.

Bei Übertragungen mit WAP baut ein mobiles Gerät eine Verbindung zu einem WAP Gateway auf. Das Gateway nimmt die Daten, die von einem mobilen Gerät übermittelt werden, entgegen und wandelt sie in Daten für herkömmliche Internetprotokolle um. Das WAP Gateway ist für die normale Internet Verbindung zum Applikationsserver zuständig und fungiert als Mittler zwischen der mobilen Welt und dem Internet. Der Applikationsserver bietet die eigentlichen Dienste an, die von einem mobilen Gerät abgerufen werden können. Der Netzanbieter fungiert in diesem Zusammenhang als Internetprovider, der über das WAP Gateway Internetverbindungen zur Verfügung stellt. Dieser Vorgang ist im Prinzip sehr ähnlich der Einwahl über ein Modem bei einem herkömmlichen Internet Provider und dem darauffolgenden Aufbau einer Verbindung über einem Proxy-Server zu einem Applikationsserver.

Da ein Großteil der Daten über normale Internetverbindungen übermittelt wird, bestehen für Daten über des WAP Protokoll die gleichen Gefahren wie für Daten, die über normale Internetprotokolle geschickt werden. Grundsätzlich kann deshalb nicht erwartet werden, das Vertraulichkeit, Integrität und Authentizität der Datenübermittlung gewährleistet ist. Aus diesem Grund wurde für WAP ein eigenes Sicherheitsmodell entwickelt, welches versucht die Gefährdungen zu mindern. Dieses Sicherheitsmodell soll dafür sorgen, dass Daten von einem mobilen Gerät bis hin zum Applikationsserver gesichert übertragen werden können. Es wird dabei nur der Übertragungskanal gesichert, aber nicht Transaktionen, welche über diesen Kanal erfolgen. Grundsätzlich besteht das WAP Security Modell aus drei Teilen, die in weiterer Folge einzeln erklärt werden:

- Internet Security Modell (Secure Socket Layer /Transport Layer Security, SSL/TLS)
- Wireless Transportation Layer Security (WTLS)
- WAP – Gateway Sicherheit

Allgemeine Funktionsweise

Das Ziel ist grundsätzlich eine sichere Verbindung zwischen einem mobilen Gerät und einem Applikationsserver aufzubauen. Das funktioniert folgendermaßen:

- Der Benutzer baut über das WTLS Protokoll eine sichere Verbindung mit einem WAP Gateway auf.
- Das WAP Gateway erstellt danach eine sichere Verbindung zum Applikationsserver über das SSL/TLS Protokoll.
- Sind beide Verbindungen aufgebaut, können Benutzer und Applikationsserver sicher miteinander kommunizieren. Das Gateway fungiert als Schnittstelle zwischen den beiden Verbindungen und konvertiert die Daten in die entsprechenden Protokolle.

Im Prinzip stellt diese Funktionsweise eine gesicherte Verbindung zur Verfügung. Es müssen aber für jeden Schritt Einschränkungen getroffen werden, die in Folge vorgestellt werden.

Internet Security Modell

Für die Übertragung zwischen einem WAP Gateway und einem Applikationsserver wird das herkömmliche Internet Security Modell zur sicheren Übertragung von Applikationsdaten eingesetzt. Das verwendete Protokoll ist SSL/TLS und unterstützt Authentifizierung, Vertraulichkeit und Integrität bei der Datenübertragung. Die Voraussetzung, dass dieses Security Modell funktioniert, ist, dass die beteiligten Server (Applikationsserver, WAP Gateway) gesichert sind. Das heißt es wird nicht auf Serversicherheit selbst eingegangen, sondern es wird die Übertragung zwischen den beteiligten Servern geschützt.

Dieses Modell kann als derzeitiger Standard bei der sicheren Übertragung von Applikationsdaten im Internet betrachtet werden und kann als hinreichend sicher angesehen werden. SSL/TLS ist langjährig erprobt und die Anfangsschwierigkeiten sind weitgehend überwunden. Änderungen im Standard beeinflussen mobile Geräte und mCommerce nur bedingt. Da SSL/TLS der aktuelle Stand der Technik ist, wird dieses Modell nicht weiter diskutiert, sondern als vertrauenswürdig angenommen.

Wireless Transport Layer Security (WTLS)

Der zweite Teil des WAP Security Modells befasst sich mit der Sicherheit der Datenübertagung zwischen einem mobilen Gerät und einem WAP Gateway. Bei der mobilen Datenübertragung existieren sehr spezifische Einschränkungen (z.B. begrenzte Rechenleistung und Übertragungskapazitäten der mobilen Geräte). Deshalb wurde auf Basis von WAP das WTLS Protokoll entwickelt, das eine sichere Datenübertragung von mobilen Geräten aus gewährleisten soll.

WTLS wurde von einer Vereinigung von Herstellern von mobilen Geräten entwickelt. Dabei war das Ziel das bestehende und gut funktionierende SSL/TLS Protokoll an die spezifischen Anforderungen der mobilen Datenübertragung anzupassen. Es wurden kleinere Änderungen vorgenommen, die auf die begrenzte Rechenleistung, Speicherkapazität und Übertragungsraten von mobilen Geräten Rücksicht nehmen. Der grundlegende funktionelle Aufbau ähnelt sehr dem von SSL/TLS. Auch WTLS setzt auf symmetrische und asymmetrische Verschlüsselung zur Sicherstellung der Vertraulichkeit, Integrität und Authentizität der übertragenen Daten. Der Unterschied liegt in den kryptografischen Details und in der Behandlung von einigen Protokollnachrichten.

Zur Authentifizierung von Benutzern und WAP Gateways wird asymmetrische Verschlüsselung im Zusammenhang mit Zertifikaten verwendet. Für eine sichere Authentifizierung von Benutzern und WAP Gateways ist eine funktionierende Public Key Infrastruktur (PKI) Voraussetzung. WTLS bietet verschiedene Modi bei der Authentifizierung an:

- Keine Authentifizierung. Es wird nur die Integrität der übermittelten Daten garantiert.

- Nur Server (WAP Gateway) Authentifizierung. Dabei wird die Integrität, Authentizität und Vertraulichkeit der Daten gewährleistet. Nicht aber die Authentizität der Benutzer

- Benutzer und Server Authentifizierung. Die Integrität, Vertraulichkeit und Authentizität von übertragenen Daten wird gewährleistet. Sowohl Server als auch Benutzer werden sicher authentifiziert.

Gefährdungen

Obwohl sich WTLS stark am Design von SSL/TLS orientiert, wurde leider nicht dasselbe Sicherheitsniveau erreicht. Die Änderungen, die vorgenommen wurden, haben dazu geführt, dass WTLS einige Sicherheitsprobleme aufweist. Diese Sicherheitsprobleme waren auch schon bei der Entwicklung von anderen Protokollen vorhanden und sind hinlänglich bekannt.

WTLS unterstützt in verschiedenen Versionen eine sehr schwache Verschlüsselung. So kann z.B. ein 35bit – DES Algorithmus verwendet werden. Diese Schlüssellänge mag zwar einfach von mobilen Geräten zu unterstützen sein, bietet aber so gut wie gar keine Sicherheit von Datenübertragungen in Bezug auf Vertraulichkeit, Integrität und Authentizität.

Asymmetrische Verschlüsselung mit dem RSA Algorithmus wird bei WTLS anhand der PKCS#1 V1.5 Spezifikationen durchgeführt. Diese Spezifikation hat einige Sicherheitsprobleme, wenn sie in Zusammenhang mit einem Protokoll verwendet wird, das Nachrichten unterstützt, die als Orakel für die Richtigkeit von Verschlüsselungsversuchen nach PKCS#1 V1.5 verwendet werden können. In WTLS existieren einige Fehlermeldungen, die immer im Klartext übertragen werden und als Orakel verwendet werden können.

Es existieren noch weitere Schwachstellen von WTLS, die sich auf den Umgang mit kryptografischen Funktionen beziehen. Vor allem im Bereich der Integritätsprüfung von Datenübertragungen und bei Hash-Funktionen wurden einige Fehler gemacht. Eine genauere Behandlung dieses Themas würde aber den Rahmen sprengen.

Conclusio

Obwohl sich das Design von WTLS sehr stark an dem vertrauenswürdigen SSL/TLS Protokoll orientiert, ist wichtig zu verstehen, dass WTLS nicht das gleiche Sicherheitsniveau bietet wie SSL/TLS. WTLS wurde von einem kleinen Gremium von Geräteherstellern entwickelt, aber leider nicht ausreichend genug getestet. Damit dieses Protokoll ein adäquates Sicherheitsniveau bietet, muss noch einige Entwicklungsarbeit geleistet werden. Vor

5. Sicherheitsaspekte im mCommerce-Bereich

allem ist es wichtig, dass neuere Versionen, bevor sie in den Geräten implementiert werden, gründlich von einer breiten Öffentlichkeit getestet werden. Damit kann leichter sichergestellt werden, dass grobe Sicherheitsprobleme schon vor der Verwendung erkannt und auch behoben werden.

WAP Gateway Sicherheit

Bei der gesicherten Übertragung von Daten von einem mobilen Gerät zu einem Applikationsserver spielt die Sicherheit des WAP Gateways eine entscheidende Rolle. Das Gateway bildet die Schnittstelle zwischen dem WTLS und SSL/Protokoll, und muss die Daten von einem Protokoll in das andere konvertieren.

Das WAP Gateway muss als Schnittstelle zwischen den Protokollen die Daten, welche zum Applikationsserver übertragen werden sollen, zuerst aus dem WTLS Protokoll entschlüsseln und danach wieder in SSL/TLS verschlüsseln. D.h. die zu übertragenden Daten sind am WAP Gateway zumindest für kurze Zeit immer im Klartext vorhanden.

Das WAP Gateway hat auch sehr wichtige Sicherheitsaufgaben beim Aufbau einer sicheren Übertragung. So muss es zum Beispiel die Authentifizierung von Benutzer und Applikationsserver vornehmen. Das heißt ein Applikationsserver authentifiziert sich beim WAP Gateway beziehungsweise auch umgekehrt und das WAP Gateway authentifiziert sich beim Benutzer. Durch diesen Ablauf kann nie eine direkte Authentifizierung zwischen Applikationsserver und Benutzer erfolgen. In diesem Zusammen-hang muss das Gateway auch Aufgaben im Bereich der Zertifikatsverwaltung und Zertifikatsüberprüfung erfüllen, die bei der Authentifizierung benötigt werden.

Gefährdungen

Grundsätzlich gelten für WAP Gateways die gleichen Gefährdungen wie für andere Server (z.B. Web-Server), die in Internet öffentlich zugänglich sind. Da diese Gefährdungen aber hinlänglich bekannt sind, werden sie hier nicht weiter behandelt. Es werden nur spezifische Gefahren bei WAP Gateways im Zusammenhang mit der Datenübertragung von mobilen Geräten zu Applikationsservern diskutiert.

Wie schon beschrieben liegen am WAP Gateway immer die Informationen im Klartext bereit. Daraus folgt, dass Benutzer und Applikationsserver dem Gateway vertrauen müssen. Dieses Vertrauen ist aber nicht immer unbedingt gegeben. Ein Händler, der einen Applikationsserver betreibt, schließt eine Transaktion mit einem Kunden ab, aber nicht mit dem Mobilfunknetzbetreiber.

Durch den Umstand, dass alle Informationen zumindest kurzzeitig im Klartext vorhanden sind, stellen WAP Gateways ein sehr interessantes Ziel für Angreifer dar. Es ist oft einfacher, die Sicherheit eines Servers zu kompromittieren, als die Verschlüsselung eines Protokolls zu brechen.

Falls die Klartext Informationen gespeichert werden, dann kann im Nachhinein die Sicherheit der Datenübermittlung stark gefährdet sein. Deshalb muss sichergestellt sein, dass sich die Klartext-Informationen so kurz wie möglich im Speicher befinden. Die physikalische Sicherheit muss bei WAP Gateways unbedingt gewährleistet sein und es sollten sehr wenige Personen einen Administrationszugang besitzen.

Conclusio

WAP Gateways sind für die sichere mobile Datenübertragung besonders wichtig, aber durch Ihre Funktionsweise und die Tatsache, dass alle Daten zumindest für kurze Zeit im Klartext vorhanden sind, ein sehr lohnendes Angriffsziel. Durch die Verwendung von WAP Gateways bieten sich auch Chancen vor allem im Bereich Auditing. Da der mobile Netzwerkverkehr über das Gateway laufen muss, können hier sehr gute Logging – Mechanismen zur Überprüfung eingesetzt werden.

Allgemeine Probleme des WAP Security Modells

Abgesehen von den speziellen Problemen der einzelnen Teile des WAP Security Modells existieren für die gesamte Konzeption noch weitere Gefahren.

Dieses Modell bietet **keine wirkliche end-to-end Sicherheit**, welche aber für sichere Transaktionen unbedingt benötigt wird. Das liegt, wie schon erwähnt, am benötigten WAP Gateway, das alle Daten zumindest kurze Zeit im Klartext zur Verfügung hat. In diesem Zusammenhang gibt es auch keine Transparenz für den Benutzer, der glaubt, dass die Daten über die ganze Strecke verschlüsselt übertragen werden. Eine direkte gegenseitige Authentifizierung von Benutzern und Applikationsservern ist nicht möglich, weil immer der Umweg über das WAP Gateway erfolgt.

Das WAP Security Modell sorgt nur für die Übermittlung von Daten über einen sicheren Kanal. Dadurch werden elektronische

Geschäftstransaktionen zwar sicher von einem mobilen Gerät zu einem Applikationsserver übermittelt, aber die Authentizität und die Verantwortlichkeit der Transaktion selbst ist durch dieses Model nicht gewährleistet. Dafür müssen eigene Modelle, die das WAP Security Modell verwenden, erstellt werden.

Ein grundsätzliches Problem von mobilen Geräten im Vergleich zu herkömmlichen PCs ist die Schwierigkeit der Updates von Software. Dabei sind Updates immer wieder dringend nötig, um erkannte Probleme in Software und Protokollen beheben zu können. Wenn keine Update-Möglichkeit besteht, hilft es leider auch nichts, neue verbesserte Protokolle zu entwickeln, da diese nicht auf allen Geräten eingesetzt werden können.

Fazit

Das WAP Security Modell ist ein Versuch Vertraulichkeit, Integrität und Authentizität bei der Übermittlung von Daten über mobile Internet Kommunikationswege zu ermöglichen. Leider gibt es aber in diesem Modell noch einige erhebliche Schwachstellen. Die müssen noch gelöst werden bevor man das WAP Security Modell zur sicheren Datenübertragung einsetzen kann. In Zukunft, wenn die Ressourcen-Beschränkungen von mobilen Geräten nicht mehr in dem jetzigen Maße vorhanden sind, ist es möglich, eine sichere Datenübertragung zu verwirklichen. Auf jeden Fall gehen die Entwicklungsschritte in diese Richtung. In absehbarer Zukunft könnte auch schon das WTLS Protokoll durch ein echtes SSL/TLS Protokoll ersetzt werden und somit auch eine durchgehende end-to-end Sicherheit gewährleisten.

Verbesserungsmöglichkeiten und Trends

Wie bereits erwähnt ist der Bereich des mCommerce äußerst dynamisch. Die verwendeten Standards und eingesetzten Technologien werden fortlaufend verbessert und an die Rahmenbedingungen eines gestiegenen Bedrohungspotentials angepasst. Im folgenden werden einige Bereiche aufgeführt, in denen noch Potential für Verbesserungen gegeben ist, oder in denen bereits Verbesserungen entwickelt werden:

- Anstatt proprietärer oder abgespeckter, und dadurch unsicherer, kryptografischer Verfahren wird zunehmend die Notwendigkeit für die Integration ausreichend sicherer, getesteter Verfahren erkannt und auch forciert.

- Wenn sichergestellt werden kann (zum Beispiel über Sicherheitsrichtlinien geregelt), dass eine eindeutige Zuordnung zwischen Benutzer und Endgerät möglich ist, können in Kombination mit Smartcards die Qualität von Authentifizierung und Accountability stark erhöht werden.
- Viele Geräte enthalten bereits eine SIM-Karte, die auch mit kryptografischen Funktionen ausgestattet werden kann und sich dadurch wie eine Smartcard verhält. Andere Geräte besitzen die Möglichkeit, Smartcards zu integrieren (Funge bietet zum Beispiel Smartcard-Adapter für Nokia, Siemens und Motorola Mobiltelefone so wie verschiedene Palmtops). Dadurch wird die Authentifizierung von Benutzer und die Verschlüsselung von Datenübertragungen erleichtert.
- Durch die Provider können sich verbesserte Login-Mechanismen und Abrechnungsmechanismen ergeben. Dazu müssen allerdings bestehende Protokolle (zum Beispiel Abrechnung über die Handyrechnung) im Hinblick auf ihre Sicherheit noch verbessert werden.
- Die Authentifizierung der Benutzer beim Betreiber des Mobilfunknetzes muss verbessert werden. Zur Zeit werden prinzipiell nur das Endgerät und die verwendete SIM-Karte erkannt.
- Die Betreiber von Mobilfunknetzen können bei vermuteten Verletzungen der Sicherheit die Endgeräte relativ rasch und einfach sperren. Dies gestaltet sich bei herkömmlichen Systemen oft recht schwierig.

Abschließend gilt es zu bemerken, dass zwar zur Zeit noch gravierende Mängel in den Sicherheitsmechanismen für mCommerce vorhanden sind, dass es aber durchaus ernstzunehmende Verbesserungsansätze gibt und mittelfristig ein zufriedenstellendes Sicherheitsniveau erreichbar scheint.

Literatur und Referenzen

- Sami Jormalainen & Jouni Laine, „Security in WTLS", 10.1.2000, http://www.hut.fi/~jtlaine2/wtls/
- Saarinen, Markku-Juhani, "Attacks against the WAP WTLS Protocol", 20.9.1999 http://www.jyu.fi/~mjos/wtls.pdf>
- Mike McMurry, "Wireless Security", 22.1.2001 http://www.sans.org/infosecFAQ/wireless/wireless_sec.htm

- Christopher J. Holm, "The Present and Coming Security Threat Security of Internet Appliances", 10.1.2001
  http://www.sans.org/infosecFAQ/wireless/appliances.htm
- Joseph (Ted) Combs, "Security Models for M-Commerce", 20.12.2000
  http://www.sans.org/infosecFAQ/wireless/models.htm
- Stephen Gillian, "Vulnerabilities within the Wireless Application Protocol", 31.8.2000
  http://www.sans.org/infosecFAQ/wireless/WAP.htm
- John Schramm, "Security Issues in WAP and I-Mode", 2.12.2000
  http://www.sans.org/infosecFAQ/wireless/WAP4.htm
- Mobile Electronic Signature Consortium:
  http://www.msign.de
- TIBCO Funge™ Stock Trading Whitepaper:
  http://www.fungesystems.com/pdf/tibco.pdf
- Baltimore Telepathy Wireless Security:
  http://www.baltimore.com/telepathy/telepathy/suite.html
- Projekt moSign (mobile Signature): http://www.mosign.de

G Glossar

ARPU

Average Revenue per User. Mit dieser Kennzahl geben Mobilfunkunternehmen den durchschnittlichen monatlichen Umsatz pro Kunden an. Die Kennzahl ist zum Beispiel für die Bewertung von Mobilfunkunternehmen oder Services eine wichtige Meßgröße.

Bluetooth

Die Bluetooth-Technik ist in den Bereich der Kurzstreckenfunktechnik einzuordnen. Bluetooth soll den Datenaustausch und die Kommunikation mobiler Geräte wie PDA, Mobiltelefon und anderen digitalen Geräten unterstützen und somit Kabelverbindungen und Infrarotschnittstellen überflüssig machen. Die Datenverbindung wird dabei auch durch Wände aufrecht erhalten (kein Sichtkontakt nötig). Die theoretisch maximale Übertragungsrate liegt bei 6 Mbit/s.

EDGE

Enhanced Datarates for GSM Evolution. Ein weiterer Übertragungsstandard der dritten Generation, dessen Einführung aber noch ungewiß ist. EDGE soll Datenraten von bis zu 384 Kbit/s ermöglichen und käme daher zur flächendeckenden Versorgung solcher Regionen in Frage, die nicht durch UMTS versorgt sind. Für EDGE sind jedoch auch spezielle, kompatible Endgeräte notwendig.

GPRS

General Packet Radio Service. Übertragungsstandard der dritten Generation (3G). Im Gegensatz zu 2G wird hier nicht mehr volumen-, sondern paketorientiert abgerechnet, d.h. nach Anzahl der übertragenen Daten und nicht nach Dauer der Verbindung. GPRS-Endgeräte sind daher ständig online (der sogenannte „always-on"-Modus). Die maximale theoretische Übertragungsgeschwindigkeit liegt bei 171,2 Kbit/s, erste Geräte erreichen jedoch momentan nur 20 bis 40 Kbit/s.

GSM

Global System for Mobile Communications. Derzeit am weitesten verbreiteter Mobilfunkstandard der zweiten Generation (2G). Mit GSM sind maximale Datenübertragungsraten von 14,4 Kbit/s möglich.

HiperLAN2

High Performance Local Area Network. Als nächste Generation von Wireless LANs ist dieses Netzwerk in Vorbereitung. Die Reichweite ist momentan auf 200 Meter begrenzt. Die Durchgangsraten sind mit bis zu 54 Mbit/s sehr hoch. HiperLAN2 arbeitet im lizenzfreien Bereich über 5 GHz.

HSCSD

High Speed Circuit Switched Data. Übertragungsstandard der zweiten Generation, der auf der gleichzeitigen Bündelung mehrerer GSM-Zeitschlitze aufbaut. Die theoretisch maximal Übertragungsgeschwindigkeit liegt bei 57,6 Kbit/s.

i-Mode

Vom japanischen Telekommunikationsunternehmen NTT DoCoMo entwickelter mobiler Datenservice, der im Juli 2001 über 25 Millionen Kunden verzeichnete. Programmiersprache von i-Mode ist das sog. cHTML (compact HTML). Im Gegensatz zu WML (→siehe auch WAP) können mit cHTML auch animierte Bilddateien bis zu 256 Farben sowie bis zu 10 Textzeilen programmiert werden. Für den i-Mode-Dienst sind spezielle kompatible Endgeräte nötig (z.B. Handys mit Farbdisplay).

IrDA

Infrared Data Association. Bezeichnung für die in Handys, Notebooks, PDAs eingesetzte Infrarotschnittstelle. Die Infrarotübertragungstechnik ist bereits weit verbreitet. Allerdings dürfen die beiden kommunizierenden Geräte nicht weiter als 1 Meter voneinander entfernt sein. Die theoretisch maximale Übertragungsrate liegt bei 16 Mbit/s (Very Fast IR = VFIR).

LBS

Location Based Services. Ortsbezogene, personalisierte Mehrwertdienste für Mobilfunkkunden. Durch die Fähigkeit, das mobile Endgerät eines Nutzers in Ballungsgebieten bis auf wenige Meter lokalisieren zu können, kann der Provider dem Kunden zeitnah Informationen aus der Umgebung auf das Gerät zukommen lassen. Möglich sind sowohl Push- wie auch Pullinformationen.

MNO

Mobile **N**etwork **O**perator. In Deutschland sind insgesamt sechs UMTS-Lizenzen vergeben worden: D2Vodafone, Deutsche Telekom, E-Plus, Group3G, Mobilcom und Viag Interkom. Jeder der MNO muß in ein eigenes UMTS-Netz investieren. Darüber hinaus hat jedoch jedes Unternehmen die Möglichkeit, eigene Kapazitäten an dritte Unternehmen zu vergeben (z.B. an einen sogenannten MVNO).

MVNO

Mobile **V**irtual **N**etwork **O**perator. Ein MVNO ist ein Unternehmen, daß den eigenen Kunden mobile Services der dritten Generation anbieten kann, ohne über eine eigene Netzinfrastruktur zu verfügen. Somit wird das Netz eines MNO im Rahmen eines Partnerabkommens genutzt. Der MVNO kann dabei ein Telekommunikationsunternehmen oder ein branchenfremdes Unternehmen sein. Aus Sicht der Kunden handelt der MVNO auf eigene Rechnung, vermarktet eigene SIM-Karten und verfolgt ein eigenständiges Branding.

PAN

Personal **A**rea **N**etwork. Im Gegensatz zum Wide Area Network (WAN) und Local Area Network (LAN) dient das PAN lediglich zur Abdeckung der unmittelbaren Benutzerumgebung. Es wird hauptsächlich über die direkte Kommunikation zwischen Endgeräten definiert. Anwendung finden vor allem Bluetooth und Infrarotübertragung (IrDA).

PDA

Personal **D**igital **A**ssistant. Elektronische Organizer im Handheld-Format, die u.a. Applikationen zur Terminplanung sowie Adress- und Telefonnummernverwaltung bieten. Der PDA kann über eine Infrarotschnittstelle mit dem PC, über das Mobiltelefon mit dem Internet oder direkt mit dem Internet verbunden werden. Es ist darüber hinaus möglich, daß der PDA auch die Sprachtelefonie mitübernimmt und sich somit der Funktionalität von Smartphones annähert.

G Glossar

SIM-Karte

Subscriber Identity Modul. Die SIM-Karte verwaltet die wichtigsten persönlichen Daten des Mobilfunkkunden - wie zum Beispiel die Authentifizierung gegenüber dem Netzwerk und ein privates Telefonnummernverzeichnis. Herausgeber der SIM-Karte ist der jeweilige Mobilfunknetzbetreiber. Die Karte ist in allen kompatiblen Geräten einsetz- und nutzbar.

Smartphone

Das Smartphone ist als Ausbaustufe der heute existierenden Mobilfunkendgeräte zu sehen. Smartphones der Zukunft verfügen über wesentlich mehr Funktionen als nur die reine Sprachtauglichkeit. So sind beispielsweise ausklappbare Farbdisplays, integrierte Lautsprecher sowie die Migration von der Tastatur hin zum Touchscreen möglich.

Stinger

Stinger ist eine Plattform für Smartphones, entwickelt von Microsoft. Samsung, Sendo und Mitsubishi entwickeln ihre mobilen Clients auf Basis von Stinger. Voraussichtlich Ende 2001 werden erste Geräte auf den Markt kommen. Die Plattform soll Endgeräte der dritten Generation mit zusätzlichen Funktionen wie Terminplaner und Adressverwaltung ausstatten sowie die Verwaltung von Audio- und Videodaten ermöglichen. Stinger ist als Alternative zur Symbian-Plattform anzusehen.

Symbian

1998 gegründetes Konsortium zur Etablierung und Festlegung neuer Mobilfunkstandards. Entwicklungsmitglieder sind Ericsson, Panasonic, Motorola, Nokia, Psion, Siemens, Sanyo und Sony. Ziel von Symbian ist die Forschung und Weiterentwicklung des Symbian-Betriebssystems als de-facto-Standard für mobile Endgeräte.

UMS

Unified Messaging System. Unified Messaging ist die Verarbeitung von sämtlichen Kommunikationskanälen wie Fax, eMail und Sprache in einer einzigen Inbox. Einzelne Nachrichten werden dabei in entsprechende Formate konvertiert. Diese Nachrichtenbox kann vom Empfänger via eMail-Client oder per Telefon abgerufen werden. So werden zum Beispiel Textnachrichten dem abhörenden Nutzer am Telefon elektronisch vorgelesen.

Besonders interessant ist Unified Messaging für den mobilen Einsatz, da beispielsweise ein Arbeitskollege mit jeder Art von Nachricht direkt erreicht werden kann.

UMTS

Universal **M**obile **T**elecommunication **S**ystem. Der Standard der dritten Mobilfunkgeneration, der in Ballungszentren Datenübertragungsraten von bis zu 2 Mbit/s unter Optimalbedingungen verspricht. Eine Besonderheit ist die sogenannte Zellatmung – je nach Anzahl der Sender/Empfänger wächst beziehungsweise schrumpft die Leistungsfähigkeit der verwendeten Funkzelle.

VPN

Virtual **P**rivate **N**etwork. Ein VPN ist ein privates Datenkommunikationsnetzwerk für eine fest definierte ausgewählte Benutzergruppe, zum Bespiel die Mitarbeiter eines Unternehmens. Das VPN nutzt dabei die Infrastruktur von Telekommunikationsunternehmen und zeichnet sich durch eine zusätzliche Verschlüsselung aus. Diese Verschlüsselung basiert dabei auf dem PPTP-Protokoll (Point-to-Point Tunneling Protocol).

WAG

Wireless **A**pplication **G**ateway. Das WAG fungiert als Mittler zwischen der mobilen Welt und dem Internet. Die Anfragen eines mobilen Clients werden somit vom WAG entgegen genommen, umkonvertiert und über eine gesicherte Verbindung an den mobilen Applikationsserver weiter geleitet. Umgekehrt konvertiert das WAG generierte (abgerufene) Seiten in das entsprechende Format des Clients.

WAP

Wireless **A**pplication **P**rotocol. An das aus dem Internet bekannte Hypertext Transfer Protocol (http) angelehnter Standard, der für die Übertragung von Informationen auf Endgeräte mit bedingt grafiktauglichen Displays gedacht ist. Zur Anzeige der Informationen wird die Seitenbeschreibungssprache WML (Wireless Markup Language) eingesetzt. Eine durchschnittliche WAP-Seite ist etwa 1,4 Kilobyte groß, größere Dateien können von den meisten Endgeräten nicht verarbeitet werden.

Wireless LAN

Wireless Local Area Network. Drahtloses Funkverkehrsnetz, bei dem die Reichweite auf die Abdeckung einer lokalen Umgebung – zum Beispiel das eigene Büro – begrenzt ist. Je nach verwendetem Übertragungsverfahren wird eine Datentransferrate von bis zu 11 Mbit/s im 2,4-GHz-Band erreicht. Für das Wireless LAN existiert seit einiger Zeit die Standardspezifikation IEEE 802.11b.

A Autorenverzeichnis

Eva Adelsgruber

Eva Adelsgruber, seit 12/99 als Strategy Consultant tätig bei der KPMG Consulting AG, hat sich auf den Telekommunikationssektor spezialisiert. Nach Abschluß des Studiums der Volkswirtschaftslehre und Wirtschaftsgeographie mit dem Schwerpunkt 'Telekommunikative Dienstleistungen' hat Eva Adelsgruber Telekommunikationsanbieter bei der Entwicklung von Geschäftsplänen, Markteintritts- und Marketingstrategien begleitet. Erste Erfahrungen im UMTS Geschäft wurden bei der Unterstützung von Festnetz- und Mobilfunkanbietern bei der Lizenzvergabe in Norwegen, Deutschland, Portugal und Schweiz gesammelt. In diesem Zusammenhang wurden die Anbieter auf das UMTS Geschäft vorbereitet - von der Strategie bis hin zur Definition der notwendigen Organisation, Netz- und Systeminfrastruktur.

Dietmar Böker

Bereits vor seinem Eintritt bei der KPMG Consulting AG arbeitete der Diplom-Wirtschaftsingeneur Dietmar Böker zwei Jahre lang als freiberuflicher Unternehmensberater. Seit dem Jahr 2000 beschäftigt er sich bei KPMG mit Lösungen für den Bereich eWorkforce Optimisation. Ein Schwerpunkt seiner Arbeit liegt dabei in webbasierten Reisekosten-Managementsystemen. Herr Böker betreut Unternehmen auf internationaler Ebene bei der Auswahl, Anpassung und Implementierung solcher Systeme. Die Prozessoptimierung und sinnvolle Anpassung der Reisepolicies an die Möglichkeiten der neuen Softwarelösungen sind Teil seines Tätigkeitsspektrums.

Derzeit arbeitet Herr Böker an einem Projekt zur Einführung einer Travel-&-Expense Lösung für 30.000 Benutzer in Canada, USA, Frankreich, Deutschland und Japan. Eine besondere Herausforderung dieses Projektes ist die Konsolidierung der T-&-E Abläufe zu einem einheitlichen, globalen Prozess innerhalb der inhomogenen Prozess- und Systemlandschaft eines Pharmaunternehmens in der Post-Merger-Phase.

Anya Elis

Nach dem Studium der Computerlinguistik, Anglistik und Psychologie leitete Frau Elis mehrwöchige Multimedia Seminare, bevor sie in das Technische Produktmanagement bei T-Online wechselte. Danach arbeitete sie als Vertriebsleiterin bei Infinigate, Key Account Manager DACH Cobalt Networks und Geschäftsführerin Marketing und Vertrieb bei der Versatel Internet Group. Als Managerin Business Development Wireless Oracle nimmt Frau Elis die vertrieblichen und marketingtechnischen Aufgaben bei der Geschäftsentwicklung für den 9i Application Server Wireless wahr.

Elyes Ennigrou

"L' avenir, tu n' as pas à le prévoir, tu as à le permettre." (Saint Exupéry)

Dipl.-Ing. Elyes Ennigrou wurde am 24.06.1972 in Tunis geboren. Er studierte Elektrotechnik mit den Schwerpunkten Telekommunikationsnetze und Informationstechnologie an der Universität Hannover. Seit 1999 ist er als Berater bei KPMG Consulting AG im Bereich eBusiness Technology tätig. Er hat zahlreiche Projekte auf dem Gebiet Integration von eBusiness Applications mit mySAP.com-Systemen erfolgreich durchgeführt. Zur Zeit beschäftigt sich mit Thematiken des eBusiness Access (Entreprise Portals, Mobile Access, u.a.) und der Backend-Integration mittels XML-Technologien.

Elyes Ennigrou interessiert sich für arabische Musik und ist ein begeisterter Wasserball-Spieler.

"Ich möchte meinen Beitrag in diesem Buch meiner Familie und speziell meinem verstorbenen Vater M' hamed Ali widmen, der mich erst verlassen hat, nachdem er mir in seiner einfühlsamen und ruhigen Art die Türen zum Leben geöffnet hat."

"Je dédie mon article à tout les membres de ma famille et spécialement à papa M' hamed Ali, décédé récemment et qui ne m' a quitté qu' après m' avoir ouvert les portes de la vie." Elyes Ennigrou, Juni 2001

Dipl-Kfm Stefan Rotger Greve

Stefan Rotger Greve, geboren am 01 Juni 1966 in Weinheim/Bergstraße, studierte Betriebswirtschaftslehre mit den Schwerpunkten Wirtschaftsinformatik und Marketing an der Universität des Saarlandes in Saarbrücken. 1993 war er als Projektassisten bei der Sietec Consulting GmbH & Co OHG im Bereich Management Consulting in der Prozeßanalyse tätig. Von 1994 bis 1999 war er bei Bosch Telecom GmbH beschäftigt. Nach dem Einstieg als Trainee im Technischen Service in der Telekommunikationsbranche wechselte er 1995 als Consultant im internen Consulting in die Prozeßanalyse der Vertriebssteuerung und des Vertriebscontrollings. Anschließend war er als Senior Consultant im Bosch Telecom Systemhaus für das management Consulting zuständig. Im Rahmen dessen war er sowohl als Projektmitarbeiter als auch als projektleiter in den Bereichen Prozeßanalyse, Customer Relationship Management und Call-Center tätig. Seit Dezember 1999 ist Herr Stefan Rotger Greve bei der KPMG Consulting AG im Bereich Communications beschäftigt. Als Manager ist er für die Leitung des Voice over IP-Teams und für die Integration von Voice over IP-Lösungen im Carrier-, Service-Provider- und Enterprise-Bereich verantwortlich.

Dr.-Ing. Detlef Hartmann

Herr Dr. Detlef Hartmann, geb. am 04. August 1952 in Bonn, studiert von 1973 bis 1979 Maschinenbau mit Schwerpunkt Energietechnik und Fabrikbetriebslehre an der Universität Stuttgart. Seine ersten beruflichen Erfahrungen sammelt er bereits während des Studiums durch diverse Industriepraktika, u.a. bei Siemens Medical Systems, Conneticut (USA). Nach dem Abitur und der Wehrdienstzeit arbeitete er ab 1979 im wissenschaftlichen Bereich an der Forschungsstelle für Energiewirtschaft in München. Anschließend im Jahre 1980 wechselt er als akademischer Rat a.Z. an den Lehrstuhl für Energiewirtschaft der Technischen Universität München und promoviert 1986 an der Fakultät für Elektrotechnik zum Dr.-Ing.. Von 1986 bis 1990 arbeitet er als Organisationsplaner bei der Firma Siemens AG, München im Bereich der Zentralen Logistik. 1990 tritt er in einer operativen Holding, der Isar-Amperwerke Beteiligungsgesellschaft eine Stelle als technischer Referent mit Verantwortung für die Sparten Datenverarbeitung, Maschinenbau, Elektrotechnik und Elektronik an. Seit Oktober 1991 arbeitet Herr Dr. Detlef Hartmann bei der KPMG Consulting, wo er zunächst als Manager für das Geschäftsfeld Produktion und Logistik verantwortlich ist. Nach vier Jahren, 1995, übernimmt er als Partner der KPMG Gruppe die Verantwortung für ein Team von 20 Beratern und Managern im Bereich Organisation und Informationstechnologie.

Von 1996 bis 1999 leitet er das bundesweite Supply Chain Management und baut diesen Service innerhalb der bundesweiten KPMG auf. Seit Januar 2000 ist er der Leiter des Profit Centers eBusiness mit einem schnell wachsenden Team von ca. 160 Mitarbeitern zum Dezember 2000.

Jörg Kampers

Jörg Kampers, geboren am 06. September 1963 in Bad Neuenahr/Ahrweiler, studierte Physik und Volkswirtschaftslehre an der Rheinischen Friedrich-Wilhelm Universität in Bonn. 1987 war er als Produktmanager bei der Commodore Büromaschinen GmbH tätig. Von 1989 bis 1991 war er bei der Micorware Distributions GmbH im Key-Account und OEM-Vertrieb beschäftigt. Danach wechselte er 1992 als KeyAccount-Vertriebsmitarbeiter zu Dell-Computer in Langen und betreute den Großkundenbereich in NRW. Anschließend war er bis 1998 als selbstständiger Berater im Projektgeschäft tätig und betreute u.a. Projekte bei Informix, Network Associates und Asanté Technologies. Danach war Jörg Kampers bis Oktober 2001 bei Lucent Technologies und zuletzt innerhalb des Spinoffs Avaya Deutschland GmbH als Director Global Service Provider tätig. Seit November 2001 ist Herr Jörg Kampers bei der MobileAware Deutschland GmbH beschäftigt. Als Geschäftsführer ist er für den Aufbau der Gesellschaft, sowie für den Vertrieb des Mobility Server *Everix^{TM}* für Zentral- und Osteuropa verantwortlich.

Niels Klußmann

Niels Klußmann ist seit August 2000 als Program Manager in der Internet Business Solutions Group (IBSG) von Cisco Systems tätig. Dort widmet er sich der Beratung von Netzbetreibern und Service Providern in den Bereichen E-Business und strategischer Positionierung. Vor Cisco Systems war er bei der PricewaterhouseCoopers Unternehmensberatung in Düsseldorf tätig und arbeitete dort für nationale und internationale Kunden aus dem Telekommunikationsbereich in den Bereichen strategische Planung eines Technologieportfolios, Business-Plannings und Organisations- sowie Prozeßdesigns. Zuvor war er für die Eutelis Consult und im Mobile Applications Laboratory des Ericsson Eurolab Deutschland in Herzogenrath bei Aachen tätig. Niels Klussmann studierte Elektrotechnik und Wirtschaftsingenieurwesen an der RWTH Aachen und ist Autor des "Lexikon der Kommunikations-

und Informationstechnik" (3. Auflage, erschienen im Hüthig-Verlag).

Kai Koster

Dipl.-Wirtsch.-Ing. Kai Koster zeichnet bei der KPMG Consulting AG als Engagement Manager für den Bereich Mobile Business verantwortlich. Zu seinen Aufgabenbereichen gehören das Alliance-Management im Mobile Business-Umfeld und Aufbau sowie Weiterentwicklung von Mobile Business Solutions, insbesondere auf Basis von Wireless Application Gateways. Aus dieser Tätigkeit ging im Februar 2001 unter anderem die KPMG-Studie „e-goes m- Starting the Mobile Future 2001" hervor, die gemeinsam mit Compaq, Microsoft, Infonova Technology und dem Industriestiftungsinstitut eBusiness an der Universität Klagenfurt durchgeführt wurde. Einen weiteren Interessenschwerpunkt von Herrn Koster bildet das Umfeld Groupware und Online-Marketing, welches er in einer Publikation zum Thema „Informations- und Kommunikationstechnologien für Unternehmen" ausführlich erörtert hat. Vor seinem Eintritt in KPMG war Herr Koster u.a. bei den SAP Labs Mannheim im Bereich Organisation und Marketing beschäftigt.

Prof. Dr. Franz Lehner

Professor Dr. Franz Lehner, Jahrgang 1958, stammt aus Österreich. Er studierte nebenberuflich Informatik in Wien und Linz und war anschließend 3 Jahre selbständig als DV-Berater tätig. Er ist gerichtlich beeideter Sachverständiger für Datenverarbeitung. Von 1986 bis 1992 war er als Universitätsassistent an der Johannes-Kepler-Universität Linz beschäftigt und habilitierte sich dort 1992 im Fach Wirtschaftsinformatik. Er verfaßte bisher 20 Bücher zu verschiedenen Themen der Informationstechnik und der Wirtschaftsinformatik sowie mehr als 100 Aufsätze in Fachzeitschriften und Sammelbänden. Ab 1993 Lehstuhl für Informationsmanagement an die WHU Koblenz, 1995 Gründungspräsident der Donau-Universität Krems, seit 1996 Inhaber des Lehrstuhls für Wirtschaftsinformatik an der Universität Regensburg, wo neben E-Learning und Wissensmanagagement der Forschungsschwerpunkt Mobile Business aufgebaut wird.

O.Univ. Prof. Dr. Dr. h. c.- Heinrich-C. Mayr

O.Univ.Prof.Dr.Dr.h.c. Heinrich C. Mayr studierte ab 1969 Informatik an den Universitäten Karlsruhe und Grenoble; Diplom 1972, Promotion 1975, beides an der Universität Grenoble. Zwischen 1975 and 1983 war er wiss. Assistent und Hochschulassistent an der Universität Karlsruhe sowie Gastdozent bzw. Gastprofessor für die Bereiche Datenbanktechnologie und Informationssysteme an verschiedenen deutschen Universitäten. Von 1984-1990 war er als Geschäftsführer eines Softwarehauses verantwortlich für den Geschäftsbereich 'Betriebliche Informationssysteme'. Seit 1990 ist er ordentlicher Universitätsprofessor für 'Praktische Informatik' am Institut für Wirtschaftsinformatik und Anwendungssysteme der Universität Klagenfurt. Seine aktuellen Forschungsschwerpunkte sind Business Technologies, Requirements Engineering und Entwurfsmethoden für Informationssysteme, Softwareprojekt-management und Distance Education. Er ist Autor bzw. Herausgeber von mehr als 100 internationalen wissenschaftlichen Publikationen. Derzeit ist er Präsident der Gesellschaft für Informatik (GI), Vizepräsident des Software-Internet-Cluster Kärnten (SIC), Leiter des Industriestiftungsinstitutes E-Business an der Universität Klagenfurt, Vorstandsmitglied der Österreichischen Computergesellschaft (OCG) und Sprecher von I-12, des Strategiekreises der Informatik-Fachgesellschaften in Deutsch-land, Österreich und Schweiz.

Dr. Thai-Lai Pham

Thai-Lai Pham studierte an der TU München Elektro- und Informationstechnik mit dem Studienschwerpunkt Telekommunikations- und Informationstechnik und schloß 1998 das Studium als Diplom-Ingenieur ab. Danach ging er nach Princeton und arbeitete bei Siemens Corporate Research (SCR), einer Forschungseinrichtung der Siemens AG, als Nachwuchswissenschaftler im Bereich Multimedia und Videotechnologien. Seine Forschungsinteressen umfassen die Bereiche Ubiquitous & Mobile Computing, Multimedia, HCI (Human-Computer-Interaction) und Interface-Design. Während der Zeit bei SCR entstand seine wissenschaftliche Arbeit zum Thema Ubiquitos Computing. Diese wurde für seine gegenwärtige Promotion an der TU München eingereicht. Thai-Lai Pham ist Autor mehrerer wissenschaftlicher Beiträge zum Thema Mobile Computing. Seit September 2000 ist er bei der KPMG Consulting AG als Senior Consultant im Bereich eBusiness tätig.

Matthias Rosner

Studium Generale in Philosophie und Verhaltenswissenschaften, Studium der Betriebswirtschaftslehre mit den Schwerpunkten Marketing, Organisation und Wirtschaftsinformatik an der Freien

Universität Berlin. Abschluß zum Diplom-Kaufmann. Studienaufenthalte an der Ecole des Hautes Etudes en Sciences Sociales in Paris und an der Universität Kobe in Japan. Praktika in der Unternehmensberatung und der informationstechnischen Industrie. Lehrbeauftragter an der Ritsumeikan Universität in Kyoto und der Universität Osaka. Vertriebsbeauftragter bei Kyobi Ltd. in Kyoto. Seit Herbst 2000 Consultant Communications bei der KPMG Consulting AG.

Stefanie Rothenbücher

Frau Stefanie Rothenbücher ist seit September 2000 bei Microsoft als Product Manager, Microsoft Mobility Group, tätig. Ihre Aufgabenbereiche umfassen die Entwicklung und die Durchfüh-rung von Co-Marketingmaßnahmen mit OEM-Partnern sowie unabhängigen Softwareherstellern. Der Fokus liegt dabei bei der Positionierung und Vermarktung von mobilen Lösungen, die auf den mobilen Plattformen von Microsoft basieren. Des Weiteren betreut Stefanie Rothenbücher den Aufbau der Vertriebskanäle für mobile Endgeräte von Microsoft.

Vor ihrem Eintritt bei Microsoft war Stefanie Rothenbücher 6 Jahre bei Vobis Microcomputer AG beschäftigt. Dort war sie als Store Manager, im Produktmarketing und als Projektleiterin tätig.

Nina Schäfer

Nina Schäfer ist seit Ende 2000 bei der KPMG Consulting AG als Strategy Consultant im Bereich Telekommunikation mit Sitz in Düsseldorf tätig. Schon während ihres Studium der internationalen Betriebswirtschaftslehre an der Universität Lausanne hat sich Nina Schäfer auf die Bereiche Marketing und Strategie fokussiert. Bei der KPMG Consulting AG berät Frau Schäfer Unternehmen der Telekommunikations-Branche, insbe-sondere Mobilfunkanbieter, europaweit bei strategischen Fragestellungen mit den Schwerpunkten Geschäftsplanung, Markeintrittsstrategien und Portfolio Management.

Aleksandar Smiljanic

Aleksandar Smiljanic arbeitet seit 1997 im Umfeld der Neuen Medien bzw. des Internet. Als selbständiger Berater hat er für kleine und mittelständische Betriebe Strategien und eBusiness-Lösungen entwickelt und implementiert. Im Rahmen eines bayerischen Hochschulprojektes hat er unter anderem die Konzeption und Umsetzung einer virtuellen Infotainment-Shopping Mall mittels Virtual Reality Markup Language (VRML) realisiert. Bevor er zur KPMG Consulting AG wechselte, war er Marketingstratege und technischer Projektleiter eines amerikanischen B2C-Startup´s, wo er sich erstmalig mit der mCommerce-Thematik im Rahmen von Location Based Service-Konzepten beschäftigte. Aleksandar Smiljanic ist bei der KPMG Consulting AG als Berater im Sektor ICE (Information, Communication & Entertainment) für die Bereiche marketing, CRM und mBusiness zuständig. Augenblicklich arbeitet er an zwei Implementierungen mobiler Lösungen für die Bereiche Außendienststeuerung/Sales Force Automation und mFinance als technischer Teilprojektleiter.

Norman Stürtz

Norman Stürtz hat vor seiner Tätigkeit bei KPMG dreieinhalb Jahre bei JPMorgan in Frankfurt und London gearbeitet. Nach anfänglicher Projektarbeit im Midoffice, kam nach einem Jahr die Aufgabe als Händler und Projektmanager im Repobereich. Diese Tätigkeit führte zu weiterer Verantwortung im Treasury als Manager des kurzfristigen Zinsportfolios. Abschließend folgte eine Tätigkeit im Devisen Sales der Morgan Guaranty Trust in London. Norman Stürtz ist seit August 1997 bei KPMG Consulting tätig. Hier führten ihn ein Projekt zum web-basierten Devisenhandel in die eBusiness Thematik und den Bereich eStrategy&eProcesses. Seit Sommer 2000 arbeitet Herr Stürtz in der Gruppe Solutions & Alliances des Financial Services Bereiches der KPMG Consulting. Im Rahmen dieser Tätigkeit ist Herr Stürtz für die Initierung, Koordination und Marketing von eBusiness Lösungen und die Betreuung von Allianzen zuständig.

Torsten Tönnies

Torsten Tönnies, geboren 1971, ist seit Januar 2000 als Strategieberater bei der KPMG Consulting AG tätig. Seine Beratungsschwerpunkte liegen in der Entwicklung von Geschäftsmodellen, Markteintritts- und Marketingstrategien sowie Organisations-, Planungs- und Vertriebskonzepten in der Telekommunikationsindustrie.

Nach seiner Ausbildung zum Bankkaufmann studierte Herr Tönnies Betriebs-wirtschaftslehre mit den Schwerpunkten Internationales Marketing und Wirtschaftsrecht an der Universität Münster. Erste Projekterfahrungen im Bereich Telekommunikation sammelte Herr Tönnies bereits während seines Studiums. Seither unterstützte er europaweit zahlreiche Festnetz- und Mobilfunkanbieter sowie Telekommunikationsausrüster beim Auf- und Ausbau ihrer Geschäftstätigkeiten.

Christian Wilfing

Christian Wilfing absolvierte in der Zeit von 1991 bis 1997 das Studium der technischen Mathematik an der TU Graz, das er 1997 mit Auszeichnung abschloss. Während des Studiums und danach bis zum Eintritt in die Infonova war Herr Wilfing selbständig im Bereich der EDV-Dienstleistung tätig. Die Tätigkeitsfelder erstreckten sich von Beratung über Training bis hin zur Konzeption und Implementierung komplexer EDV-Lösungen. 1997 erfolgte eine Anstellung am Institut für Angewandte Informationsverarbeitung und Kommunikations-technologie an der TU Graz. Der Arbeitsschwerpunkt lag im Bereich Java- und Internet-Security. Im Rahmen dieser Tätigkeit war Herr Wilfing auch in den Aufbau des A-Sign Trustcenters involviert. 2000 erfolgte der Einstieg bei INFONOVA GmbH als IT-Consultant und Project Manager im Geschäftsfeld „Company-Security" der Niederlassung Graz. In dieser Funktion ist er für strategische Entwicklungen im Bereich des Security-Consulting, sowie für die Evaluierung und Integration von Security-Konzepten- und Maßnahmen für den gesamten IT-Bereich verantwortlich.

Weitere Titel aus dem Programm

Helmut Dohmann/Gerhard Fuchs/Karim Khakzar (Hrsg.)
Die Praxis des e-Business
Technische, betriebswirtschaftliche und rechtliche Aspekte
2001. ca. 360 S. Br. ca. € 34,50　　　　　　　ISBN 3-528-05774-2
Inhalt: e-Business-Systeme - Netzwerke und Sicherheit - Betriebswirtschaftliche und rechtliche Aspekte - Multimedia - Anwendungen

Volker Warschburger/Christian Jost
Nachhaltig erfolgreiches E-Marketing
Online-Marketing als Managementaufgabe:
Grundlagen und Realisierung
2001. ca. 300 S. mit 42 Abb. Br. ca. € 34,50　　　ISBN 3-528-05771-8
Inhalt: Erfolgsorientiertes E-Business – Strategische Ziele des E-Marketing – Strategisches Marketingpotenzial unter Nutzung der neuen Medien – E-Business Marketingmix – Marktforschung unter E-Business Gesichtspunkten – Produktpolitik/Programmpolitik für das E-Business unter Marketinggesichtspunkten – Kontrahierungspolitik für das E-Business – Distributionspolitik für das E-Business – Kommunikationspolitik für das E-Business

Michael Nenninger/Oliver Lawrenz
B2B-Erfolg durch eMarkets
Best Practice: Von der Beschaffung über eProcurement
zum Net Market Maker
2001. XX, 477 S. mit 133 Abb. Geb. € 49,00　　　ISBN 3-528-05760-2
Inhalt: B2B Strategien - Business Modelle - Kritische Erfolgsfaktoren - Konzepte der Realisierung - eMarket Modelle verschiedener Anbieter - eServices - B2B Architekturen - Case Studies

Abraham-Lincoln-Straße 46
65189 Wiesbaden
Fax 0611.7878-400
www.vieweg.de

Stand 1.10.2001. Änderungen vorbehalten.
Erhältlich im Buchhandel oder im Verlag.

MIX
Papier aus verantwortungsvollen Quellen
Paper from responsible sources
FSC® C105338

If you have any concerns about our products,
you can contact us on
ProductSafety@springernature.com

In case Publisher is established outside the EU,
the EU authorized representative is:
**Springer Nature Customer Service Center GmbH
Europaplatz 3, 69115 Heidelberg, Germany**

Printed by Libri Plureos GmbH
in Hamburg, Germany